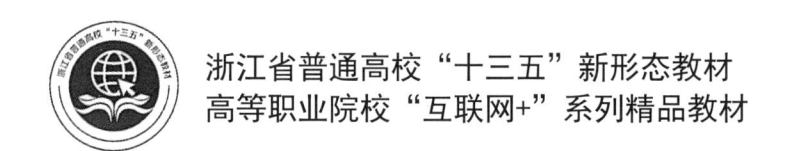

浙江省普通高校"十三五"新形态教材
高等职业院校"互联网+"系列精品教材

多媒体技术应用项目化教程
（修订版）

主编　宣翠仙　邱晓华
副主编　梁萍儿　胡芳芳　徐灵蓉
主审　陈中育

电子工业出版社
Publishing House of Electronics Industry
北京·BEIJING

内 容 简 介

本书在前版教材得到广泛使用的基础上，按照教育部新的专业课程改革要求及校企合作成果，结合近几年行业企业对多媒体相关职业岗位的新要求进行编写。全书按照项目化教学方式展开，共设有 7 个项目，通过对多媒体项目的分析、设计、制作、发布、评价等实践，培养学习者的音频技术、图像技术、动画技术、视频技术的单项应用及综合应用能力。本书内容涉及产品配乐解说、电子台历、产品广告动画、单位宣传片、公司网站、移动应用场景等的设计与制作，同时包含项目调查分析、文档撰写等综合职业能力训练，以"模仿训练—改进训练—创新训练"从简单到复杂的方式，逐步培养学习者的创新能力。

本书可作为高等职业本专科院校相关课程的教材，也可作为开放大学、成人教育、自学考试、中职学校及培训班的教材，以及企业技术人员和爱好者的参考工具书。

本书配有免费的微课视频、教学课件、练习题参考答案、素材文件等数字化教学资源，详见前言。

未经许可，不得以任何方式复制或抄袭本书之部分或全部内容。

版权所有，侵权必究。

图书在版编目（CIP）数据

多媒体技术应用项目化教程 / 宣翠仙，邱晓华主编. —修订本. —北京：电子工业出版社，2022.12
高等职业院校"互联网+"系列精品教材
ISBN 978-7-121-44581-1

Ⅰ.①多… Ⅱ.①宣… ②邱… Ⅲ.①多媒体技术－高等职业教育－教材 Ⅳ.①TP37

中国版本图书馆 CIP 数据核字（2022）第 221891 号

责任编辑：陈健德（E-mail:chenjd@phei.com.cn）
印　　刷：北京雁林吉兆印刷有限公司
装　　订：北京雁林吉兆印刷有限公司
出版发行：电子工业出版社
　　　　　北京市海淀区万寿路 173 信箱　邮编 100036
开　　本：787×1 092　1/16　印张：15　字数：384 千字
版　　次：2010 年 12 月第 1 版
　　　　　2022 年 12 月第 2 版
印　　次：2022 年 12 月第 1 次印刷
定　　价：53.00 元

凡所购买电子工业出版社图书有缺损问题，请向购买书店调换。若书店售缺，请与本社发行部联系，联系及邮购电话：（010）88254888，88258888。

质量投诉请发邮件至 zlts@phei.com.cn，盗版侵权举报请发邮件至 dbqq@phei.com.cn。

本书咨询联系方式：chenjd@phei.com.cn。

前 言

本书在前版教材得到广泛使用的基础上,按照教育部新的专业课程改革要求及校企合作成果,结合近几年行业企业对多媒体相关职业岗位的新要求进行编写。全书按照项目化教学方式展开,共设有 7 个项目,通过对多媒体项目的分析、设计、制作、发布、评价等实践,培养学习者的音频技术、图像技术、动画技术、视频技术的单项应用及综合应用能力。本书内容涉及产品配乐解说、电子台历、产品广告动画、单位宣传片、公司网站、移动应用场景等的设计与制作,同时包含项目调查分析、文档撰写等综合职业能力训练,以"模仿训练—改进训练—创新训练"从简单到复杂的方式,逐步培养学习者的创新能力。本书具有以下特点。

1. 企业参与,专家指导

在本书的编写过程中,聘请企业专家进行职业岗位典型工作任务分析,根据小型多媒体项目策划、设计与制作所需的知识、技能和素质的要求进行教学内容的选取。

2. 面向应用,精选内容

根据职业岗位典型工作任务,本书选用 7 个多媒体典型应用项目,内容涵盖行业企业的日常多媒体工作应用。

3. 以项目为中心,实现"教学做"一体化

本书以多媒体项目的完成为中心,以项目教学、任务驱动和协作学习为主要教学策略,可分小组进行协作学习,共同完成任务。遵循"项目提出—项目分析—项目实现—项目评价—项目总结—拓展训练"的流程,融"教、学、做"于一体,引导学习者合作完成任务。

4. 技能训练方式多样化,内容由易到难进阶式安排

本书采用"模仿训练—改进训练—创新训练"从简单到复杂的方式,逐步培养学习者的创新能力;训练活动包含设计制作、调查分析、信息搜索、文档撰写等,从而训练学习者的综合职业能力。

5. 提供立体化教学资源

本书配有微课视频、教学课件、练习题参考答案、素材文件等立体化教学资源,可通过浙江省高等学校在线开放课程共享平台搜索"多媒体创新应用"课程访问共享资源,方便学习者在线学习。

6. 提供任务完成的过程性材料

本书为任务的完成设计了任务书、过程性任务评价表、成绩记录单及评价方法的指导。

7. 内容与行业资格考证相结合

本书内容与 IT 行业要求的职业岗位紧密结合,参照多媒体作品制作员职业资格证书要求,设置实训项目的内容与难度。

本书内容新颖实用,可作为高等职业本专科院校相关课程的教材,也可作为开放大学、成人教育、自学考试、中职学校及培训班的教材,以及企业技术人员和爱好者的参考工具书。本书建议总学时为 60 学时,各院校可根据教学实际对学时进行适当的调整。

本书由金华职业技术学院宣翠仙、邱晓华任主编并统稿，梁萍儿、胡芳芳、徐灵蓉任副主编，参与编写的还有应武、叶继阳。具体编写分工为：项目 1、项目 3 由宣翠仙、徐灵蓉编写，项目 2 由梁萍儿编写，项目 4 由宣翠仙、叶继阳编写，项目 5 由应武编写，项目 6 由胡芳芳编写，项目 7 由宣翠仙、邱晓华编写。本书由浙江师范大学陈中育教授审定。衷心感谢阮俊镐、黄鑫、王杰浩、樊佳馨、王益益、马若彤、冯景川、周洛帆、薛利斌、项科迪等同学为本书录制微课视频和校对文稿的辛苦付出，感谢合丰信息科技（金华）有限公司、金华市易都网络技术有限公司、浙江星碧集团对本书的编写提供的项目支持，感谢家人的理解和支持。

由于编者水平有限，疏漏及不妥之处在所难免，热诚欢迎读者提出修改建议。

为了方便教师教学，本书配有免费的微课视频、教学课件、练习题参考答案、素材文件等资源，请有需要的教师扫描书中的二维码进行阅览或下载，也可登录华信教育资源网（http://www.hxedu.com.cn）免费注册后进行下载，有问题时请在网站留言或与电子工业出版社联系（E-mail:hxedu@phei.com.cn）。

编 者

目录

项目1 多媒体技术典型应用项目调研与鉴赏——平面、动画、DV、网站、课件、VR、移动应用 …………1

知识目标 ……………………………………1
技能目标 ……………………………………1
1.1 项目提出 …………………………………2
1.2 项目分析 …………………………………3
1.3 相关知识 …………………………………3
 1.3.1 多媒体的基本概念与类型 ……3
 1.3.2 调研报告的种类与特点 ………4
1.4 项目实现 …………………………………5
 1.4.1 总体设计 ………………………5
 1.4.2 认识多媒体元素 ………………5
 1.4.3 多媒体项目开发所需的硬、软件环境 …………………………7
 1.4.4 比较平面、动画、DV、网站、课件、VR、移动应用类多媒体项目 …………………………10
 1.4.5 认识多媒体应用项目开发的基本流程 ………………………13
 1.4.6 运用文字处理软件撰写调研报告 ……………………………14
 1.4.7 管理、压缩、播放多媒体资源 ……………………………15
 1.4.8 制作说明文档 …………………19
1.5 项目评价 …………………………………19
1.6 项目总结 …………………………………19
 1.6.1 问题探究 ………………………19
 1.6.2 知识拓展 ………………………20
 1.6.3 技术提升 ………………………23
1.7 拓展训练 …………………………………24
项目小结 ………………………………………25
练习题1 ………………………………………25

项目2 音频技术应用——"数码相机配乐解说"设计与制作 …………27

知识目标 ……………………………………27
技能目标 ……………………………………27
2.1 项目提出 …………………………………28
2.2 项目分析 …………………………………28
2.3 相关知识 …………………………………29
 2.3.1 GoldWave 的工作界面 ………30
 2.3.2 音频数字化的基本流程 ………32
 2.3.3 GoldWave 专业术语 …………32
2.4 项目实现 …………………………………33
 2.4.1 总体设计 ………………………33
 2.4.2 运用录音设备和录音软件录制解说 …………………………35
 2.4.3 运用 GoldWave 进行解说的后期编辑 ………………………38
 2.4.4 运用 GoldWave 进行背景音乐的后期编辑 …………………40
 2.4.5 合成与发布 ……………………43
 2.4.6 制作说明文档 …………………44
2.5 项目评价 …………………………………44
2.6 项目总结 …………………………………45
 2.6.1 问题探究 ………………………45
 2.6.2 知识拓展 ………………………46
 2.6.3 技术提升 ………………………47
2.7 拓展训练 …………………………………52
项目小结 ………………………………………53
练习题2 ………………………………………53

项目3 图像技术应用——"校园风景电子台历"设计与制作 …………55

知识目标 ……………………………………55
技能目标 ……………………………………55
3.1 项目提出 …………………………………56

3.2 项目分析 56
3.3 相关知识 57
 3.3.1 图形图像的基本概念 57
 3.3.2 Photoshop CC 2018 的工作界面 58
 3.3.3 Photoshop 专业术语 61
 3.3.4 Photoshop 常用快捷键 62
3.4 项目实现 63
 3.4.1 总体设计 63
 3.4.2 运用 ACDSee 浏览和筛选照片 63
 3.4.3 运用 Photoshop 制作台历模板 66
 3.4.4 运用 Photoshop 制作台历首页 73
 3.4.5 运用 Photoshop 制作台历内页 75
 3.4.6 运用 Photoshop 制作台历尾页 78
 3.4.7 测试与保存台历画面 79
 3.4.8 网络发布与冲印成品台历 79
 3.4.9 制作说明文档 80
3.5 项目评价 80
 3.5.1 评价指标 80
 3.5.2 评价方法 81
3.6 项目总结 81
 3.6.1 问题探究 81
 3.6.2 知识拓展 82
 3.6.3 技术提升 83
3.7 拓展训练 87
项目小结 88
练习题 3 88

项目 4 动画技术应用——"中秋月饼广告" Animator 动画设计与制作 90

知识目标 90
技能目标 90
4.1 项目提出 91
4.2 项目分析 91
4.3 相关知识 92

 4.3.1 Animator CC 2018 的工作界面 92
 4.3.2 Animator 专业术语 94
 4.3.3 Animator 常用快捷键 96
4.4 项目实现 96
 4.4.1 总体设计 96
 4.4.2 运用 Animator 导入图像 97
 4.4.3 运用 Animator 绘制图形元件 99
 4.4.4 运用 Animator 制作影片剪辑元件 103
 4.4.5 运用 Animator 制作链接按钮 109
 4.4.6 运用 Animator 制作主体动画、添加广告语 110
 4.4.7 测试与导出 Animator 动画 124
 4.4.8 制作说明文档 125
4.5 项目评价 125
4.6 项目总结 125
 4.6.1 问题探究 125
 4.6.2 知识拓展 127
 4.6.3 技术提升 129
4.7 拓展训练 130
项目小结 131
练习题 4 131

项目 5 视频技术应用——"星碧集团宣传片"设计与制作 133

知识目标 133
技能目标 133
5.1 项目提出 134
5.2 项目分析 134
5.3 相关知识 135
 5.3.1 Premiere Pro CC 2018 的工作界面 135
 5.3.2 Premiere 专业术语 137
 5.3.3 Premiere 常用快捷键 137
5.4 项目实现 138
 5.4.1 总体设计 138
 5.4.2 运用数字摄像机拍摄视频素材 139

5.4.3 运用 Premiere 导入视频素材 … 140
5.4.4 运用 Premiere 剪辑视频 …… 142
5.4.5 运用 Premiere 制作视频
特效 …………………………… 145
5.4.6 运用录音设备与 GoldWave
录制语音 ………………… 151
5.4.7 运用 Premiere 剪辑音频 …… 152
5.4.8 运用 Premiere 制作字幕 …… 153
5.4.9 测试与发布 …………………… 158
5.4.10 制作说明文档 ……………… 158
5.5 项目评价 ……………………………… 159
5.6 项目总结 ……………………………… 159
5.6.1 问题探究 …………………… 159
5.6.2 知识拓展 …………………… 160
5.6.3 技术提升 …………………… 161
5.7 拓展训练 ……………………………… 161
项目小结 …………………………………… 162
练习题 5 …………………………………… 162

项目 6　多媒体综合应用一——"科顺建筑防水公司"网站设计与制作 …… 164

知识目标 …………………………………… 164
技能目标 …………………………………… 164
6.1 项目提出 ……………………………… 165
6.2 项目分析 ……………………………… 165
6.3 相关知识 ……………………………… 166
6.3.1 Dreamweaver CC 2018 的工作
界面 …………………………… 166
6.3.2 Dreamweaver 专业术语 …… 168
6.3.3 Dreamweaver 常用快捷键 …… 171
6.4 项目实现 ……………………………… 171
6.4.1 总体设计 …………………… 171
6.4.2 运用 Dreamweaver 制作首页 … 172
6.4.3 运用 Dreamweaver 制作二级
页面 …………………………… 186
6.4.4 网站测试与发布 ……………… 194
6.4.5 制作说明文档 ……………… 195
6.5 项目评价 ……………………………… 195
6.6 项目总结 ……………………………… 195

6.6.1 问题探究 …………………… 195
6.6.2 知识拓展 …………………… 197
6.6.3 技术提升 …………………… 198
6.7 拓展训练 ……………………………… 199
项目小结 …………………………………… 200
练习题 6 …………………………………… 200

项目 7　多媒体综合应用二——"众志成城·抗击疫情"移动场景设计与制作 …………… 203

知识目标 …………………………………… 203
技能目标 …………………………………… 203
7.1 项目提出 ……………………………… 204
7.2 项目分析 ……………………………… 205
7.3 相关知识 ……………………………… 205
7.3.1 易企秀的工作台界面 ……… 205
7.3.2 易企秀平台专业术语 ……… 206
7.3.3 易企秀常用快捷键 ………… 207
7.4 项目实现 ……………………………… 207
7.4.1 总体设计 …………………… 207
7.4.2 易企秀登录与模板应用 …… 208
7.4.3 运用易企秀设计与制作移动
场景的封面 …………………… 210
7.4.4 运用易企秀设计与制作移动
场景的目录 …………………… 212
7.4.5 运用易企秀设计与制作移动
场景的各子版块 ……………… 213
7.4.6 发布移动场景 ……………… 223
7.4.7 制作说明文档 ……………… 223
7.5 项目评价 ……………………………… 224
7.6 项目总结 ……………………………… 224
7.6.1 问题探究 …………………… 224
7.6.2 知识拓展 …………………… 225
7.6.3 技术提升 …………………… 226
7.7 拓展训练 ……………………………… 227
项目小结 …………………………………… 228
练习题 7 …………………………………… 228

参考文献 …………………………………… 230

项目 1

多媒体技术典型应用项目调研与鉴赏
——平面、动画、DV、网站、课件、VR、移动应用

知识目标

（1）了解多媒体的基本元素及表现特点。
（2）了解多媒体技术的典型应用设备和应用软件。
（3）了解平面、动画、DV、网站、课件、VR、移动应用类多媒体作品的特点。
（4）掌握多媒体项目开发的基本过程。

技能目标

（1）能利用网络搜索、下载并浏览多媒体信息。
（2）能比较并运用客观标准评价平面、动画、DV、网站、课件、VR、移动应用等多媒体典型应用。
（3）能运用文字处理软件规范撰写调研报告。

1.1 项目提出

20 世纪 80 年代以来，多媒体技术得到迅速发展并广泛应用于各行各业，特别是在数字娱乐、教育、出版等领域，有着举足轻重的地位。多媒体技术将文本、图形、图像、动画、音频、视频等元素集成到计算机系统中，创建了界面生动、浏览快捷、所见即所得的环境，给人们带来了丰富的视觉和听觉享受。

本项目侧重训练多媒体技术典型应用项目的调研及典型应用产品的鉴赏。典型应用产品的主要类别包括平面、动画、DV、网站、课件、VR、移动应用等。学习任务书如表 1-1 所示。

表 1-1 学习任务书

"多媒体技术典型应用项目的调研及典型应用产品的鉴赏"学习任务书
1. 学习的主要内容及目标 本项目的学习任务是小组合作完成多媒体技术典型应用项目的调研及典型应用产品的鉴赏。要求学习者能调查多媒体技术典型应用项目的现状，其中硬件类项目 1~2 种，软件类项目鉴赏 7 种，最终能用文字处理软件完成调研报告，并将调研报告及相关多媒体资源整理后发布到指定网络平台。通过调研与鉴赏能认识多媒体元素、了解多媒体软件项目开发的典型硬软件环境；能管理、压缩和发布多媒体资源；能与人良好沟通，合作完成学习任务。
2. 调研与鉴赏项目要求 1）项目类型 调研的典型应用项目可以是软件类系统，也可以是硬件产品。鉴赏的应用项目主要指软件类典型项目。 2）调研方式 网络调研、企业现场调研等。 3）调研类别建议 （1）软件类鉴赏项目：平面、动画、课件、网站、DV、VR、移动应用等。 （2）硬件类调研项目：能获取、存储、发布多媒体的数码产品，如相机、MP4 等。 4）调研内容 （1）硬件类产品：包括产品性能、参数、性价比、售后服务、应用前景等。 （2）软件类产品：包括应用类别、主要功能、技术应用情况。
3. 上交要求 作品存放在以学号和姓名命名的一个文件夹中，如"01 张三"。该文件夹中包含以下内容。 （1）素材文件夹：存放调研过程中使用的各类文本、图形、图像、动画、音频、视频等素材。 （2）多媒体技术典型应用项目调研报告：文字不少于 800 字，主文件名以项目名称命名。 （3）项目完成说明文档：说明项目分工、关键技术或方法、心得等，800 字以内，文件以项目名称命名。 （4）调研报告除用文字处理软件完成文稿外，另做一份 PPT 格式的，可用作班内汇报交流。
4. 推荐的主要资源 （1）昵图网。 （2）徐晓华. 多媒体技术应用[M]. 北京：电子工业出版社，2021. （3）安继芳，侯爽. 多媒体技术与应用[M]. 北京：清华大学出版社，2020. （4）李建芳. 多媒体技术及应用案例教程[M]. 2 版. 北京：人民邮电出版社，2020.

1.2 项目分析

多媒体技术典型应用项目调研的全过程,是指从调研项目分析与规划开始,到将撰写好的调研报告及支撑材料上传到学习平台的整个过程。如果是小规模项目,可以一个人承担并完成多项任务,但通常情况是 2~3 名合作者组成一个小组来完成项目。多媒体技术典型应用项目调研的基本过程如图 1-1 所示。

项目分析与规划 → 分工调研 → 资源整理 → 撰写调研报告 → 报告发布

图 1-1 多媒体技术典型应用项目调研的基本过程

上述过程在实际操作中,可以省略或添加一些过程。

一个成功的调研除过程实施、可行性调查等重要的环节外,还取决于一个不可缺少的因素:前期的调研分析与规划。调研分析一般包括调研目的和用户需求分析,根据用户需要确定调研范围、调研对象、调研方法、调研目的、调研内容等。

1. 关于项目任务

多媒体技术的应用已逐渐渗透到人们生活中的各领域。多媒体技术的发展促进了各类多媒体软件产品与硬件产品的推出与流行。本项目围绕多媒体技术的典型应用进行相关硬件产品或软件产品的调研、典型软件产品的鉴赏分析,并形成相关调研报告与支撑材料。

2. 项目需求分析

本项目所要达到的目标是形成 1~2 类典型硬件产品、7 类软件类项目的调研与鉴赏报告、相关支撑素材,项目任务的完成结果既可作为多媒体相关企业的销售参考资源,也可作为多媒体学习者的研究资源。

1.3 相关知识

1.3.1 多媒体的基本概念与类型

1. 多媒体的基本概念

(1)多媒体:多媒体(Multimedia),由"多"和"媒体"两部分组成。"多"指不止一种。"媒体"通常包括两种含义:一种是指信息表示和传输的物理载体,如光盘、磁带、报纸及相关的播放设备等;另一种含义是指信息的表现形式,如文本、图形、图像等。

(2)多媒体技术:多媒体技术是指制作多媒体内容的技术,将文本、音频、图形、图像、动画和视频等多种媒体信息通过计算机进行数字化采集、编码、存储、传输、处理和再现等,使多种媒体信息建立起逻辑连接,并集成为具有交互性的系统。

2. 多媒体的类型

根据国际电报电话咨询委员会对媒体的定义,可以将媒体分为感觉媒体、表示媒体、表现媒体、传输媒体、存储媒体。

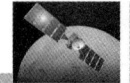

（1）感觉媒体：是指用户接触信息的感觉形式，包括听觉媒体，指声音、语音、音乐等；视觉媒体，指图形、图像、文本、动画、视频等；触觉媒体，指力、运动、温度等；嗅觉媒体，指气味；味觉媒体，指滋味等。

（2）表示媒体：是指为了对感觉媒体进行有效传输，以便进行加工和处理，而人为构造出的媒体，如语言编码、静止和运动图像编码及文本编码等。

（3）表现媒体：是指感觉媒体和用于通信的电信号之间转换用的一种媒体，通常分为两种，一种是输入表现媒体，如键盘、传声器、扫描仪、摄像机、数字化仪和激光笔等；另一种是输出表现媒体，如扬声器、显示器、投影仪和打印机等。

（4）传输媒体：是指用于传输数据的物理设备，如电缆、光缆、双绞线和电磁波等。

（5）存储媒体：是指用于存储数据的物理设备，如光盘、磁盘、磁带和纸张等。

而在多媒体技术中，所研究和处理的媒体主要指表示媒体。

1.3.2 调研报告的种类与特点

调研报告是对某一情况、某一事件、某一经验或问题，经过在实践中对其客观实际情况的调查了解，将调查了解到的全部情况和材料进行"去粗取精、去伪存真、由此及彼、由表及里"的分析研究，揭示出本质，寻找出规律，总结出经验，最后以书面形式陈述出来的一种文件形式，是应用文写作的重要文种。

调研报告的核心是实事求是地反映和分析客观事实。调研报告主要包括两个部分：一是调查，二是研究。调查，应该深入实际，准确地反映客观事实，不凭主观想象，按事物的本来面目了解事物，详细地查阅材料。研究，应在掌握客观事实的基础上，认真分析，透彻地揭示事物的本质。至于对策，调研报告中可以提出一些看法，但不是主要的。

调研报告是整个调查工作，包括计划、实施、收集、整理等一系列过程的总结，是调查研究人员劳动与智慧的结晶，也是客户需要的重要的书面结果之一。它是一种沟通、交流形式，其目的是将调查结果、战略性的建议及其他结果传递给管理人员或其他担任专门职务的人员。因此，认真撰写调研报告，准确分析调查结果，明确给出调查结论，是报告撰写者的责任。

1. 调研报告的种类

调研报告按照不同的划分标准，可分为如下几类。

按服务对象分，调研报告可分为市场需求者调研报告（又称消费者调研报告）、市场供应者调研报告（又称生产者调研报告）。

按调研范围分，调研报告可分为国际性市场调研报告、全国性市场调研报告和区域性市场调研报告。

按调研频率分，调研报告可分为经常性市场调研报告、定期性市场调研报告和临时性市场调研报告。

按调研对象分，调研报告可分为商品市场调研报告、房地产市场调研报告、金融市场调研报告和投资市场调研报告等。

2. 调研报告的特点

调研报告具备如下一些特点。

（1）针对性强。调研报告是围绕一个时期的工作重心，根据实际情况有重点地进行书面陈述，因而针对性强。

（2）凭借事实说话。调研报告以充分确凿的事实为根据，不允许夸张虚构。

（3）揭示事物的本质。调研报告对调研的事实进行总结分析，揭示其本质，阐明客观规律。

1.4 项目实现

1.4.1 总体设计

根据项目任务的要求，在总体设计环节，主要是根据调查对象确定调研市场的范围、用户、需求品、调研方式、分工等内容。

1. 调研对象

本次调研的对象是多媒体技术典型应用硬、软件产品。硬件产品主要包括各品牌相机、摄像机、MP4、录音笔等。软件产品主要包括平面、动画、课件、DV、网站、VR、移动应用软件等。

2. 调研方式

调研方式通常包括网络调研、电话访谈、面谈、调查表调研等。

其中，网络调研是指利用 Internet 技术进行调研的一种方法，大多应用于企业内部管理、商品营销、广告和业务推广等商业活动中。目前，网络调研采用的方法主要有 E-mail 法、Web 站点法、Net-meeting 法、视频会议法、焦点团体座谈法、QQ 法、在 BBS（Bulletin Board System，电子公告牌）上发布调查信息，采取 IRC（Internet Relay Chat，网络中继交谈）等。

电话访谈是运用电话进行调研的一种方法。面谈是指通过面对面的访问进行调研的一种方法。调研表调研是指通过将调研表寄给被调研者，回收后进行统计分析的调研方法。

3. 调研市场的范围

根据需要调研的产品的规模、人力资源、经费等情况确定调研市场的范围。一般而言，实地调研可以采取本市范围内，而网络调研可以扩大到周边市甚至更大的范围。

4. 调研用户

调研的用户根据产品的需要进行选择，可参考的范围如下：产品销售商、产品供应商、网络商店等。人们可以选择某一品牌系列的经营店进行调研，也可以选择行业企业进行调研。

1.4.2 认识多媒体元素

多媒体元素是指多媒体应用系统中可以呈现给用户的媒体组成元素。这些多媒体元素主要包括文本、图形、图像、音频、动画、视频等。

1. 文本

文本（Text）是指按语言规则结合而成的语句组合体。它包含的信息量很大，而占用的存储空间却很小。在多媒体作品中，通常会遇见两种文本类型：一种是字符型文本，如图1-2所示；另一种是图形化文本，如图1-3所示。

图1-2　网络广告中的字符型文本

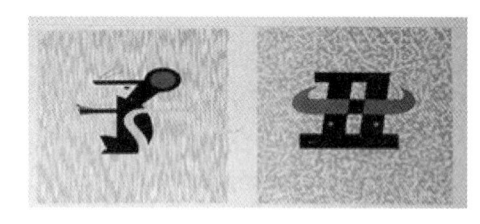

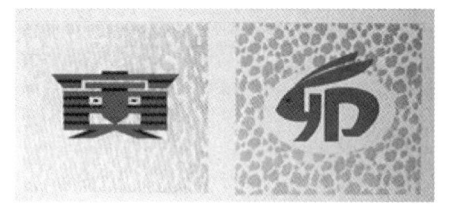

图1-3　图形化文本

2. 图形

图形（Graphics）在计算机中是指由点、直线、曲线、面、文字等元素所构成，经过平移、对称、缩放、旋转、填充、透视、投影等变换而产生的画面，通常是计算机模拟生成的图案，如图1-4所示。

3. 图像

图像（Images）则是指用数字化方法记录下来的自然景物，通常在计算机中生成用像素（也称px）表达的点阵。例如，用数字照相机拍摄的照片等，如图1-5所示。

图1-4　计算机模拟生成的图形 　　　图1-5　使用数字照相机拍摄而成的图像

相较于文本，图像与图形占用的空间较大。

4. 音频

音频（Audio）一般包括语音、音乐和各种音效。语音一般指人或动物通过声带振动发出的声音，一般用于旁白等；音乐是指对音响的感觉和听觉所做的构思和描述，多用来作

为背景音乐；音效是指模拟某种事物发声后产生的声音。

5. 动画

动画（Animation）是指有内容相关性的图形或图像形成的动态画面。画面的每一幅称为一帧。动画按照真实感程度的不同，一般分为二维动画和三维动画，典型的二维动画如图 1-6 所示。

6. 视频

视频（Video）也是一种动态画面。与动画不同的是，视频中的画面是由实时获取的自然景物形成的，如图 1-7 所示。

图 1-6　二维动画　　　　　　　图 1-7　运动会开幕式演出的画面

1.4.3 多媒体项目开发所需的硬、软件环境

多媒体项目从开发到运行，需要多媒体计算机系统的支持。多媒体计算机系统由硬件和软件两部分组成。

1. 多媒体项目开发所需的硬件环境

多媒体硬件系统由计算机主机、各类接口卡、外围设备组成，如图 1-8 所示。

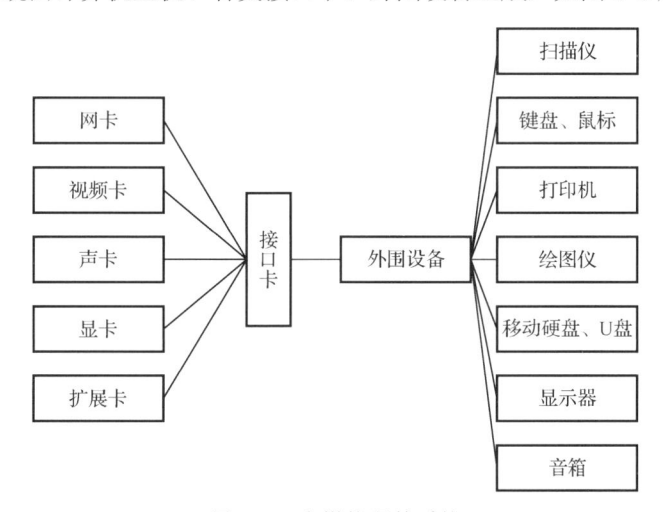

图 1-8　多媒体硬件系统

在多媒体硬件系统中，主机是其核心设备。典型的硬件设备包括显卡、视频卡、声卡、存储设备、扫描仪等。

（1）显卡：显卡是主机与显示器之间连接的"桥梁"，作用是控制计算机的图形输出，负责将 CPU 送来的影像数据处理成显示器能够识别的格式，再送到显示器形成图像。显卡如图 1-9 所示。

（2）视频卡：视频卡是专用于视频信号实时处理的板卡。它的作用是连接摄像机等设备，支持视频信号的输入与输出。视频卡如图 1-10 所示。

图 1-9　显卡

（3）声卡：声卡又称音频卡，是主机与声音输入输出（Input/Output，I/O）设备之间的"桥梁"，用于处理音频信息。常见的输入设备包括传声器、电子乐器等。常见的输出设备包括音箱等。声卡如图 1-11 所示。

图 1-10　视频卡

图 1-11　声卡

（4）存储设备：多媒体数据的存储设备除了主机中的固定硬盘，常见的还有移动硬盘、光盘、U 盘等，如图 1-12 所示。

图 1-12　移动硬盘、U 盘、光盘

项目1 多媒体技术典型应用项目调研与鉴赏

（5）扫描仪：扫描仪的作用是通过感光元件捕捉图像，然后转变成电子文件。常见的扫描对象包括照片、底片、文本页面、图纸、图画、纺织品、印刷品等。扫描仪如图 1-13 所示。

（6）数字照相机/数字摄像机：数字照相机/数字摄像机是用于拍摄图像或视频的数码设备，如图 1-14 所示。拍摄的图像/视频可通过数据线输入计算机进行处理。

（7）绘图仪：绘图仪是一种输出图形的硬复制设备。它可将计算机的输出信息以图形的形式输出，主要可绘制各种管理图表和统计图、大地测量图、建筑设计图、电路布线图、各种机械图与计算机辅助设计图等，最常用的是 X-Y 绘图仪，如图 1-15 所示。

图 1-13 扫描仪

图 1-14 数字照相机与数字摄像机

图 1-15 绘图仪

（8）投影仪：投影仪将计算机送出的信息投影到大尺寸屏幕上，用于商务演示、多媒体教学等，如图 1-16 所示。

（9）录音笔：录音笔是通过数字存储的方式来记录音频的录音设备，它携带方便。录音笔具有多项功能，如 MP3 播放、FM 调频、电话录音、定时录音、外部转录、复读及编辑等功能。录音笔的特点是质量轻、体积小；连续录音时间长；与计算机连接方便，即插即用；非机械结构，使用寿命长；安全可靠，可进行保密设计。录音笔如图 1-17 所示。

图 1-16 投影仪

图 1-17 录音笔

2. 多媒体项目开发所需的软件环境

1）多媒体系统软件

多媒体系统软件包括各驱动程序和操作系统。驱动程序用于驱动各外围设备或接口卡正常工作。多媒体操作系统用于对多媒体计算机资源进行管理与控制及数据转换等，如微软公司的 Windows 系列操作系统。

2）多媒体素材处理软件

多媒体素材处理软件用于实现多媒体素材的采集、输入、存储、处理和导出等，主要有以下几种。

（1）文本编辑软件：文本编辑软件用于文本的输入与处理。文本的输入可以借助键盘和鼠标，也可以通过语音或笔迹识别输入，如汉王笔等。常见的文字处理软件有微软公司的 Word、金山公司的 WPS 文本处理软件等，这些软件不仅可以处理字符型文本，还可以制作图形化文本如艺术字。

（2）图形图像制作软件：图形图像制作软件用于图形与图像的制作与处理。Adobe Photoshop 是一款专业的图像处理软件，Illustrator 是专业的矢量图形制作软件。

（3）动画制作软件：动画制作软件用于进行二维或三维动画创作。Animator CC 是专业的二维动画制作软件。三维动画制作软件包括 Maya、3ds Max 等。随着 XML 技术和虚拟现实技术的发展，网络交互式三维制作软件也越来越受到关注。

（4）视频制作软件：视频制作软件用于视频剪辑、合成，结合视频进行后期制作。Adobe Premiere Pro 是专业的视频制作和编辑软件，After Effects 是专业的影视后期制作软件，两者结合使用可以创作出精彩的视频和特殊效果。

3）多媒体创作平台

多媒体创作平台用于将多媒体素材合成多媒体作品。早期的多媒体创作平台依靠专门的语言制作。随着技术的进步与发展，更多可视化创作平台被用于多媒体作品创作，比较著名的有 Adobe Animator CC、Adobe Dreamweaver 等软件。

（1）Adobe Animator CC：Animator CC 既是网络动画制作的主流工具，又是网络多媒体系统开发的主要常用工具。此软件以时间轴的方式组织多媒体元素并控制播放。利用 Animator CC 可以编写动作脚本，实现交互功能和各类特效。

（2）Adobe Dreamweaver CC：Dreamweaver 软件主要用于制作网页类型的多媒体系统，各页之间通过超链接实现元素浏览与页面跳转。

1.4.4 比较平面、动画、DV、网站、课件、VR、移动应用类多媒体项目

多媒体应用项目从软件角度看，常见的应用项目主要包括平面、动画、DV、网站、课件、VR、移动应用等。

1. 平面项目

平面项目指以图形、图像、文本等平面媒体为主的多媒体项目。

平面作品在日常生活中非常普遍，典型的应用包括海报、产品包装、书籍装帧、平面广告等。平面电子台历如图 1-18 所示。

图 1-18 平面电子台历

项目1　多媒体技术典型应用项目调研与鉴赏

2. 动画项目

动画项目是指在画面中以动画为主要媒体的多媒体项目。按照动画的类别，动画项目一般分为二维动画和三维动画。在动画项目中，通常会融入音频、文本等媒体。音频作为视频拍摄中原始声音、画面的解说，文本通常作为字幕。

动画作品典型的应用包括动画片、动画广告、动画 MTV 等，如图 1-19 所示。

3. DV 项目

DV 项目是指在画面中以视频为主要媒体的多媒体项目。在 DV 项目中，通常会融入音频、文本等媒体。音频作为视频拍摄中原始声音、画面的解说，文本通常作为字幕。

DV 作品典型的应用包括影视广告、电影电视故事片、纪录片等，如图 1-20 所示。

图 1-19　动画 MTV　　　　图 1-20　DV 纪录片

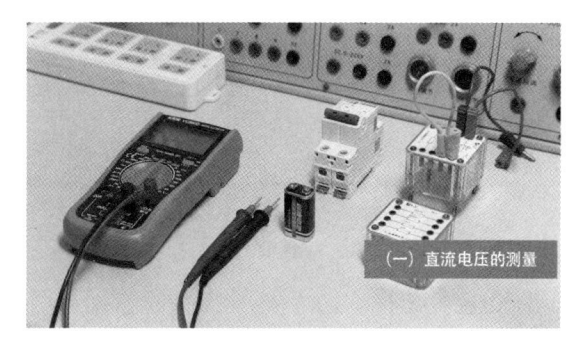

4. 网站项目

网站项目是指各多媒体元素主要以网页的形式发布到 Internet 上的多媒体项目。网站项目按照主体性质不同，可分为政府网站、企业网站、商业网站、教育科研机构网站、个人网站、非营利机构网站及其他类型的网站等。按照功能复杂程度，网站一般分为静态网站与动态网站。动态网站示例如图 1-21 所示。

图 1-21　动态网站示例

5. 课件项目

课件是教学软件的总称，从功能上看是以辅助教育为主要目的的教学软件。课件根据不同的划分标准，可分为如下几类。

（1）根据发布平台的不同，课件可分为网络版课件和单机版课件。

（2）根据使用对象的不同，课件可分为助教型、助学型、教学结合型课件。助教型课件的主要使用对象是教师，主要用于辅助教师课堂教学。助学型课件的主要使用对象是学生，课件以学生自主学习为主，适合进行个别化学习。教学结合型的课件综合了助教型课件和助学型课件的特点。比较典型的是一些网络课程，既有教师角色"教"的功能，又有学生角色"学"的功能。

（3）根据教学内容的不同，课件可分为课堂演示型、操练与练习型、模拟实验型、教学游戏型、咨询型课件。课件示例如图1-22所示。

6. VR项目

VR（Virtual Reality，虚拟现实）的具体实现方式为计算机根据现实数据生成一种虚拟环境，用户沉浸到此种环境中，并与其进行交互。虚拟现实具有一切人类所拥有的感知功能，如听觉、视觉、触觉、味觉、嗅觉等感知功能。虚拟现实技术有存在性、多感知性、交互性、自主性等特征，可使用户有最真实的感受。VR应用示例如图1-23所示。

图1-22　课件

7. 移动应用项目

移动应用指移动电子产品上的应用程序，广义的移动应用包含个人及企业级应用。移动应用可分为消息应用、现场应用、管理应用、自助应用4个大类。移动应用具有简单易用、信息从简、移动为本、目标集中、运行流畅等特点。移动应用示例如图1-24所示。

图1-23　VR应用

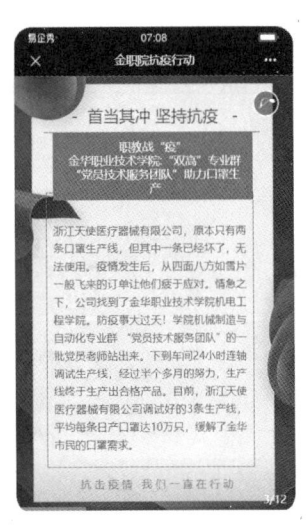

图1-24　移动应用

1.4.5 认识多媒体应用项目开发的基本流程

通过上述多媒体应用项目的鉴赏，学习者对多媒体的典型应用有了一定了解。多媒体项目的开发是一个系统工程，下面介绍多媒体应用项目开发的基本流程，为各类多媒体项目的具体开发做准备。

多媒体项目的开发一般包括以下 5 个过程：项目框架的确定、脚本的编写、媒体素材的处理、项目合成与调试、项目发布与产品化，如图 1-25 所示。

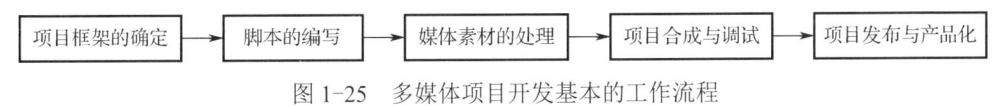

项目框架的确定 → 脚本的编写 → 媒体素材的处理 → 项目合成与调试 → 项目发布与产品化

图 1-25 多媒体项目开发基本的工作流程

1. 多媒体项目框架的策划

1）项目需求分析

多媒体软件开发的第一个步骤就是要确定软件所要表达的内容范围，一般包括用户分析、内容分析、技术分析、成本分析等。

2）多媒体项目的内容规划

多媒体项目的内容规划主要包括：制定内容大纲、确定软件风格、确定项目的功能和各功能之间的关系、确定软件的大致流程等。多媒体软件的内容结构大致有 3 种：线性结构、层次结构和非线性结构，如图 1-26 所示。

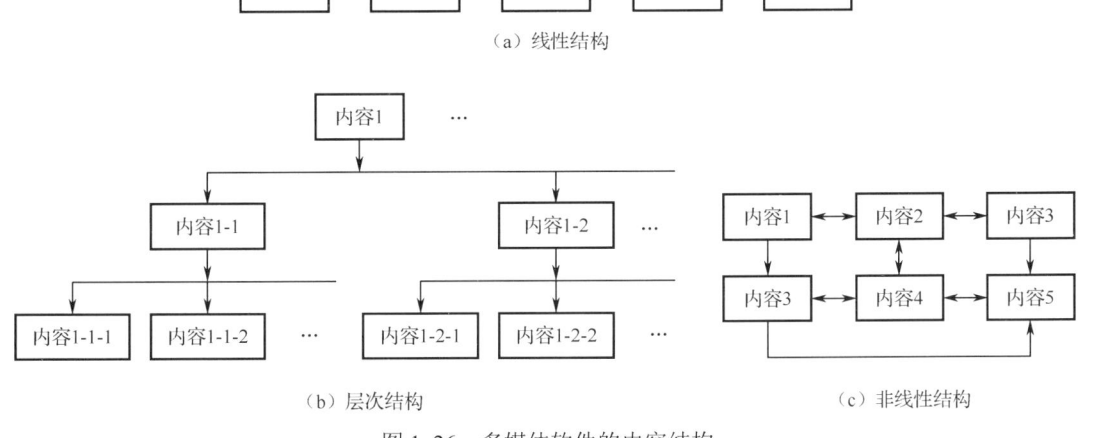

（a）线性结构

（b）层次结构　　　　　　　　　　（c）非线性结构

图 1-26 多媒体软件的内容结构

3）多媒体项目管理规划

多媒体项目管理规划是指组建多媒体软件开发队伍和建立项目的管理机构。多媒体软件的开发队伍一般包括：管理人员、脚本编写人员、多媒体信息处理人员和计算机人员等。

4）多媒体项目进程规划

多媒体项目进程规划主要包括制定项目工作流程和时间计划表等。

2. 多媒体脚本的编写

由于一般脚本的编写者对于计算机多媒体技术的表现形式不是很熟悉，所以在编写完脚本后，就要组织人员对脚本进行改编。

改编的主要工作是对脚本内容进行分类，注明内容的表现形式是文本、音频还是视频等，并给予特定的标号。这个工作主要是为了后面的媒体处理进行准备，也称"媒体划分"阶段。

改编的第二项工作是在理解脚本编写者对脚本编写意图的基础上，根据脚本的内容和多媒体软件的框架结构，进行软件屏幕的设计处理，安排好各媒体在时间上、空间上及它们之间控制上的各种关系，提供计算机制作时的媒体控制流程，也称"屏幕安排"阶段。

3. 媒体素材的处理

媒体素材的处理是指运用各类媒体制作软件进行素材处理与制作。在对素材进行制作时，要考虑所保存的文件格式的兼容性问题，即最终的开发平台是否支持所用的媒体文件格式。此时，需要用到各种文件转换软件对文件格式进行转换。

4. 项目合成与调试

项目合成与调试是指运用多媒体创作平台进行媒体合成并进行调试。调试一般包括功能调试、媒体播放调试、成品运行调试等。

5. 项目发布与产品化

项目的发布一般分为电子发布与磁盘发布。电子发布包括网络发布与单机发布。其中，网络发布是指发布到局域网或 Internet 中进行运行，磁盘发布是指刻录到各类磁盘或光盘上进行发行。

1.4.6 运用文字处理软件撰写调研报告

1. Word 文字处理软件

Word 是微软公司开发的文字处理软件。Word 支持在文档上编辑文本、图形、图像、音频、动画等数据，提供绘图工具制作图形、设计艺术字，编写数学公式等功能，可以制作各种类型的表格并可以自动计算表格中的数据。

2. WPS Office 文字软件

WPS Office 文字软件是一款国产的免费办公软件。WPS 提供了大量的精美模板、在线图片素材、在线字体等资源，帮助用户轻轻松松打造优秀文档。WPS Office 支持 DOC、DOCX、DOT、DOTX、WPS、WPT 等文件格式及加密文档的打开，支持查找替换、修订、字数统计、拼写检查等操作，支持文字、段落、图片、公式与对象属性的编辑，支持添加批注与水印。

3. 调研报告的基本格式

调研报告的格式一般由标题和正文两部分组成。

1）标题

标题有两种写法，一种是规范化的标题格式，即"发文主题"加"文种"，基本格式为"××关于××××的调研报告""关于××××的调研报告""××××调研"等。另一种是自由式标题，包括陈述式、提问式和正副标题结合使用 3 种。陈述式如"数字照相机主

流品牌使用情况调研",提问式如"为什么我校大学生购买计算机倾向于笔记本"。对于正副标题结合式,正题陈述调研报告的主要结论或提出中心问题,副题标明调研的对象、范围、问题。这实际上类似于"发文主题"加"文种"的规范格式,如"产品营销重在策略与产品质量——××××数码广场 IT 产品营销思考"等。调研报告作为公文,最好使用规范化的标题格式或自由式中正副标题结合式的标题格式。

2)正文

正文一般分前言、主体、结尾 3 个部分。前言有如下几种写法。

(1)写明调研的起因或目的、时间和地点、对象或范围、经过与方法,以及人员组成等调研本身的情况,从中引出中心问题或基本结论。

(2)写明调研对象的历史背景、大致发展经过、现实状况、主要成绩、突出问题等基本情况,进而提出中心问题或主要观点。

(3)开门见山,直接概括出调研的结果,如肯定做法、指出问题、提示影响、说明中心内容等。前言起到画龙点睛的作用,要精练概括,直切主题。

主体是调研报告最主要的部分,这部分详述调研的基本情况、做法、经验,以及分析调研所得材料中得出的各种具体认识、观点和基本结论。

结尾的写法也比较多,可以提出解决问题的方法、对策或下一步改进工作的建议;或总结全文的主要观点,进一步深化主题;或提出问题,引发人们的进一步思考;或展望前景,发出鼓舞和号召。

1.4.7 管理、压缩、播放多媒体资源

各类多媒体资源在计算机中的存储最终以文件或文件夹的形式存在,且多媒体项目开发中用到的资源种类与数量较多,因此需要将多媒体资源进行有效管理。

1. 多媒体文件格式

多媒体资源的管理主要通过操作系统提供的文件与文件夹管理功能进行,如 Windows 中的资源管理器。要对多媒体资源进行管理,首先需要了解各类多媒体资源的常用文件格式。

1)文本文件

常见的文本文件类型主要有 TXT、DOC、RTF、WPS 等。

(1)TXT 格式:该格式一般用记事本编写而成,是纯文本文件,无法保存图片、表格等信息。

(2)DOC 格式:该格式一般由 Word 软件生成,除文字外,还可以保存图片、表格等信息。

(3)RTF 格式:该格式主要用于各种文字处理软件之间的文本交换,其特点是保持原文字设置不变。例如,将 WPS 文件另存为 RTF 格式,用 Word 进行编辑处理,原 WPS 下设置的字形、字号保持不变。

(4)WPS 格式:该格式是金山公司文字处理软件中的格式,除文字外,还可以保存图片、表格等信息。

2）图形、图像文件

图形、图像的文件格式包含多种参数信息。不同格式的参数不同，如分辨率等。常见的图形、图像文件类型主要有 BMP、GIF、JPEG、PSD、TIFF、PNG、PDF 等。

（1）BMP 格式：该格式是 Windows 操作系统中的标准图像文件格式。其特点是未经压缩，但因此也导致文件较大。

（2）GIF 格式：该格式通常用于保存作为网页中需要高传输速率的图像文件。其特点是只能处理 256 种色彩，不支持 Alpha 通道，可以作为透明背景与网页背景融合到一起。

（3）JPEG 格式：该格式是一种有损压缩文件，可以指定图像品质与压缩级别，可用于存储真彩色图像。由于文件容量较小，所以是网页中使用较多的图像格式。

（4）PSD 格式：该格式是 Photoshop 的图像源文件格式，可以保存通道、图层等丰富信息，进行重新编辑与修改。源文件格式未经过压缩，因此图层较多时，文件容量较大。

（5）PNG 格式：该格式是一种网络图像格式，特点是能把图像文件无损压缩到极限以便于网络传输，同时又能保留与图像品质有关的信息，支持透明图像的制作。

（6）TIFF 格式：该格式支持 Alpha 通道的 CMYK、RGB 和灰度文件，使用非常广泛。

（7）PDF 格式：该格式是一种与操作系统无关，主要用于进行电子文档发行和数字化信息传播的文件格式，是 Acrobat Reader 的默认格式。

3）音频文件

常见的音频文件类型主要有 WAV、MP3、CDA、MID、WMA 等。

（1）WAV 格式：该格式是一种未经压缩的文件格式，源于对声音波形进行采样，属于波形文件。它是 Windows 的录音机软件经录制保存的默认格式。由于未经压缩，通常文件容量较大。大多数的音频编辑软件支持 WAV 格式。

（2）MP3 格式：该格式属于波形文件，是一种有损压缩格式。与相同长度的 WAV 文件相比，一般其容量只有 WAV 文件的 1/10。该格式在网络上使用广泛，但和 CD 唱片相比，音质稍差。

（3）CDA 格式：该格式是 CD 音乐唱片中采用的格式，记录的是波形流。因为 CD 音轨是近似无损的，所以它的声音基本上是忠于原声的，音质较好。但需要注意的是，不能直接复制 CD 格式的 CDA 文件到硬盘上播放，需要使用像 EAC 这样的抓音轨软件把 CD 格式的文件转换成 WAV 格式，这个转换过程如果光盘驱动器质量过关而且 EAC 的参数设置得当，基本上可无损抓音频。

（4）MID 格式：该格式的文件并不是一段录制好的声音，而是记录声音的信息，然后告诉声卡如何再现音乐的一组指令。MID 格式主要用于原始乐器作品、流行歌曲的业余表演、游戏音轨及电子贺卡等。MID 文件重放的效果完全依赖于声卡的档次。MID 文件可以使用作曲软件写出，也可以通过声卡的 MIDI 口把外接音序器演奏的乐曲输入计算机，制成 MID 文件。

（5）WMA 格式：该格式是微软公司开发的一种声音文件格式，音质要强于 MP3 格式。WMA 还支持音频流技术，适合在网络上在线播放，不像 MP3 那样需要安装额外的播放器。

4）动画类文件

常见的动画类文件的类型主要有 GIF、FLC、SWF 等。

（1）GIF 格式：该格式通常用于保存网页中需要高传输速率的图像文件。其特点是只能处理 256 种色彩，不支持 Alpha 通道。由于支持动画与透明，所以被广泛应用于网页中。但 GIF 文件无法存储声音信息，只能形成"无声"动画。

（2）FLC 格式：该格式是由 AutoDesk 公司开发的动画文件格式。它的特点是易于编码和解码，适合于由计算机所产生的彩色图形的简短动画，在 Windows 中有专门的播放软件来播放。但该格式的分辨率不高（FLC 文件的分辨率只有 640×480 像素/帧），且这种视频文件不支持音频。

（3）SWF 格式：该格式是一种矢量动画格式，因此在缩放时不会失真。由于这种格式的动画与 HTML 充分结合，并能添加音乐，形成二维"有声动画"，所以广泛应用于网页上，成为一种"准"流式媒体文件。该格式是 Animator CC 软件支持的播放文件格式。

5）视频类文件

（1）AVI 格式：AVI 的英文全称为 Audio Video Interleaved，即音频视频交错格式。所谓"音频视频交错"，就是可以将视频和音频交织在一起进行同步播放。这种视频格式的优点是图像质量好、调用方便，可以跨多个平台使用；其缺点是文件过于庞大。

（2）MOV 格式：MOV 格式是美国 Apple 公司开发的一种视频格式，默认的播放器是 Apple 的 QuickTimePlayer。其具有较高的压缩比率和较完美的视频清晰度等特点，其最大的特点是跨平台性，即不仅能支持 MacOS，同样也能支持 Windows 系列。

（3）MPG 格式：MPG 格式是将 MPEG 算法用于压缩全运动视频图像而形成的活动视频标准文件格式。MPEG 是运动图像压缩算法的国际标准，采用有损压缩方法减少运动图像的冗余信息，压缩比高，图像和音响质量也较好。

（4）WMV 格式：WMV 的英文全称为 Windows Media Video，是微软公司推出的一种采用独立编码方式且可以直接在网上实时观看视频节目的文件压缩格式。WMV 格式的主要优点是可在本地或网络回放、可扩充媒体类型、可伸缩媒体类型、流的优先级化、多语言支持、环境独立性、丰富的流间关系等。

（5）RM 格式：该格式是 RealNetworks 公司开发的一种新型流式视频文件格式，具有体积小且较清晰的特点。

2. 文件压缩

除文本外，图形、图像、音频、动画、视频等媒体文件往往较大，因此从播放流畅、传输方便、节省存储空间等因素考虑，通常需要将媒体文件进行压缩。比较典型的压缩工具有 WinRAR、WinZip 等，WinRAR 压缩以后的默认格式为.rar，如图 1-27 所示为 WinRAR 软件的工作界面。

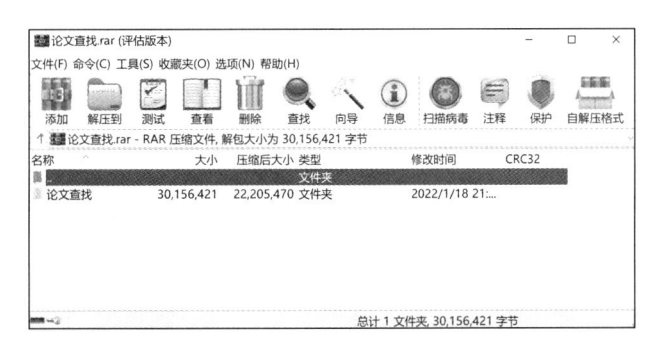

图 1-27　WinRAR 软件的工作界面

3. 文件播放

1）音频播放

音频播放常用的软件有 Windows 自带的录音机播放软件、Groove 音乐播放器、WinAMP 等。

录音机软件的工作界面如图 1-28 所示。

Groove 软件支持 WAV、MP3、MID 等文件格式播放，其界面如图 1-29 所示。

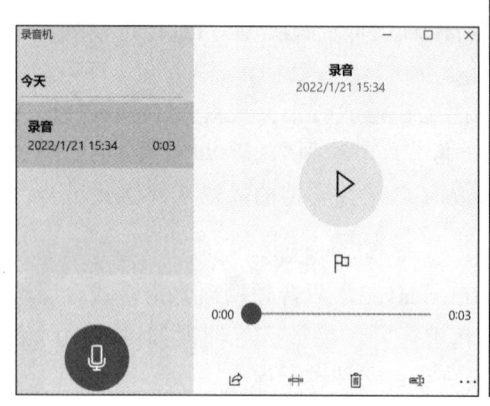

图 1-28　录音机软件的工作界面

图 1-29　Groove 软件的工作界面

2）图形图像浏览

图形图像浏览常用的软件包括 ACDSee 等，其工作界面如图 1-30 所示。

图 1-30　ACDSee 的工作界面

3）动画播放

动画播放软件主要有 Flash Player、Windows Mediaplayer 等。Flash Player 的工作界面如图 1-31 所示。

4）视频播放

视频播放软件主要包括 RealPlayer、Windows Media Player、腾讯视频等。腾讯视频是一个在互联网上通过流技术实现视频实

图 1-31　Flash Player 的工作界面

时传输的在线收看工具软件，支持 AVI、RM 等格式的播放。Windows Media Player 支持除 Real 格式外的主流影音格式，如 MPG、AVI 等。腾讯视频的工作界面如图 1-32 所示。

图 1-32　腾讯视频的工作界面

1.4.8　制作说明文档

说明文档用于对调研多媒体技术典型应用的主要过程及鉴赏的典型作品类型等方面进行简要说明，以便于用户了解项目完成的概况及不同团队间的学习交流。说明文档的要点参考模板请扫描二维码进行阅览。

1.5　项目评价

1. 评价指标

本项目评价从调研内容、调研过程、调研方法、报告规范等方面进行评价，评价采用百分制计分，评价指标与权值请扫描上方的二维码进行阅览。

2. 评价方法

在组内自评的基础上，小组互评与教师总评在各组指定代表演示作品完成过程时进行。小组将评价完成后的个人任务评价表交给教师，由教师填写任务的总体评价。个人任务评价表参考模板请扫描上方的二维码进行阅览。

1.6　项目总结

1.6.1　问题探究

1. 无损压缩和有损压缩有什么异同？

答：无损压缩利用数据的统计冗余进行压缩，可以恢复原始数据且完全不失真。正因为如此，压缩率将受到数据统计冗余度的限制，其压缩比不足以解决图像和数字视频的存储和传输问题。有损压缩是在存储图像时不完全真实记录图像上每个像素点的数据信息，根据人眼观察现实世界的特性（人眼对光线的敏感度比对颜色的敏感度要高，当颜色缺失时人脑会利用与附近最接近的颜色自动填补缺失的颜色）对图像数据进行处理，这就允许压缩的过程中损失一些信息。有损压缩虽然不能完全恢复原始数据，但是对原始图像的理解影响较小，压缩比较高。

2. 多媒体产品有哪些主要特点？

答：多媒体产品有多样化、交互性、集成性的特点。其中，最大的特点是交互性，可以形成人与机器、人与人及机器间的互动，互相交流的操作环境及身临其境的场景，使人们能根据需要进行控制。多媒体产品应用项目多种多样，平面、动画、DV、VR、网站、移动应用等都是其重要的表现形式，因此有显著的多样性。多媒体产品的集成性表现在将计算机、声像、通信技术合为一体，是计算机、电视机、录像机、录音机、音响、游戏机、传真机的性能大集合。

1.6.2 知识拓展

1. 多媒体技术的典型应用领域

多媒体技术的应用已深入到各行各业，典型的应用领域主要包括以下几个方面。

1）多媒体娱乐

多媒体娱乐和游戏已成为人们生活中不可缺少的一部分，尤其是互联网上的多媒体娱乐活动，从在线音乐、在线影院到各类网络游戏，丰富多彩。如图 1-33 所示是某网络游戏的官方网站。

2）影视制作

影视制作运用多媒体技术制作图、文、声、像并茂的场景，各类特效为电影增添了无限魅力。如图 1-34 所示是"变废为宝"公益宣传片的片头。

图 1-33 多媒体网络游戏　　　　图 1-34 "变废为宝"公益宣传片的片头

3）教育培训

多媒体课件是教育培训中应用非常广泛的一种类型，能激发学习者的兴趣，提高辅助教育效果。随着网络的普及，各类网络多媒体课件逐渐流行。如图 1-35 所示是"多媒体技术应用"网络课程的首页。

4）商业展示

企业通过商业展示进行产品宣传，电子商务等已成为多媒体技术典型的应用领域之一。如图 1-36 所示是网上义乌商贸城的展示界面。

5）多媒体电子出版物

多媒体电子出版物可分为两类：磁盘型电子出版物及网络电子出版物。磁盘型电子出版物是指以磁盘为载体的各类电子出版物。网络电子出版物是以多媒体数据和互联网为基础，在互联网上发行的电子出版物。如图 1-37 所示是中国教育报网络版。

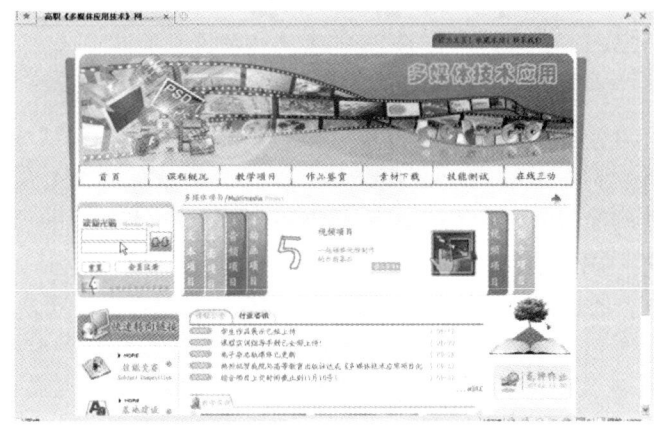

图 1-35 "多媒体技术应用"网络课程的首页

图 1-36 网上义乌商贸城的展示界面

图 1-37 中国教育报网络版

2. 与多媒体技术相关的考试和考证

1)计算机技术与软件专业技术资格（水平）考试

计算机技术与软件专业技术资格（水平）考试（简称计算机软件考试）是中国计算机软件专业技术资格和水平考试（简称软件考试）的完善与发展，其目的是科学、公正地对全国计算机技术与软件专业技术人员进行职业资格、专业技术资格认定和专业技术水平测试。

计算机软件考试从2004年起纳入全国专业技术人员职业资格证书制度的统一规划。通过考试获得证书的人员，表明其已具备从事相应专业岗位工作的水平和能力，用人单位可根据工作需要从获得证书的人员中择优聘任相应专业技术职务（技术员、助理工程师、工程师、高级工程师）。因此，这种考试是职业资格考试，也是专业技术资格考试。

计算机软件考试分为5个专业类别：计算机软件、计算机网络、计算机应用技术、信息系统、信息服务。每个专业又分3个层次：高级资格（相当于高级工程师）、中级资格（相当于工程师）、初级资格（相当于助理工程师、技术员）。对每个专业、每个层次，设置了若干个资格（或级别）。中国计算机软件专业技术资格和水平考试级别如表1-2所示。

表1-2 中国计算机软件专业技术资格和水平考试级别

资格名称 级别层次	计算机软件	计算机网络	计算机应用技术	信息系统	信息服务
高级资格	信息系统项目管理师 系统分析师（原系统分析员） 系统架构设计师 网络规划设计师 系统规划与管理师				
中级资格	软件评测师 软件设计师 （原高级程序员） 软件过程能力评估师	网络工程师	多媒体应用设计师 嵌入式系统设计师 计算机辅助设计师 电子商务设计师	信息系统监理师 数据库系统工程师 信息系统管理工程师 系统集成项目管理工程师 信息安全工程师	信息技术支持工程师 计算机硬件工程师
初级资格	程序员（原初级程序员、程序员）	网络管理员	多媒体应用制作技术员 电子商务技术员	信息系统运行管理员	信息处理技术员 网页制作员

其中，与多媒体技术相关的是多媒体应用制作技术员和多媒体应用设计师，多媒体应用制作技术员是初级资格、多媒体应用设计师是中级资格，考试设基础知识和应用技术2个科目。

2)多媒体作品制作员考证

多媒体作品制作员考证是国家职业资格考证，分为三级和四级考证。其中，三级考证通过者获得的是高级证书，四级考证通过者获得的是中级证书。

3)厂商认证

Adobe公司针对旗下的图像处理、视频制作、网页制作等软件，提供了相应的认证考

试。近年来在高职院校中发展迅速的 1+X 考证，相关支持公司提供了 1+X Web 前端开发、1+X 游戏美术设计、1+X 界面设计、1+X 数字媒体交互设计、1+X 数字影像处理等职业技能等级考证。

1.6.3 技术提升

1. 市场调研技巧

调研背景是对调研活动开展的必要性及原因的一个介绍，所以调研前要对调研的背景知识有所了解。其内容主要包括简要讲述行业大背景，回顾行业竞争趋势，了解哪些品牌占优势、哪些品牌比较活跃。另外，还要分析本品牌现在的实际运营情况、品牌特色与不足，做市场研究的必要性和分析目的。

1）调研目的

调研目的主要是针对特定市场或特定产品而进行的，它包括调研涉及的各细节点。调研一般首先对企业目前所面临的内部环境和外部环境进行科学、系统、细致的诊断，识别存在的主要问题，同时寻求突破的机会；其次，在第一步的基础上，利用现代营销管理的方法和专业策划人员的经验，为下一步的营销策略提供具体建议。以下是更加具体化的调研目的。

（1）全面了解产品市场及本品牌的基本状况、目前的营销状况，为制定宏观决策提供科学依据和技术支持。

（2）全面了解本产品的营销现状，以及相对竞争者的市场优势与市场障碍。

（3）全面了解本产品在消费者中的知名度、渗透率、美誉度和忠诚度；了解不同层次消费者对本产品的消费观念、消费行为和消费心理特征，以及影响他们购买决策的各因素，为调整品牌营销策略及进行品牌延伸提供科学依据。

（4）全面了解目标地区产品经销商尤其是本产品经销商对本产品、品牌、营销方式、营销策略的看法、意见与建议；同时，查清本产品的销售网络状态、销售政策、销售管理状态等。

（5）了解目标市场零售层面状况，主要包括零售商对其所销售的产品及品牌的看法，消费者对产品及品牌的偏好、过去几年市场的转变及对市场前景的预计。同时对当地市场的价格结构、各品牌的信用政策、促销手段有感性认识，为制定适应零售市场的销售政策及强化营销管理打基础。

（6）了解媒体发布的相关情况。其主要内容包括相关栏目、发布时间、相应费用、覆盖范围及效果测试等内容。在实现以上目的的基础上，提出对本产品市场营销的建议，为公司革新营销策略、提高竞争能力、扩大市场占有份额提供决策支持。

2）调研计划

调研计划可分为 5 个阶段：调研说明、调研计划、收集数据、数据分析和评价，以及编写、陈述调研报告。其中，调研说明是一个诊断性的阶段，它涉及委托人和调研者之间的最初讨论，包括以下典型问题。

（1）行业背景和公司产品的性质。其包括：公司处在什么行业及提供什么样的产品或服务，谁购买这些产品，公司和它的竞争对手分别占有多大的市场份额，公司有什么样的特殊技能或其他优势，公司市场营销的总目标和战略是什么，等等。

（2）市场调查将要讨论的问题。调查应集中在哪一种特定的产品或服务上，如这是一种新的产品或服务吗？公司希望把这种产品卖给谁？如何卖？等等。

（3）市场调查活动的范围。例如，调查的是国内市场、国外市场，还是既包括国内市场又包括国外市场。

2. 调研报告网页发布

前面的调研报告使用文字处理软件撰写而成。一般打印成纸质文件或电子稿保存在计算机中进行展示。但有时也需要对调研报告进行网络发布。

在 Word 中，将调研报告发布为网页格式的操作步骤如下。

（1）选择"文件"→"另存为"→"浏览"选项。

（2）在打开的"另存为"对话框中单击"保存类型"右侧的下拉按钮 。

（3）在弹出的下拉列表中选择网页类型的文件格式，如图 1-38 所示，然后单击"保存"按钮即可。

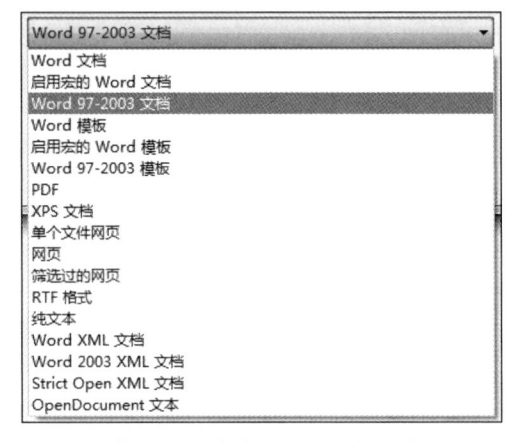

图 1-38 "保存类型"下拉列表

1.7 拓展训练

1. 改进训练

1）训练内容

充实所撰写的调研报告，以小组合作方式，形成本地区多媒体硬件或软件产品典型应用情况与市场预测分析报告。

2）训练要求

（1）典型应用以本地区的应用为主，可以是硬件类产品，也可以是软件类产品。

（2）调研报告进行市场前景的预测，并提出相应建议。

（3）报告的主要内容包括产品的用户评价、资料来源、产品性能特点、营销情况及技术前景、市场前景等。

3）重点提示

调研报告应图文结合，格式应符合调研报告的规范。

2. 创新训练

1）训练内容

以评审员的角度对不了解多媒体背景知识的人进行典型多媒体应用软件作品的评价介绍。

2）训练要求

（1）选择平面作品、网站作品、DV 作品、课件作品、动画作品、VR 作品、移动应用作品中的 1～2 种。

（2）将汇报内容制作成 PPT。

（3）以评审员的角度对不了解多媒体背景知识的人进行作品艺术性、科学性、实用性、创意性等介绍。

3）重点提示

PPT 文档要求图文并茂，可以根据需要加入动画、音频、视频等元素。

项目小结

本项目以多媒体技术典型应用项目调研与鉴赏的学习任务为中心，详细介绍项目完成的过程。本项目旨在训练学生利用网络搜索、下载并浏览多媒体信息的能力；分析不同多媒体典型应用项目中的多媒体应用特点的能力；运用文字处理软件规范撰写调研报告的能力；与人良好沟通、合作完成学习任务的能力。围绕项目完成，本项目在项目分析的基础上提供了完成该项目需要的相关知识、详细的项目设计与制作过程、项目评价指标与方法、说明文档等，最后从问题探究、知识拓展、技术提升 3 个方面对项目进行了总结。在完成此项目示范训练的基础上，增加了改进型训练、创新型训练，以逐步提高学习者对多媒体技术应用调研的能力，了解多媒体的基本元素及表现特点、多媒体的典型应用类型，初步建立对多媒体项目开发过程及硬软件支撑环境的整体认识。

练习题 1

1. 理论知识题

（1）多媒体计算机中的媒体信息是指（　　）。
①数字、文字　　②声音、图形　　③动画、视频　　④图像
A．①②③　　　　　B．①②④　　　　　C．①③④　　　　　D．全部

（2）下列设备中，不是在多媒体计算机中常用的图像输入设备的是（　　）。
A．数字照相机　　　　　　　　　　　B．彩色扫描仪
C．视频信号数字化仪　　　　　　　　D．彩色摄像机

（3）下列说法不正确的是（　　）。
A．电子出版物存储量大，一张光盘可存储几百本书
B．电子出版物可以集成文本、图形、图像、动画、视频和音频等多媒体信息
C．电子出版物不能长期保存
D．电子出版物检索快

（4）下列配置中，MPC（多媒体个人计算机）可以缺省的是（　　）。
A．CD-ROM 驱动器　　　　　　　　　B．高质量的音频卡
C．高分辨率的图形、图像显示　　　　D．高质量的视频采集卡

（5）下列属于多媒体技术发展方向的是（　　）。
①简单化，便于操作　　　　　　　②高速度化，缩短处理时间
③高分辨率，提高显示质量　　　　④智能化，提高信息识别能力
A．①②③　　　　　B．①②④　　　　　C．①③④　　　　　D．全部

（6）下列描述是多媒体教学软件的特点的是（　　）。
① 能正确生动地表达本学科的知识内容
② 具有友好的人机交互界面
③ 能判断问题并进行教学指导
④ 能通过计算机屏幕和教师面对面讨论问题
A．①②③　　　　　B．①②④　　　　　C．②④　　　　　D．②③

2. **技能操作题**

（1）运用搜索引擎搜索常用的音频文件转换软件，并进行比较。
（2）运用搜索引擎搜索常用的动画文件转换软件，并进行比较。
（3）运用搜索引擎搜索常用的视频文件转换软件，并进行比较。

3. **资源建设题**

（1）每位同学下载 3 个自己认为值得推荐的多媒体技术学习的网站，附一份推荐说明，包括网址、网站简介、网站特色，不超过 300 字，上传到资源网站互动平台上交流。

（2）上网搜索自己喜欢的多媒体作品，保存到自己的文件夹，并注明下载的网址。教师注意提醒学生掌握下载的方法。

4. **综合训练题**

到本地的计算机产品市场，选择一款多媒体产品，以销售人员的角色进行模拟推销，介绍产品的性能、特点、应用情况及前景，并使用数字照相机进行过程录制和拍照，在实训室利用多媒体教学环境进行汇报和点评。

项目 2

音频技术应用
——"数码相机配乐解说"设计与制作

知识目标

（1）了解数字音频的基本原理。
（2）熟悉基本概念和常用音频文件格式。
（3）熟悉 GoldWave 软件界面与基本工具的作用。
（4）掌握语音录制、语音编辑的基本过程与方法。
（5）掌握主题音频作品创作与发布的基本过程。

技能目标

（1）能策划、设计并使用 GoldWave 软件编辑小型音频作品。
（2）能使用录音设备和软件录制语音。
（3）能根据项目需要运用 GoldWave 软件进行语音剪裁、特效添加、合成等编辑。
（4）掌握音频处理的基本方法与技巧。

2.1 项目提出

如今，各种声音制作与编辑软件越来越多，而且可视化的程度也越来越高，操作更为便捷，这使对音频的后期处理不再局限于专业，通过这些软件可以实现声音的各种非线性后期编辑。

本项目侧重于训练语音的录制、声音的简单后期编辑，借助 GoldWave 软件，对 Canon 公司推出的数码单反相机 EOS70D 进行配音解说，其主要任务是录制解说，选择合适的背景音乐，并对录制的解说和背景音乐进行适当的后期处理，然后将语音与音乐进行合成。学习任务书如表 2-1 所示。

表 2-1 学习任务书

"佳能数码单反相机 EOS70D 配音解说"设计与制作学习任务书
1．学习的主要内容及目标 本项目的学习任务是小组合作完成佳能数码单反相机 EOS70D 配音解说的设计与制作。要求学习者能为多媒体作品提供音频解说，能利用 GoldWave 等声音编辑软件录制解说，并与背景音乐进行合成，还能进行简单的后期编辑，掌握语音处理的基本方法。同时，还能与人进行良好沟通，共同完成学习任务。 **2．设计与制作基本要求** 1）总体要求 制作的音频主题突出，内容健康，背景音乐能衬托主题，混音效果良好。设计方案不得侵犯他人任何知识产权或专有权利，如出现权属问题，作品按不及格处理。 2）内容要求 包含解说语音、背景音乐等基本要素。 3）技术要求 将解说进行降噪处理、与背景音乐进行合成、对混音后的音频进行后期处理等。 **3．上交要求** 作品存放在以学号和姓名命名的一个文件夹中，如"01 张三"。该文件夹中包含以下内容。 （1）素材文件夹：存放制作过程中使用的原始素材。 （2）WAV 格式的文件。 （3）MP3 格式的文件。 （4）WMA 格式的文件。 （5）设计说明文档：用简练的文字说明设计构思、创意和制作技术，500 字以内；撰写作品制作详细步骤；命名为"说明文档.doc"。 **4．推荐的主要资源** （1）声动传媒官网。 （2）Goldwave 中国官网。 （3）Goldwave 百度贴吧。 （4）谢明. 数字音频技术及应用[M]. 北京：机械工业出版社，2017. （5）雷·A·雷伯恩. 传声器手册[M]. 北京：人民邮电出版社，2019.

2.2 项目分析

制作主题音频作品的全过程，是指从音频项目分析与规划开始，到将制作后的作品进行发布的整个过程。如果是小规模项目，可以一个人承担并完成多项任务，但通常情况是 3~4 名开发者组成一个小组来完成项目。音频主题作品设计制作的基本过程如图 2-1 所示。

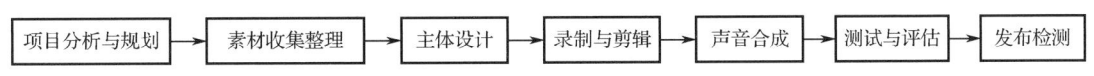

项目分析与规划 → 素材收集整理 → 主体设计 → 录制与剪辑 → 声音合成 → 测试与评估 → 发布检测

图 2-1 音频主题作品设计制作的基本过程

项目分析与规划主要是根据实际需求分析项目的可行性，并进行总体规划；素材收集与整理主要是根据规划收集可能需要的各种音频的原始资料，并进行整理；主体设计是在总体规划所具有的基本素材的基础之上，对音频设计具体的解决方案，如解说的文字稿、背景音乐的设计与选择等；录制与剪辑是主体设计中的一个具体的制作环节，运用具体的录音设备和录音软件录制解说，并对其进行适当的后期编辑等；声音合成主要是将录制的解说和背景音乐进行后期的处理；测试与评估主要是对合成的声音文件进行初步效果的检测；发布检测是检测发布后的声音文件效果如何，以期得到适当的调整。

一个完美的多媒体产品配乐解说除取决于解说词、背景音乐、后期编辑这 3 个重要的因素外，还取决于一个不可缺少的因素——前期的多媒体产品分析。多媒体产品配乐解说的制作是在分析多媒体产品的基础上进行的，根据多媒体产品的特性确定解说词及解说的基调、选择合适的背景音乐等。

1. 关于项目主题

产品宣传配乐解说是为企业形象宣传经常使用的一种方式，是为提升企业的形象或推广新产品进行的一种宣传活动。

"数字照相机配乐解说"以设计与制作数字照相机宣传配乐作为主要目的，属于音频主题作品。本项目计划运用 GoldWave 软件的音频制作优势突出作品的听觉效果，旨在为产品提供一个声音悦耳、解说清晰的听觉氛围。本项目学习任务的基本内容包括解说的录制、背景音乐的选择及后期的音频处理等。

2. 项目用户分析

数字照相机已成为日常生活中人们接触较多的多媒体硬件产品，适用人群较为广泛。因此，"数字照相机配乐解说"服务于各年龄层次的摄影爱好者。本次任务中用于制作配乐解说的数字照相机，是佳能公司推出的中端数码单反产品 EOS70D，其各种性能与一般家庭使用的卡片机有很大的不同，从相机感光度的要求到对图像质量细节的追求，都体现出专业级用户的需求。此款 EOS70D 相机主要定位于中低端的用户，所以其应用对象较为广泛。对于希望自身摄影水平有所提升的用户，此款相机不失为一个良好的选择。

为了让更多的用户了解此款相机的功能特性，可以将音频制作为不同格式，通过广播、网络等不同的途径加以传播。

2.3 相关知识

GoldWave 的工作界面简单明了，提供众多的可视化工具栏操作形式，便于用户使用，如图 2-2 所示。

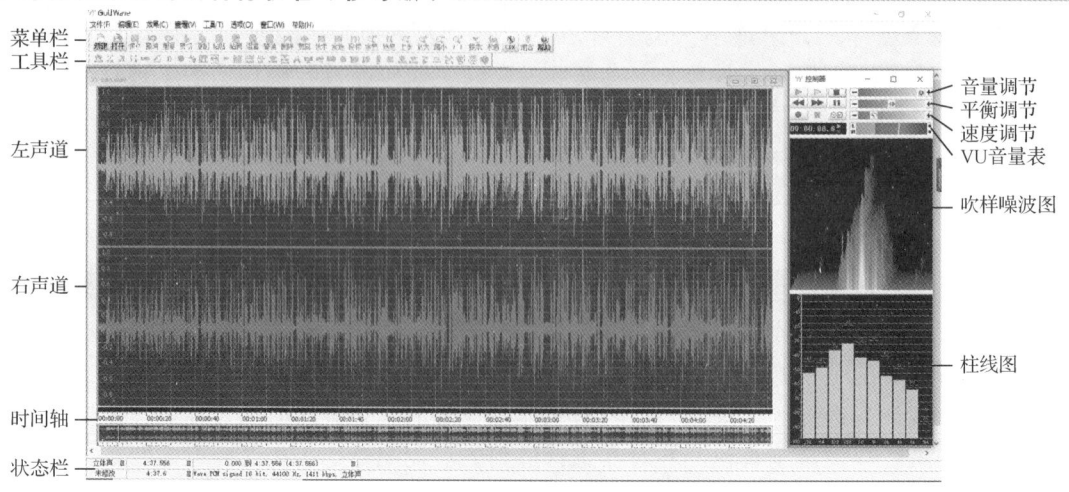

图 2-2 GoldWave 的工作界面

2.3.1 GoldWave 的工作界面

1. 菜单栏

菜单栏包括文件、编辑、效果、查看、工具、选项、窗口等菜单，集中了音频操作的大多数命令。

2. 工具栏

工具栏以图标的形式集中了常用的音频操作命令，分为上下两栏图标，上栏主要是一些常规图标，下栏主要是一些音效获取的命令。下面对一些主要的音频操作命令进行简单介绍。

（1）删改命令：可对选中的波形进行音调或音量的删除或调整。

（2）多普勒命令：动态地改变或弯曲所选波形的斜度。

（3）动态命令：用于改变所选波形的幅值，可以限制、压缩或加大所选波形的幅值。

（4）回声命令：为所选的波形添加回声效果。

（5）压缩器/扩展器命令：运用"高的压下来，低的提上去"的原理，对声音的力度起到均衡的作用。

（6）镶边器命令：在原来音色的基础上，使用不同的延迟和混音产生特殊的声音效果。

（7）倒转命令：对所选的波形进行上下反转。

（8）机械化命令：为所选波形加入机械化的特性。

（9）偏移命令：通过上移或下移所选的波形来校正或移除波形中的 DC 偏移。

（10）音调命令：通过调节音阶系数或相关伴音来改变音调。

（11）混响命令：通过调节混响时间和延迟深度为所选波形添加混响的效果。

（12）反向命令：使所选的波形反向，即使所选的波形倒置。

（13）自动偏移去除命令：通过选择偏移时间，自动移除波形中的 DC 偏移。

（14）均衡器命令：调节各频率段的音量的大小。

（15）高通/低通滤波器命令：可以将声音中高频信号或低频信号过滤掉。

（16）带通/带阻滤波器命令：通过或阻止某个频率范围的信号。

（17）参数均衡器命令：使用参数来调节的一个非常灵活的均衡器。

（18）降噪命令：使用不同的包络线去除声音中的噪声。

（19）爆破音/嘀嗒声命令：为所选波形添加特殊的效果声。

（20）静音去除命令：将波形中没有声音的部分去除。

（21）平滑滤波器命令：修正波形，使声音波形过渡平滑。

（22）频谱滤波器命令：可以自定频谱对所选波形进行滤波处理。

（23）自动增益命令：对所选波形进行自动增益的调整。

（24）更改音量命令：对所选波形进行音量的控制。

（25）淡入命令：从所选位置开始音量慢慢增大，平缓过渡，直至正常。

（26）淡出命令：从所选位置开始音量慢慢减小，平缓过渡，直至消失。

（27）匹配音量命令：自动对波形进行平均值音量扫描，然后进行调整。

（28）最佳化音量命令：对波形进行最佳化音量扫描，然后进行调整。

（29）外形音量命令：可对波形进行外形的调整。

（30）声像音量命令：也是对波形外形进行调整，仅仅改变音量。

（31）回放速率命令：对播放的速度进行控制。

（32）重新采样命令：对当前声音文件的采样频率进行调整，重新采样。

（33）声道混音器命令：对左、右声道中的左、右侧声音音量进行调整。

（34）最佳匹配命令：对所选波形进行自动匹配最佳音量的操作。

（35）消除人声命令：将所选波形中的人声清除掉。

（36）时间弯曲命令：重新指定变化或长度，使波形发生变化。

（37）表达式求值计算器命令：可利用表达式求值计算器产生声音。

（38）CD读取器命令：对CD进行声音的抓轨。

3. 控制器

控制器用于控制音量，包括音量播放控制按钮、平衡控制按钮、速度控制按钮、频率图等。可以独立于界面存在，也可以以工具栏的形式出现。具体图标的意义如下。

（1）播放按钮：从头开始播放声音文件。

（2）自定义播放按钮：播放选定的波形。

（3）自定义播放按钮：从播放位置开始播放声音文件。

（4）停止按钮：播放状态停止键。

（5）倒退按钮：向后寻找需要的声音波形。

（6）前进按钮：向前寻找需要的声音波形。

（7）暂停按钮：暂停正在播放的波形，再按此按钮，重新正常播放。

（8）录制按钮：开始录制声音，再按此按钮，暂停录音。

（9）停止按钮：录音状态停止键。

（10）设备控制器属性按钮：用于调整播放方式、录音方式、音量控制、视觉特性、声音等。

（11）音量调节滑块：调节播放时的音量大小。

（12）![滑块] 左右均衡调节滑块：左、右声道的音量均衡调节。

（13）![滑块] 速度快慢调节滑块：播放速度的快慢调节，使音调发生变化。

4. 声道

声道用于显示声音的左、右声道波形图，对波形所进行的修改也会呈现出来。

5. 时间轴

时间轴用于显示声音播放时间。

6. 状态栏

状态栏用于显示各种选择的状态说明，如声道、时长、选定范围，同时对所选择的操作命令进行简要的说明。

2.3.2 音频数字化的基本流程

音频数字化是一种利用数字化手段对声音进行录制、存放、编辑、压缩或播放的技术，它是随着数字信号处理技术、计算机技术、多媒体技术的发展而形成的一种全新的声音处理手段。数字音频的主要应用领域是音乐后期制作和录音。

计算机数据是以 0、1 的形式存取的，计算机处理声音时首先要对其进行转换，将这些电平信号转换成二进制数据保存，输出信号时要进行数模转换，将音频数据转换为模拟的电平信号再送到扬声器播出。其基本工作过程如图 2-3 所示。

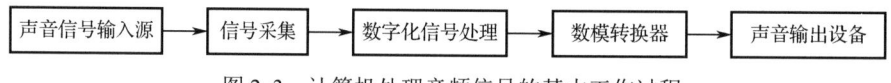

声音信号输入源 → 信号采集 → 数字化信号处理 → 数模转换器 → 声音输出设备

图 2-3　计算机处理音频信号的基本工作过程

数字声音和一般磁带、广播、电视中的声音的存储播放方式有着本质的区别。相比而言，数字声音具有存储方便、存储成本低廉、存储和传输的过程中没有声音的失真、编辑和处理非常方便等特点。

2.3.3 GoldWave 专业术语

（1）音域：乐器或人声所能达到最高音与最低音之间的范围。

（2）音色：又称音品，是声音的基本属性之一，不同的乐器，其音色也各不相同。

（3）音染：音乐自然中性的对立面，即声音多出了本身不具备的一些特性，如低频被加重即可算作一种音染。音染表明信号中增减了某些成分，严格来讲是一种失真。

（4）音场：音箱产生不同声音及其状态所形成的空间关系的总和。

（5）定位：音响回放空间中所呈现三维分布的发音器件的固定位置。

（6）失真：设备的输出不能完全表现其输入，产生了波形的畸变或信号的增减。

（7）动态：允许记录最大信息与最小信息的比值。

（8）瞬态响应：器材对音乐中突发信号的跟随能力。瞬态响应决定了器材能否及时地随声音本身的特点进行表现。

（9）信噪比：信号的有用成分与杂音的强弱对比，以分贝数表示。设备的信噪比越高表明它产生的杂音越少。

（10）空气感：用于表示高音的开阔，或是声场中在乐器之间有空间间隔的声学术语。此时，高频响应可延伸到 15～20 kHz。

（11）低频延伸：指音响器材所能重放的最低频率，用于测定低音时播放器材所能下潜的尺度。平时常说的下潜深度指的就是这个。

（12）明亮：4～8 kHz 的高频段，此时谐波相对强于基波。明亮本身并没什么问题，现场演奏的音乐会皆有明亮的声音，问题是掌握好明亮的分寸，过于明亮（甚至嘶叫）便让人讨厌。

（13）结像力：音响重放时对音像的聚焦能力。

（14）透明度：音响形态是否鲜明易懂的程度。

（15）丰满度：指重放声的高、中、低音的比例适当，高音适度、中音充足，听起来有一定的弹性。

（16）层次感：考量声音是否能够真实地反映出乐曲的整体感。

（17）清晰度：音乐层次分明，不含混。

（18）平衡度：是指音乐各声部的比例协调，左、右声道的一致性好。

（19）力度：声音坚实有力，同时也可以反映音源的动态范围。

（20）圆润度：声音优美动听，光泽而不尖噪。

（21）柔和度：声音松弛不紧绷，高音不刺耳。

（22）融合度：声音能整个交融在一起，整体感好。

（23）真实感：声音能保持原声音的特点。

（24）临场感：重放声音时使人有身临其境的感觉。

（25）立体感：指声音有空间感，声向的方位准确，具备纵深感。

2.4 项目实现

2.4.1 总体设计

音频主题作品的总体设计一般包括设备与软件的选择、作品结构、风格、内容设计等。本项目主要是运用录音设备、GoldWave 软件设计与制作"数字照相机配乐解说"音频作品，主要内容包括录制解说、选择相关的背景音乐并对两者进行音频的后期处理等。项目的具体实现过程如下。

1. 设备与软件的选择

与音频制作相关的设备，是音频制作的硬件基础，一般由输入设备（如传声器、录音机、CD 机）、声音的转换设备（如声卡）、声音的输出设备（如音响、耳麦）等组成。此项目主要是录制解说，因而输入设备选择传声器，输出设备选择音响或耳麦中的一个，而对 MPC 而言，声卡是基本的配置。

如今，音频制作软件层出不穷，各有优势，有功能强大和技术完善的 Sound Forge，有相对简单的中文版 WaveCN，有大家熟悉的体积小巧的绿色"环保"软件 GoldWave，有靠插件取胜的 WaveLab，有传统意义上的 MIDI 制作软件 Cakewalk（后发展为 Sonar），有操作简易、充分发挥鼠标左右键配合功能的视音频制作软件 Vegas Video，还有集单轨录音和

多轨录音于一身且拥有众多用户的"酷编辑"Cool Edit（目前已归入 Adobe 旗下，更名为 Adobe Audition）等。本项目选择 GoldWave，它是用户较为熟悉的音频制作软件，且软件本身可视化和可操作性强，同时所选项目的音频制作要求相对简单。

2. 结构设计

"数字照相机配乐解说"音频作品的基本结构主要包括语音和背景音乐两部分，如图 2-4 所示。

语音是指通过录音设备及录音软件、根据编写好的文稿进行录制而形成解说。此处的语音录制主要由传声器来完成，相对于专业级的音频制作环境，其条件稍差，但可以利用 GoldWave 录音编辑软件对其稍作处理，以获得最佳效果。

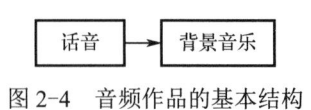

图 2-4 音频作品的基本结构

背景音乐是为了烘托解说氛围，在解说过程中播放的与主题情境相符合的音乐。在确定产品和解说的基础上，再选择背景音乐，使背景音乐与解说的风格能相互融合，从而提高产品的宣传效果。

3. 风格设计

风格设计是指为了使创意、设计与音效三者达到一种风格上的统一而进行的音乐选择、语音语气等的总体设计。

鉴于数字照相机这一产品的介绍是以产品宣传为目的的作品，因此选择曲调比较明快的音乐。解说语气给人以清新、干练的感觉，语速稍快，让听者感受到积极向上的生活态度。

4. 内容设计

数字照相机的配乐解说内容规划是指采用怎样的解说词和选择怎样的背景音乐，以及如何将两者合成到一起。

本项目选择的多媒体产品数字照相机是佳能公司推出的数码单反相机 EOS70D，它具有中端级功能的特性，对广大摄影爱好者有较大的吸引力。本项目的解说词如下。

佳能数码单反相机 EOS70D

经过 3 年的等待，佳能首台具有 2000 万像素的中端机 EOS70D 终于面市。这款新机和 EOS60D 一样拥有翻转触控屏幕，并采用新型 2020 万像素 APS-C 感光元件，搭载 DIGIC 5+处理器，此外还具备 7 张连拍速度和 WiFi 传输功能。最值得一提的是，EOS70D 首度采用嵌入在感光元件上的"双层相位对焦系统"（Dual Pixel CMOS AF），可大幅提升 Live View 与录像时的自动对焦效率，达到数码单反相机前所未有的录像对焦效率。

EOS70D 搭载的全像素双核 CMOS AF 凝聚了 EOS 全新科技，当启用液晶监视器进行实时显示拍摄时，将带来 CMOS 像面高速相差检测自动对焦，可获得与使用取景器拍摄接近的对焦速度，以及比取景器更宽广的对焦范围，使液晶监视器成为第二个取景器。这项技术将改变对实时显示拍摄的传统认知。而利用传统取景器拍摄时，引以为傲的中央八向双十字、全 19 点十字形自动对焦系统，能够准确捕捉到精彩瞬间，不论是发烧友还是专业摄影师的要求都能得到满足。现在，用户可以根据场景的不同，区分这两种取景器的优势进行使用。拍摄风格的范围将大大扩展，可拍摄出之前难以实现的照片。全像素双核 CMOS AF 或将改变数码单反相机的使用方式。

EOS70D 在拍摄时设置相机和回放图像的操作感和智能手机相同。另外，EOS70D 还内置了 WiFi 功能，连接智能手机后即可遥控实时显示拍摄。与朋友家人分享喜爱的照片也是摄影的一大乐趣，EOS70D 通过 WiFi 功能可将相机内的图像轻松地传输至智能手机，共享数码单反相机的高画质图像。触控与 WiFi 是 EOS70D 的全新拍摄方式。

EOS70D 搭载了受到影视制作领域专业人士广泛好评的 EOS 短片功能，能拍出全高清的高画质影像。EOS70D 在短片拍摄时也能通过全像素双核 CMOS AF 进行高追踪性和高精度的对焦。配合安静流畅驱动的 STM 镜头可进一步获得高品质的影像表现。

快速把握快门时机的捕捉力、简单易用的操作性、多样的拍摄领域和丰富的表现力，将先进的技术和拍摄者对相机的需求紧密联系在一起，便更接近数码单反相机的理想形态。EOS70D 凝聚了佳能自主研发的革新技术和 EOS 孕育的多种先进功能，包括实时显示拍摄时可高速自动对焦的全像素双核 CMOS AF、最高约 7 张/秒的高速连拍、提升操作性的触控面板和可旋转液晶监视器、内置 WiFi、强大的降噪处理、精确的被摄体识别能力，以及激发拍摄者创造力的 HDR 模式和创意滤镜等图像编辑功能，EOS70D 旨在成为数码单反相机的新标准。

人们使用相机，主要是为了记录生活，为今后的生活提供美好回忆的可视化资料，因而在选择背景音乐时，选用节奏明快、给人快乐温馨感觉的曲目，使听众能从心理上接受或喜爱这一产品。钢琴王子理查·克莱德曼是人们所熟悉的钢琴家，他的"童年的回忆"是一首耳熟能详的曲子，可使用该曲子作为背景音乐。用大家所熟悉的曲子作为背景音乐，给大家带来亲近感，从而拉近了产品与听众之间的距离。这首曲子时长不到 3 分钟，需要进行适当的后期处理调整时长，以符合解说的时长，使两者能很好地整合到一起。

2.4.2 运用录音设备和录音软件录制解说

1. 录音设备与录音软件的准备

在录制之前，首先需要准备传声器、音响或耳麦等硬件设备，进行录音软件安装并进行调试，以确保正常使用。

1）录音设备的准备

目前计算机的外部设备越来越丰富，而且品质也日益提升，各种适合于计算机声卡的传声器和音响质量都能满足一般的需要。本项目需要准备能连接计算机的传声器一个，音响一套或耳麦一副，将传声器连接到计算机的传声器输入端，音响或耳麦连接到计算机的声音输出端。

2）录音软件的安装

GoldWave 目前的版本多为绿色版，免安装，因此直接双击 GoldWave.exe 文件即可打开软件并进入其界面。

2. 运用 GlodWave 录制解说

在录制解说前，应先通过试读对解说的录制时间进行估算，以便后序工作顺利进行。上述解说词以稍快的语速进行朗读，记录下来的语音时长约为 4 分钟 40 秒。

下面介绍运用 GlodWave 录制解说的过程，主要包括启动 GoldWave、设置与调试录音设备、录制声音文件等过程。

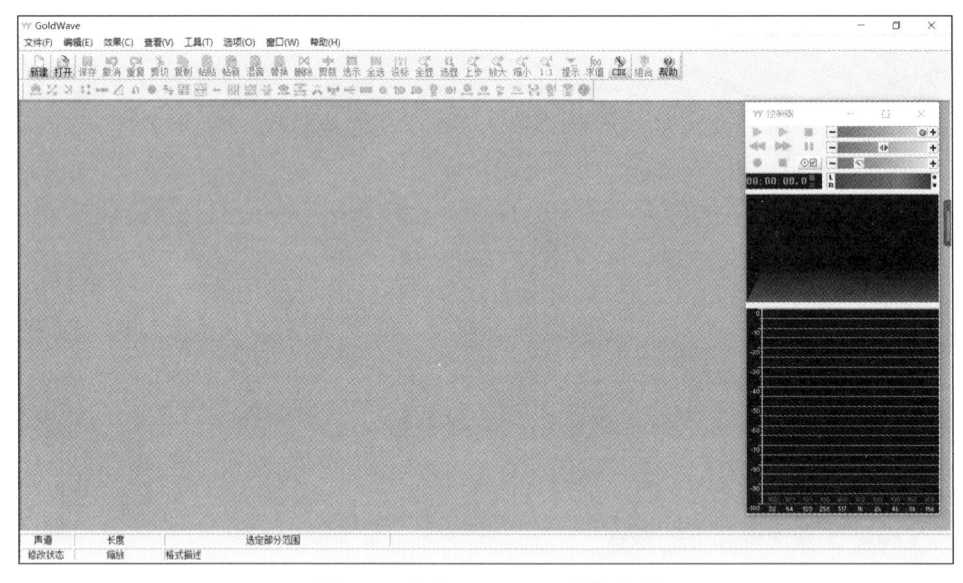

1）启动 GoldWave

启动 GoldWave 的具体操作步骤如下。

（1）双击 GoldWave.exe 文件图标。在安装文件夹中双击 GoldWave.exe 文件的图标，即可运行 GoldWave 软件。

（2）生成预置文件。第一次启动时会出现一个提示，单击"是"按钮，即可自动生成一个当前用户的预置文件。

（3）顺利进入界面后出现一个灰色空白窗口，只有"新建"和"打开"命令处于高亮状态，旁边是一个暗红色的控制器窗口，用于录制音频和控制播放，如图 2-5 所示。

图 2-5　启动 GoldWave 后的界面

2）设置与调试录音设备

（1）新建声音文件。在 GoldWave 中新建一个文件，选择"文件"→"新建"选项，打开如图 2-6 所示的"新建声音"对话框，对该对话框中的"声道数"、"采样速率"和"初始化长度"等参数进行设置。

如图 2-6 所示，声道数分为单声道和双声道两种类型，默认的是双声道立体声。

采样速率是指计算机每秒采集多少个声音样本，是描述声音文件的音质、音调，衡量声卡、声音文件的质量标准。采样速率越高，即采样的间隔时间越短，则在单位时间内计算机得到的声音样本数据就越多，对声音波形的表示也越精确。一般默认状态下为 44 100 Hz。

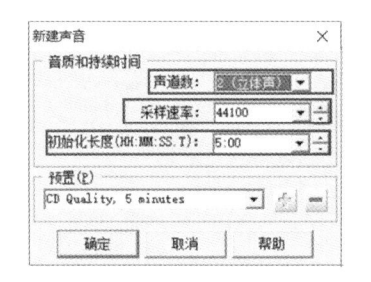

图 2-6　"新建声音"对话框

初始化长度即时长，可根据所录制内容的多少确定。由于本项目录音的时间不长，所以设为 5 分钟。

设置完成后单击"确定"按钮，则窗口中出现空白声音文件，如图 2-7 所示。软件中的菜单和部分工具栏高亮显示，空白文件由于还没有录制声音，所以左、右声道中显示的还是两条水平线。

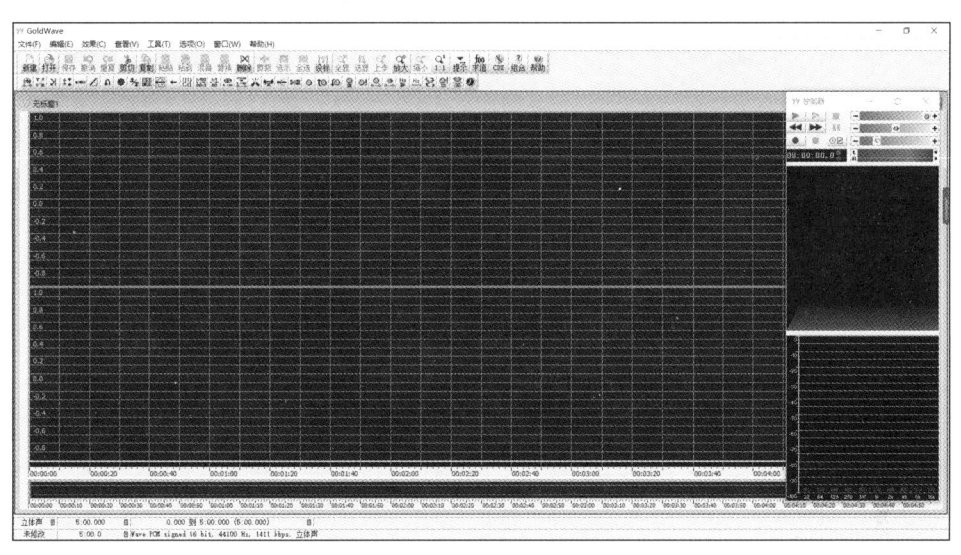

图 2-7 新建的空白声音文件

（2）选择传声器录音。选择"选项"→"控制属性"选项，打开"控制器属性"对话框，选择"音量"选项卡，如图 2-8 所示。在对话框的"音量设备"下拉列表中选择"麦克风"选项，并选中"音量"后面的"选择"复选框，也就是通过传声器录音，然后单击"确定"按钮。

（3）试录音。确保传声器已连接到计算机，然后在 GoldWave 右侧的"控制器"窗口上，单击红色圆点的"录音"按钮，进行试录音，对传声器、音量等进行调试。

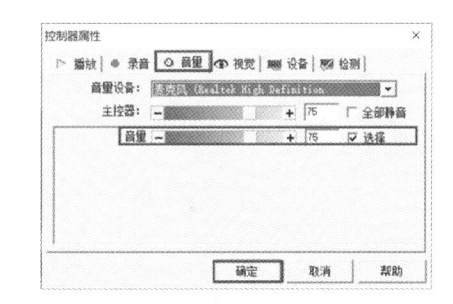

图 2-8 "控制属性"对话框

（4）调节录音音量。如果录音音量太小或太大，可以通过图 2-8 对话框中的音量滑块进行调整，以获得需要的音量。

3）录制声音文件

在录音的准备工作完成之后，就可以对着传声器正式开始录制声音了。朗读解说词时，语速不能太慢，段与段之间要有一定的停顿时间，句与句之间的停顿时间相对可短些。可稍带感情色彩，表现积极向上的生活态度。

随着录音的进行，空白文件中左、右声道的两条平行线会因为语音的轻重缓急发生波形变化，形成了解说的声音文件。录音结束应及时保存，选择"文件"→"保存"选项，打开如图 2-9 所示的

图 2-9 "保存声音为"对话框

"保存声音为"对话框。

在该对话框中选择合适的保存路径，在"文件名"文本框中输入"canon"文件名，在"保存类型"下拉列表中选择所需的文件类型，GoldWave 软件默认的文件类型为"*.wav"格式，在"音质"下拉列表中选择所需要的类型，然后单击"保存"按钮即可将录制好的解说保存为 canon.wav 文件。

2.4.3 运用 GoldWave 进行解说的后期编辑

由于自己录制的解说难免会有噪声带入，本小节介绍对录制的解说进行后期处理，主要包括降噪处理、静音处理和裁剪等。

1. 解说的降噪处理

通过传声器等设备录音容易造成一定的背景噪声，这里主要介绍运用 GoldWave 中的降噪命令过滤解说中的基础噪声的操作方法。

（1）打开刚录制的解说文件 canon.wav，如图 2-10 所示，放大波形后，可以发现在两个音波之间有一些锯齿状的杂音，接近两个水平基准线的附近分布着一些锯齿状的波形，这些波形形状较为相似，大多为背景噪声（也称基础噪声）。

（2）选择背景噪声。使用鼠标拖动的方法选择较为典型的背景噪声，如图 2-11 所示。然后单击工具栏中"复制"按钮 。

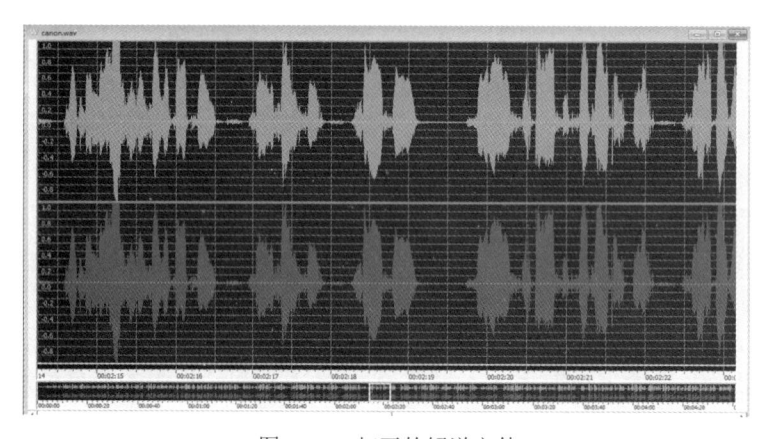

图 2-10 打开的解说文件　　　　　　图 2-11 选择背景噪声

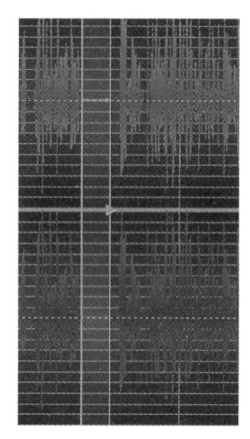

（3）单击工具栏中的"全选"按钮 ，即可选中所有音波，也就是对所有含有背景噪声的音波进行降噪处理。

（4）降噪处理。选择"效果"→"滤波器"→"降噪"选项，打开"降噪"窗口，如图 2-12 所示。在"降噪"窗口左侧的"收缩包络"选项组中选中"使用剪贴板"单选按钮。单击"播放"或"停止"按钮可以进行试听。如果不满意，可以重新选择背景噪声，确定较为合理的背景噪声的频率，使结果更为理想。最后单击"确定"按钮，隐噪后呈现的波形图如图 2-13 所示。

在降噪后的波形图中可以看到锯齿基本没有了，单击右侧"控制器"窗口中的"播放"按钮，即可听到清晰的语音。然后将该文件保存，重命名为 canonw.wav。

项目 2 音频技术应用

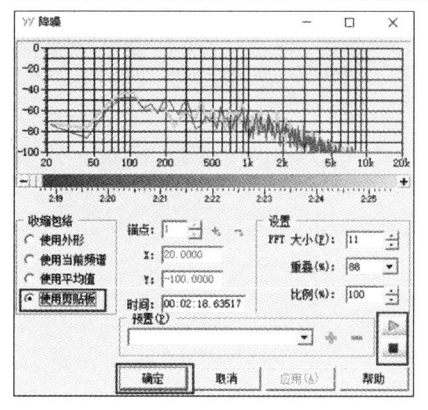

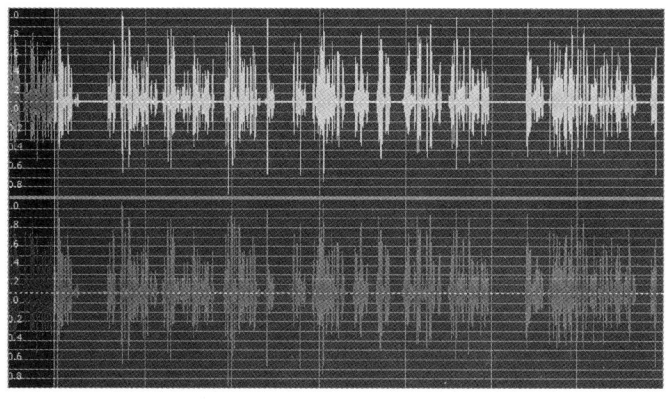

图 2-12 "降噪"窗口　　　　　图 2-13 降噪后的音频波形图

小技巧：如果降噪处理后发现还有部分音频存在一定的背景噪声，可对其再进行一次降噪处理。具体操作步骤与前述相同，不同之处在于：降噪处理的对象不再是所有的波形，而是有背景噪声的部分，只要框选这部分波形即可。

2. 解说的静音处理

经过降噪处理的文件，语音清晰了不少，但文件开始没有语音的部分仍然存在一些背景噪声，如图 2-14（a）所示，对这部分的波形可以采用静音处理，包括后面的段与段或句与句之间没有语音的部分。具体设置步骤如下。

（1）选择需要进行静音处理的部分，如图 2-14（a）所示的位置，然后右击设置结束点，选中带有噪声部分的波形。

（2）选择"编辑"→"静音"选项，波形图如图 2-14（b）所示，波形变成了一条直线。

其他需要静音处理的部分也可以这样处理，特别是当解说员解说时在语句之间转换有一点哈气的声音，便会有波形，可以对其进行静音处理。至此，解说的后期处理基本结束，将文件进行保存，重命名为 canonwc.wav。

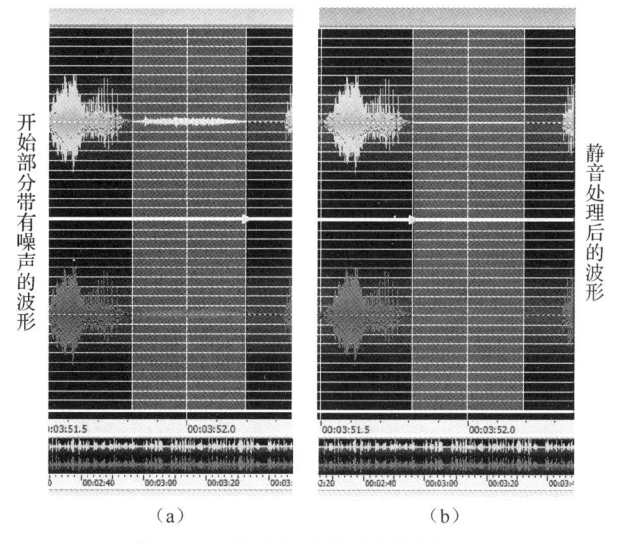

图 2-14 静音处理前后的波形对比

3. 解说的裁剪

由于一开始录制解说时，设置的文件时长是 5 分钟，而解说录制了约 4 分 38 秒，有 20 秒左右的时间多余，因而对其进行裁剪，可使文件变小。

（1）选择需要保存的范围。打开刚处理完的文件 canonwc.wav，此时不管有没有声音内容，所有的音乐都是选中的，从图 2-15 可以看到，后面约 20 秒的时间是没有内容的。因

39

为开始部分已经存在，所以只需设置结束点即可，因而可在解说内容结束处右击，在弹出的快捷菜单中选择"编辑"→"标记点"→"放置结束标记"选项，此时右面部分变灰，左边高亮部分表示选中。

（2）裁剪。选择"文件"→"选定的部分另存为"选项，以 canonwc1 为文件名，格式不变，即可完成裁剪声音文件的操作。

小技巧：如果只想去除文件中没有声音的部分，GoldWave 绿色版提供了一个可以去除静音部分的命令，直接单击"静音去除"按钮，即可将文件中的静音部分去除。

（3）如果要精确截取某一段音乐，可在播放音乐后，单击"暂停"按钮暂停音乐，选择"编辑"→"标记"→"放置开始标记"选项。然后继续播放，到位置后，同样选择"编辑"→"标记点"→"放置结束标记"选项，即可精确截取某一段音频。

如果知道播放的时间，可以选择"编辑"→"标记"→"设置标记"选项，在打开的"设置标记"对话框中设置开始时间和结束时间，如图 2-16 所示，这样就能更精确地选择需要裁剪的文件。

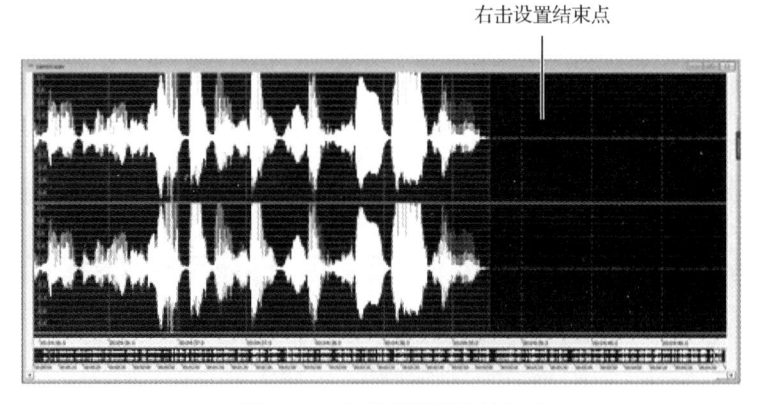

图 2-15 选择需要保存的部分　　　　图 2-16 "设置标记"对话框

2.4.4 运用 GoldWave 进行背景音乐的后期编辑

根据不同主题的需要，背景音乐的后期处理可有多种选择，有不同的处理方式。例如，通过复制、粘贴进行裁剪、添加不同的特效等。这里以"童年的回忆"这一钢琴曲作为背景音乐，进行简单的后期编辑，主要包括导入音频文件、根据解说节奏编辑背景音乐、更改背景音乐的音量等。

1. 导入音频文件

从 GoldWave 软件中打开背景音乐文件"童年的回忆.mp3"，如图 2-17 所示。从图中可以看出，"童年的回忆.mp3"文件时长约为 3 分钟，频谱较为均匀，有几个相似的旋律反复出现。

2. 根据解说节奏编辑背景音乐

对背景音乐的编辑主要看解说，可根据解说的节奏来适当调整背景音乐，如复制、剪裁、插入静音等。在编辑背景音乐之前需要打开解说文件 canonwc1.wav，这样在编辑时可以对照着进行。

项目 2　音频技术应用

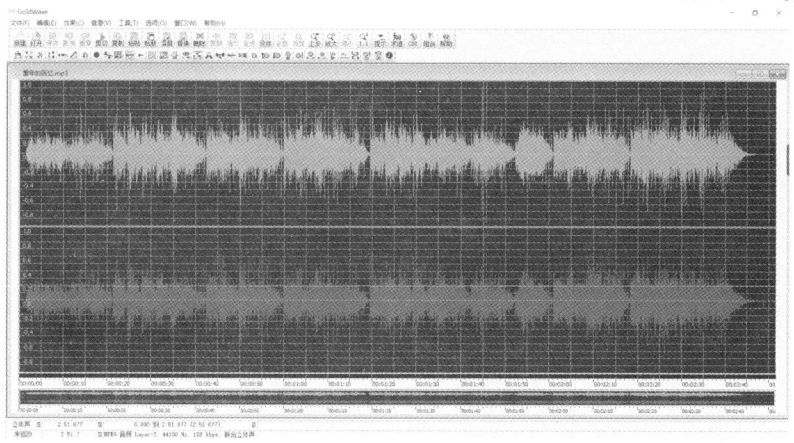

图 2-17　"童年的回忆.mp3"文件打开界面

（1）复制音乐。将解说和背景音乐两者对照后发现，背景音乐时长要短一点。背景音乐时长约为 3 分钟，解说较长，约为 4 分 40 秒，因而背景音乐需要增加 1 分 40 秒左右。可以复制一段旋律，选择合适的插入点插入，使背景音乐得以延长。操作步骤如下：在图 2-18 中，拖动鼠标选择背景音乐中一段约 1 分 40 秒时长的旋律①，然后单击工具栏中的"复制"按钮②。接着在如图 2-19 所示的界面中，选择插入点③，然后单击工具栏中的"粘贴"按钮④，即可完成音乐的复制。

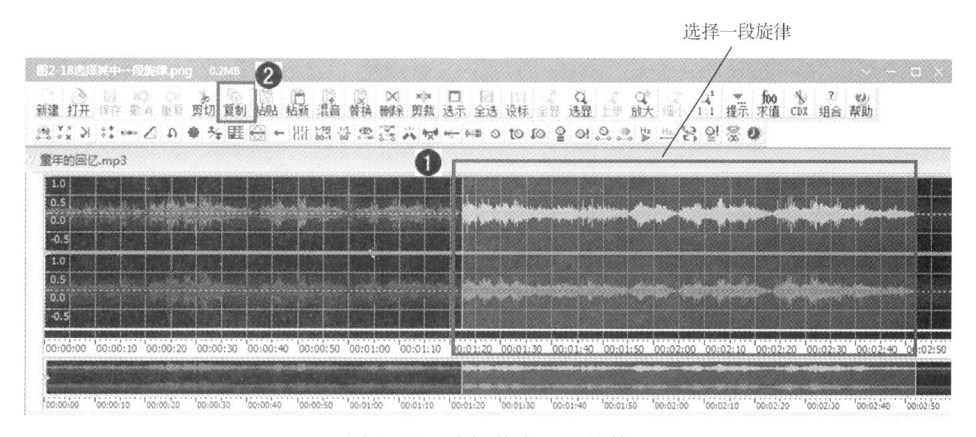

图 2-18　选择其中一段旋律

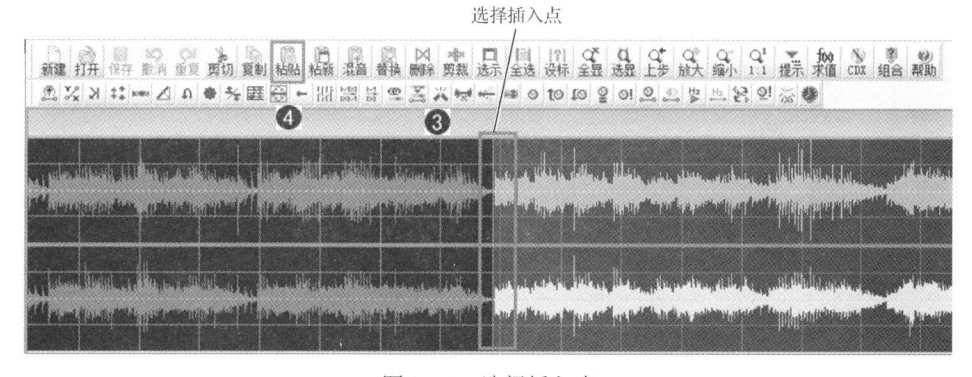

图 2-19　选择插入点

保存文件为"童年的回忆 1.mp3"。

（2）剪裁背景音乐。如果背景音乐比解说长，那么可以对背景音乐进行适当的剪裁。只要选中其中的一段内容，然后单击工具栏中的"删除"按钮即可。

（3）插入静音。延长背景音乐时长的方法还可以用插入静音的方法。在"童年的回忆 1.mp3"中选择一个旋律的结束点适当延长时间，然后选择"编辑"→"插入静音"选项，打开如图 2-20 所示的"插入静音"对话框。在该对话框中设置静音的持续时间，然后单击"确定"按钮，背景音乐就会延长相应的时间，再保存文件即可。

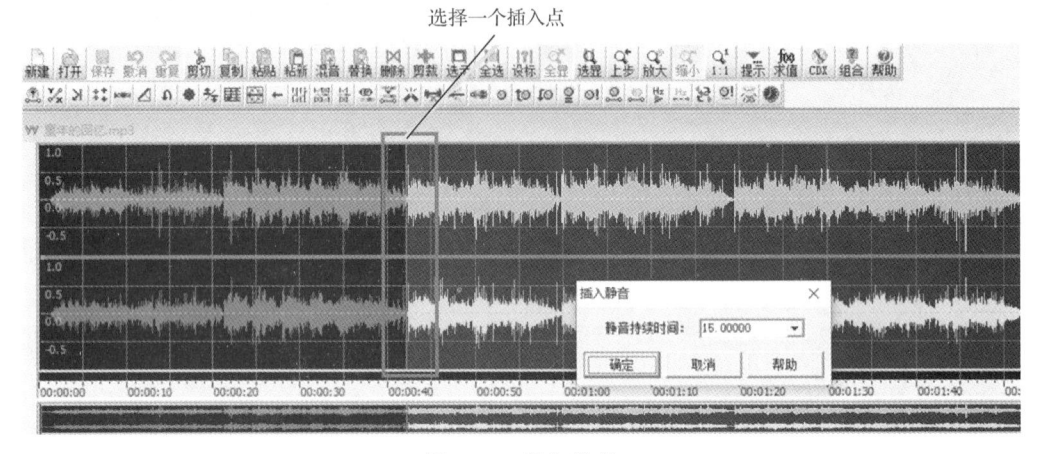

图 2-20　插入静音

3. 更改背景音乐的音量

作为背景音乐，其音量应适宜，不能比解说的音量大，但也不能太小，因而需要对背景音乐的音量进行调整。在"童年的回忆 1.mp3"前期编辑的基础上，单击工具栏中的"更改音量"按钮，打开如图 2-21 所示的"更改音量"对话框，可通过移动该对话框中的"音量"滑块来调节音量的大小，同时可以试听，直到满意为止。如图 2-22 所示为衰减 6dB 后的波形，波形的幅度减小，声音的强度相对减弱。然后保存该文件为"童年的回忆 2.mp3"。

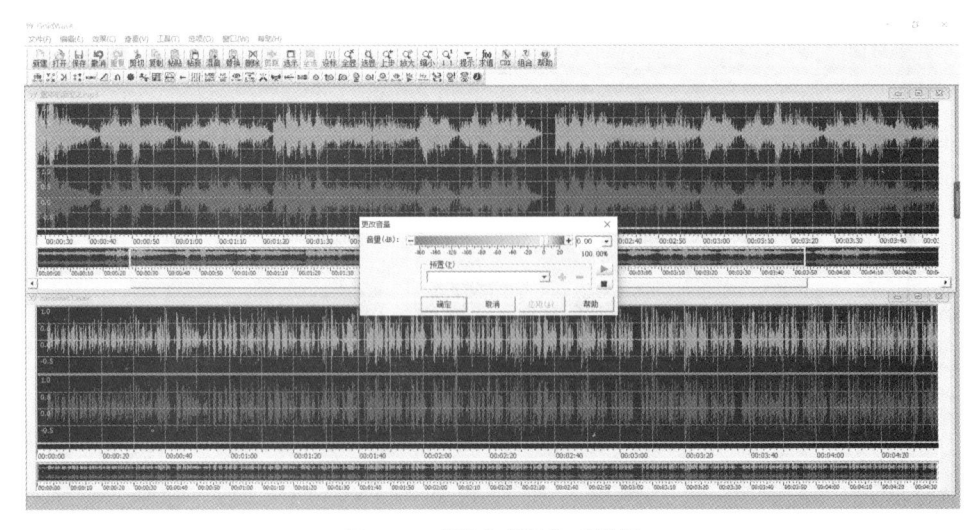

图 2-21　"更改音量"对话框

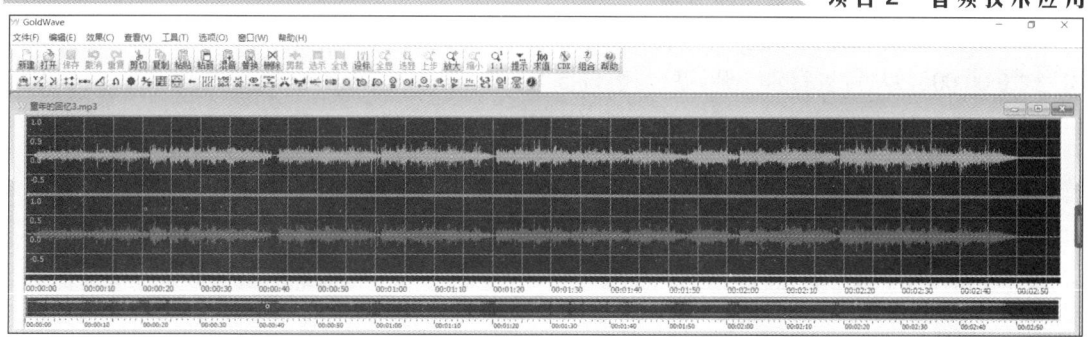

图 2-22 更改音量后的波形

2.4.5 合成与发布

扫一扫看合成与发布微课视频

在对解说和背景音乐进行相关的后期处理后，可以对两者进行合成。因为 GoldWave 并非专业级的音频制作软件，语音与背景音乐的合成是通过混音实现的，具体操作步骤如下。

（1）打开两个文件。打开解说文件"canonwc1.wav"和背景音乐文件"童年的回忆 2.mp3"，如图 2-23 所示。两个文件同时出现在一个窗口中，这样便于操作。

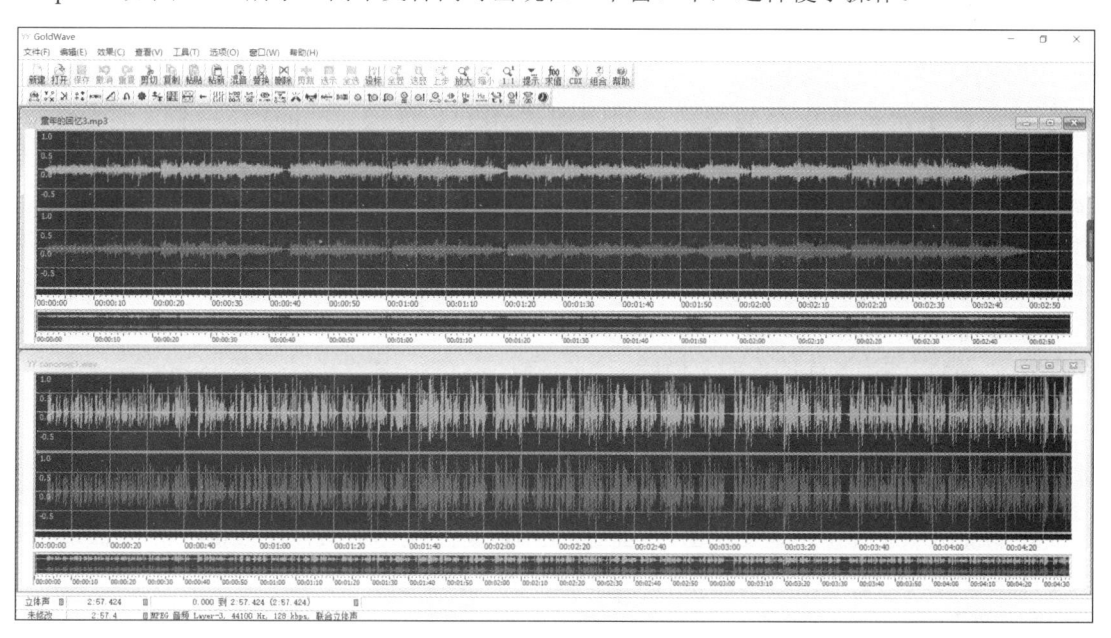

图 2-23 打开两个文件后的界面

（2）选择配音文件需要混音的部分。选择解说文件"canonwc1"，使其高亮显示（表示可对该文件进行操作）。由于需要对其全部配上背景音乐，所以选择所有的波形，单击工具栏中的"全选"按钮，即可选中所有的波形，单击工具栏中的"复制"按钮，即可将解说粘贴到剪贴板上。

小技巧：也可以按 Ctrl+A 组合键选择所有波形。

（3）混音。选择文件"童年的回忆 2.mp3"，使其高亮显示。单击工具栏中的"混音"按钮，打开如图 2-24 所示的"混音"对话框，在该对话框中可以对背景音乐文件设置混音

43

的开始时间，并对解说文件进行音量调整。此处由于选择解说的全部内容，所以选择混音的时间为"0:00:00"，从背景音乐一开始就与解说混音，混音后的波形如图 2-25 所示。

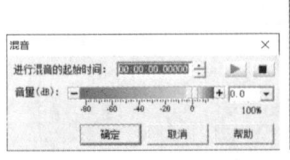

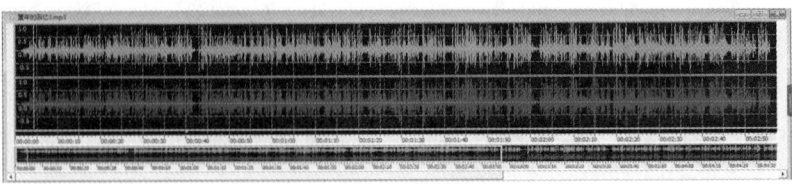

图 2-24 "混音"对话框

图 2-25 混音后的波形

（4）保存文件。将混音后的文件保存为"can.wav"。

（5）声音文件格式的转换。GoldWave 软件可以对声音文件的格式进行转换，可以满足用户的不同需要。GoldWave 软件可以转换的格式有 WAV、MP3、VOC、TXT、WMA 等，如图 2-26 中的"保存类型"下拉列表所示。

打开需要转换的文件，如"can.wav"文件。使用工具栏上的"保存"按钮或选择"文件"→"另存为"选项，然后在打开的"另存

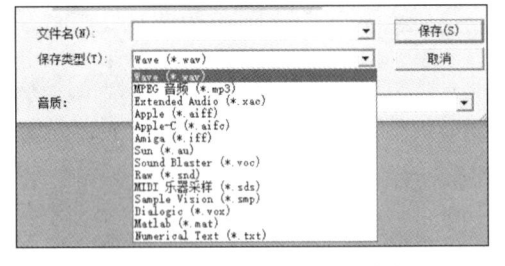

图 2-26 声音文件格式的转换

为"对话框中选择要保存的文件格式，如"MPEG 音频（*.mp3）"，将文件保存为"can.mp3"。如果选择"Windows Media Audio（*.wma）"格式，那么文件就保存为"can.wma"。为了便于交流，建议将声音文件格式保存为 WAV、MP3、WMA 中的某一种。

注意：如果要将文件保存为 MP3 格式，需要安装有较高版本的 Media Player（媒体播放机），才能支持把文件直接保存为 MP3 的格式。

至此，"数字照相机配乐解说"音频的制作基本完成。下面可对其进行适当的调试、修正和完善，同时写出制作的说明文档。

2.4.6 制作说明文档

说明文档用于对制作的作品进行设计思路、团队分工、技术路线、参考资源等方面的说明，以便用户了解作品概要及团队之间的交流。说明文档的要点参考模板请扫描上方的二维码进行阅览。

2.5 项目评价

本项目评价主要采用结果性评价和过程性评价相结合、自评与他评相结合的方式，分值由组内自评、小组互评、教师总评分构成。

1. 评价指标

本项目的作品评价从创造性、科学性、艺术性、技术性等方面进行评价。本项目评价采用百分制计分，评价指标与权值请扫描上方的二维码进行阅览。

2. 评价方法

在组内自评的基础上，小组互评与教师总评在各组指定代表演示作品完成过程时进行。小组将评价完成后的个人任务评价表交给教师，由教师填写任务的总体评价。个人任务评价表参考模板请扫描上方的二维码进行阅览。

扫一扫看音频作品个人任务评价表

2.6 项目总结

在"数字照相机配乐解说"音频的制作过程中，与预先设想过程有很多的不同，遇到了不少问题，因而有必要进行总结与回顾。在音频的具体制作过程中，添加一些特效处理可能更有利于主题的表达。"数字照相机配乐解说"音频的制作仅仅是对 GoldWave 软件的熟悉，处于入门级的层次上，如果要真正掌握音频的制作技术，还需要不断地训练，需要有创新性的练习，这样才会有所提高和巩固。

2.6.1 问题探究

对于音频制作过程中遇到的问题，有些是基本的技术问题，有些是有关音频的专业问题，现将典型问题罗列如下。

1. 如果把 128 kbit/s 的 MP3 转换成 320 kbit/s 的 MP3，或者把 WMA/WAV 还有其他格式的音频转换成 MP3 格式后，音质会提升吗？

答：不会提升。因为好的音质要由大量的数据作保证，转换过程中不可能增加这些需要的数据。转换后只有一个明显的变化，即体积大大增加。

2. 使用 GoldWave 软件降调或升调，音乐的速度就变了。请问怎样变调后还能保持原速？

答：使用"音调"对话框中的"保持速度"选项可以尽可能地保持原来的速度。

3. 使用 GoldWave 录磁带时需要较长的时间，是否有其他方法缩短录制时间？

答：磁带是恒速 4.76 厘米/秒，而且是模拟信号，一般不能缩短录制时间。如果非要加快，也不是不可以，快速录完后可以用 GoldWave 还原正常速度；但缺点是磁带在快速读取时，会使低频响应变差，影响音质，如果不在乎音质的话，可以试试。还有，就是准确还原正常速度比较难，还需要计算。

4. 使用 GoldWave 编辑一段音乐，改变它的播放速度发现速度变快后，比原音动听如水晶般，但是储存后却又变回原音。怎样才能不变回原音？

答：导入文档，选择"回放速率"选项，设置好数值即可。

5. 录制的音频有种嘈杂的感觉，不是特别清楚，请问怎么调？

答：使用"降噪"选项可以消减噪声直至清除。

6. 一首歌曲是唱和伴奏都有的，如何使用 GoldWave 软件去掉人唱的那一部分，只留下伴奏？

答：选择"效果"→"立体声"→"消减人声"选项即可。

7. 使用 GoldWave 软件将 WAV 格式音频文件转换成 MP3 格式文件的过程是什么？

答：启动 GoldWave 软件，打开 WAV 格式文件，选择"文件"→"另存为"选项，在打开的"保存声音为"对话框的"保存类型"下拉列表中选择"MPEG 音频（*.mp3）"选项，然后单击"保存"按钮即可。

8. 混响声音时间长短所表现出的声音特点是什么？

答：混响时间的长短能部分地改变音色，混响时间短，声音干涩，声音就像在近前发出的一般；混响时间长，声音圆润，具有空旷感。

9. 声卡的常见种类有哪些？

答：按照声音位数，声音可分为 8 位声卡、16 位声卡、32 位声卡等。

10. 声音和波形文件有什么关系？

答：声音是通过一定介质传播的一种连续振动的波，可以通过录音机等软件录制生成 WAV 格式的文件，即波形文件。

11. 声音的 3 个要素是什么？

答：音调、音色、音强。

2.6.2 知识拓展

声音的应用已涉及多媒体娱乐、教育等多个领域，在网络上的应用也非常广泛。下面介绍几种典型的应用场合。

1. 影视歌曲

影视歌曲中声音的使用是非常普遍的一种方式。配合作品的主题，声音的使用给人各种不同的享受，为作品增添了艺术魅力，如图 2-27 所示。

图 2-27　影视歌曲

2. 手机铃声

手机铃声已成为手机装饰中比较普遍的方式。网上可以下载各种免费的手机铃声，人们也可以定制自己喜欢的手机铃声。手机铃声也增加了更多的和弦，听起来感觉更加动听悦耳，如图 2-28 所示。

图 2-28　手机铃声

3. 播放特效

各种玩具中的播放特效、多媒体作品中的播放特效，也是声音使用较普遍的应用之一。例如，商家为了使玩具产品获得小朋友的喜爱，在很多玩具中植入了各种各样的铃声，增加玩具的趣味性，如八音盒、电子贺卡等。如图 2-29 所示。

2.6.3 技术提升

在多媒体软件的制作中，声音占有举足轻重的位置，但在实际使用中，音频的发展速度比不上其他媒体（如图形、图像、视频及动画），目前还只是在压缩和整体音质方面缓慢发展。音频一般作为叙述性的内容，在背景音乐上进行解说。这种方式比较单调。因此，在本项目的产品解说中，在技术上有了很大的提升，在传统的解说方式上添加了音频特效。GoldWave 软件中有多种音频特效，如声音的淡入淡出、混响、回声、声音的变调等。

图 2-29　播放特效的玩具

1. 添加淡入、淡出效果

采用声音的淡入淡出效果可以避免声音突然出现又戛然而止而使人产生很突兀的感觉，可以使声音听起来比较舒服、流畅。

打开"can.wav"文件，对文件开始部分进行淡入效果的处理，将鼠标指针停留在文件开始部分，然后选择"效果"→"音量"→"淡入"选项，打开如图 2-30 所示的"淡入"对话框。在该对话框中选择淡入衰减的量，如-20dB。单击试听按钮进行试听，调整到满意效果后，单击"确定"按钮，得到如图 2-31 所示的声音淡入的效果图。将该文件保存为 can.mp3。

对声音的淡出效果的处理方法与淡入效果的处理是一样的，这里不再重复。

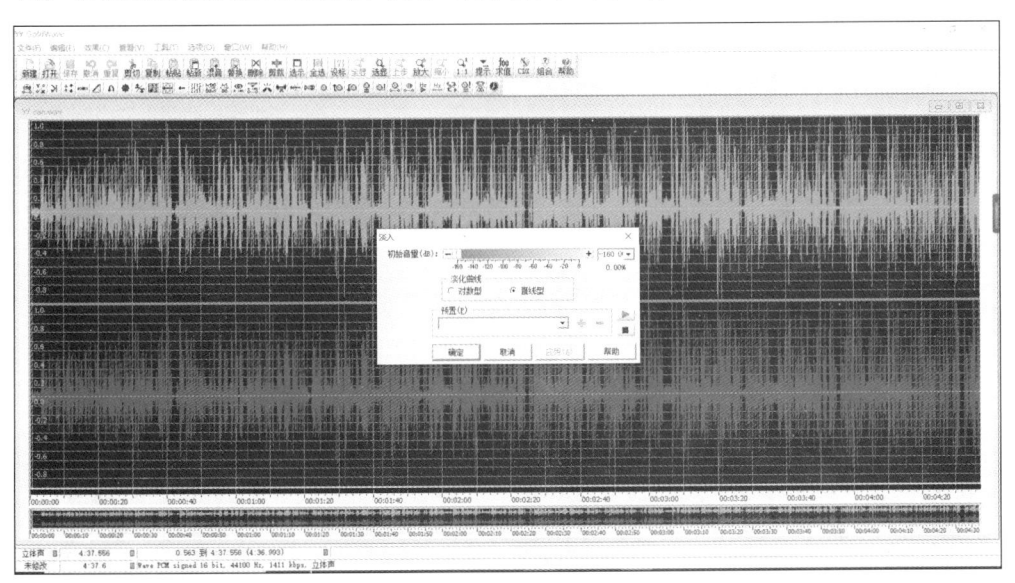

图 2-30　"淡入"对话框

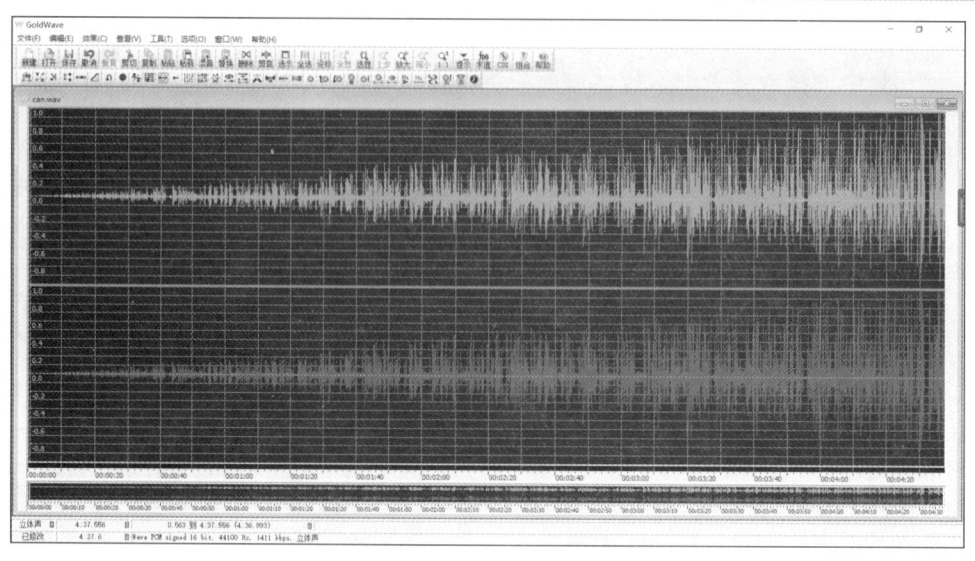

图 2-31　声音淡入效果的波形

2. 制作混响效果

产生混响效果的基本原理是指定编辑区域内的声音滞后一小段时间再叠加到原来的声音上，叠加声音的音量和滞后时间长度均可进行调整，以产生不同的混响效果。

混响时间的长短能部分地改变音色，混响时间短，声音干涩，声音就像在近前发出的一般；混响时间长，声音圆润，具有空旷感。

打开"can.mp3"文件，选择"效果"→"混响"选项，打开如图 2-32 所示的"混响"对话框。在该对话框中可对混响滞后的时间、叠加声音的音量、声音延迟的深度进行调节，也可以试听效果，直至满意为止。然后单击"确定"按钮，得到如图 2-33 所示的波形图。在此波形图中可以发现，波形的幅度变宽了，声音听起来更为圆润，具有一定的空间感。将该文件保存为"can1.mp3"。

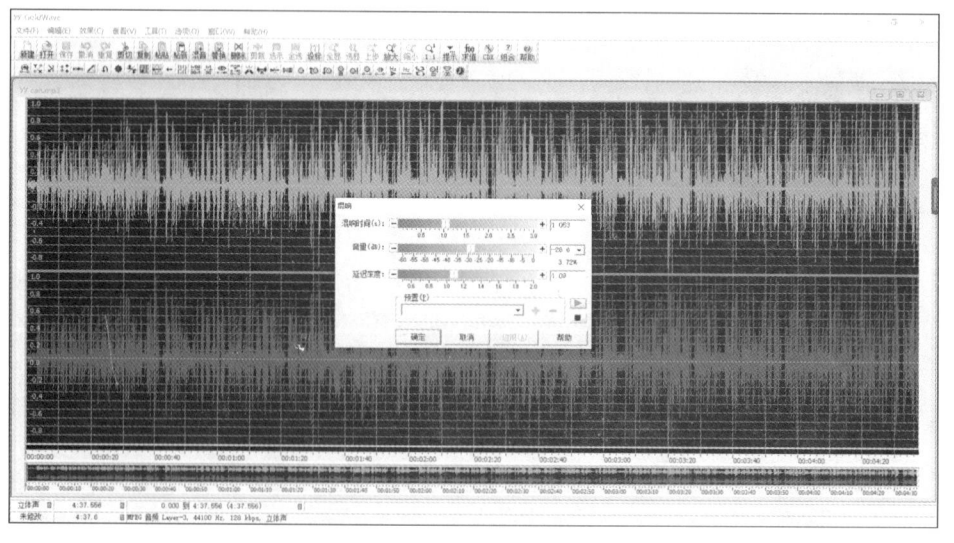

图 2-32　"混响"对话框

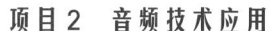

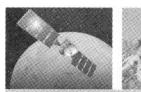

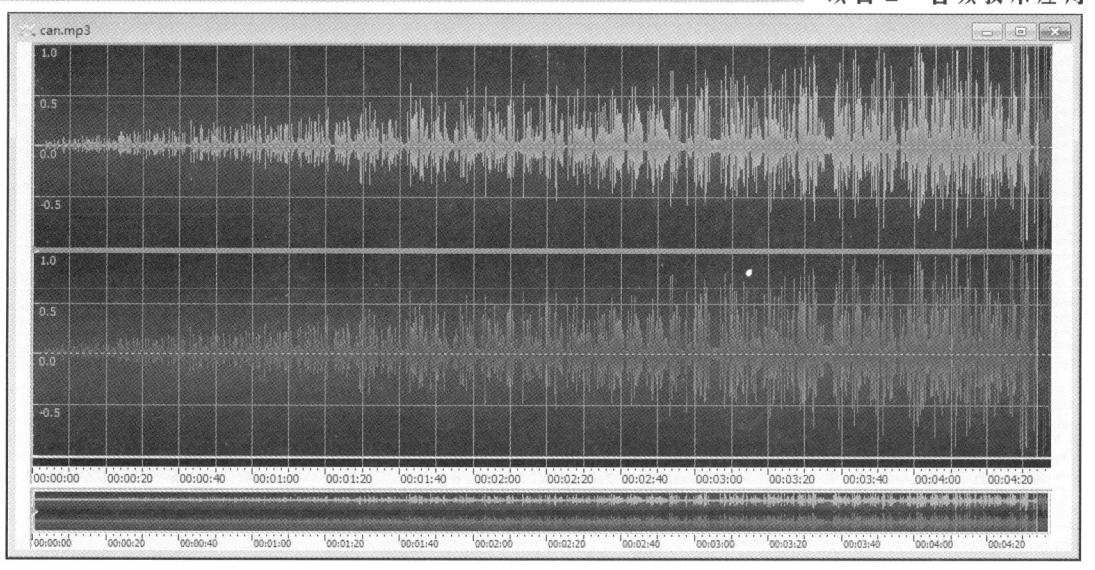

图 2-33 声音混响效果的波形

3. 制作回声效果

音频中有回声往往给人以现场感、真切感，因而可为解说添加回声特效。打开"can.mp3"文件，选择"效果"→"回声"选项，打开如图 2-34 所示的"回声"对话框。在该对话框中可以设置回声的次数、延迟的时间、回声音量的大小、反馈量大小等，也可以选择预置功能，预置功能是预先设好的回声效果，直接选择应用即可。然后单击"确定"按钮，即可得到经回声处理后的波形图，如图 2-35 所示，回声波形也叠加到原有波形中，所以其波形的幅度略有增加。将处理后的文件保存为"canhuis.mp3"。

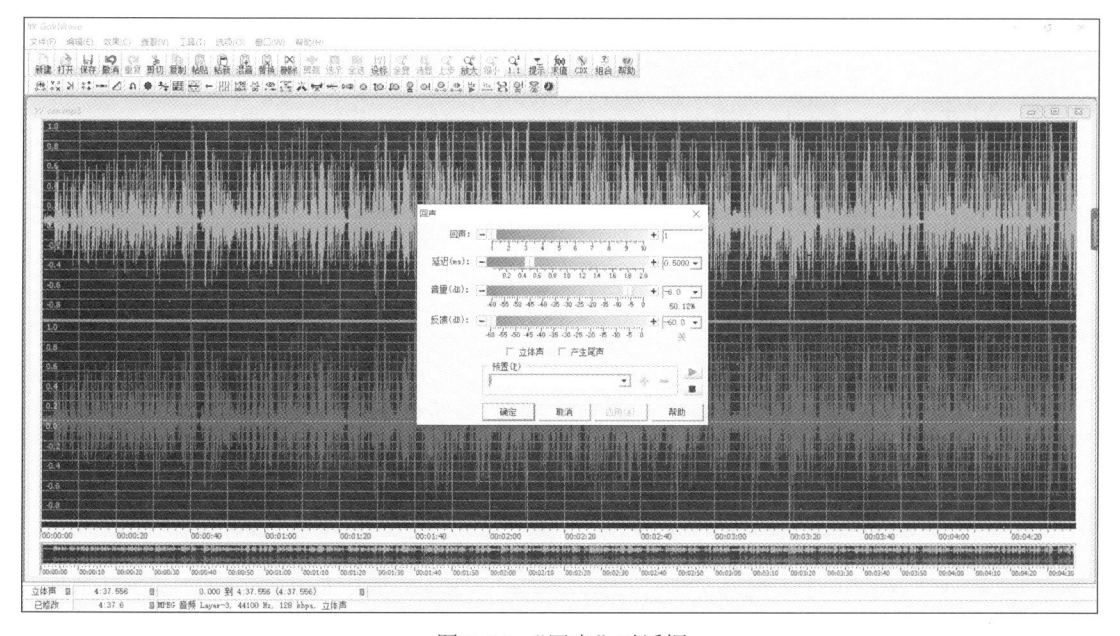

图 2-34 "回声"对话框

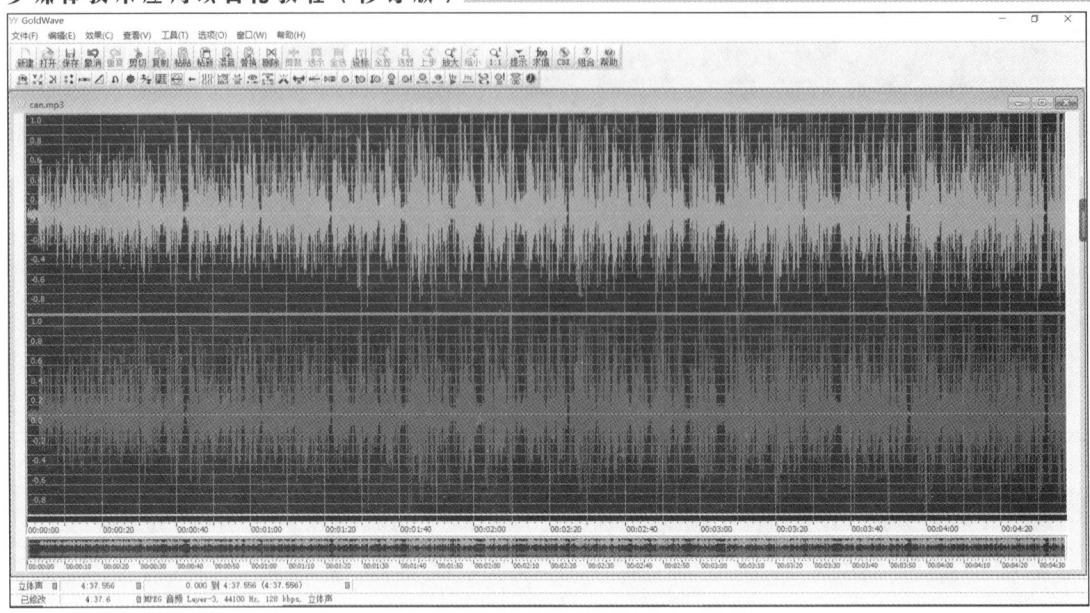

图 2-35 经回声处理后的波形

4. 改变音调

利用 GoldWave 软件可以改变声音的音调，可以将录制的声音调成想要的多种声音。打开"can.mp3"文件，选择"效果"→"音调"选项，打开如图 2-36 所示的"音调"对话框，可通过调节音阶系数或相关伴音来改变音调，也可以选择预置选项，得到更为夸张的声音变化。若在该对话框中的"预置"下拉列表中，选择从"C 到 D"的预置，选中"保持速度"复选框，然后单击"确定"按钮，即可得到如图 2-37 所示的音调处理后的波形图，可以发现一些高频部分声音已经被滤除。将处理后的文件保存为"canyd.mp3"。

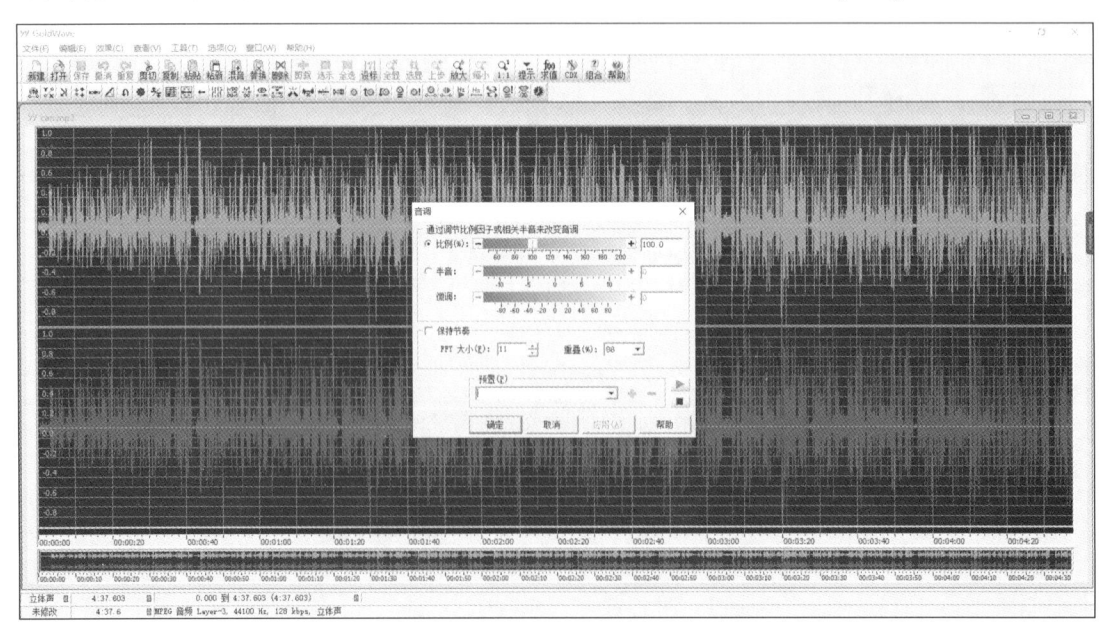

图 2-36 "音调"对话框

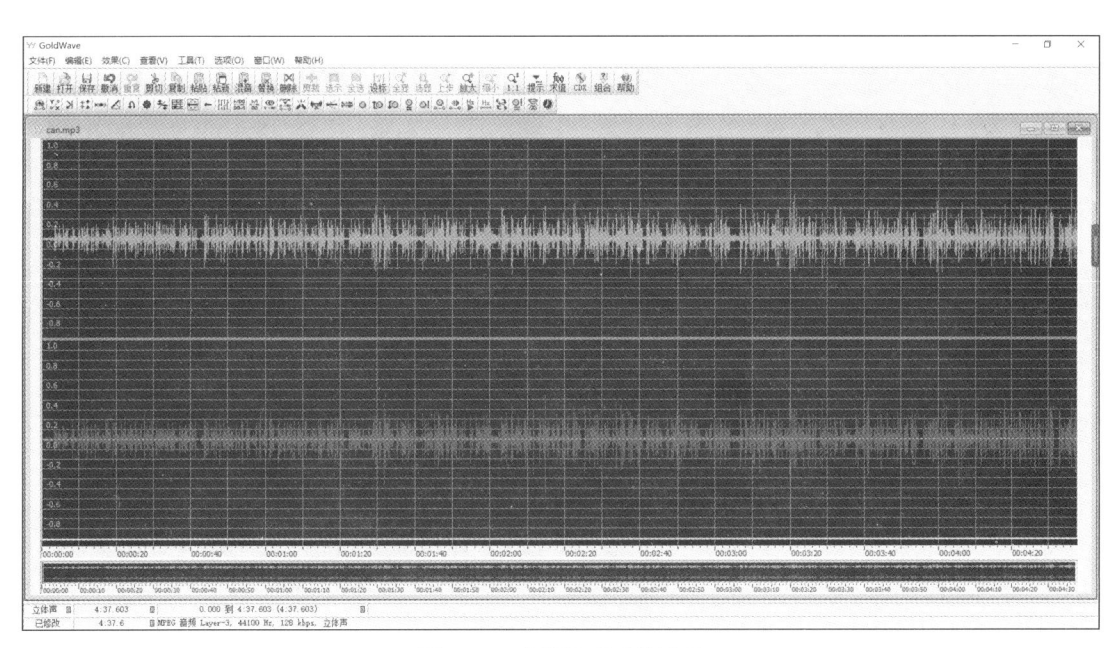

图 2-37 音调处理后的波形

5. 声音反转

将音乐设置倒序，使声音听起来像是宇宙语。打开"can.mp3"文件，选择"效果"→"反向"选项，出现反向的进行条，结束后声音出现倒置，波形图如图 2-38（b）所示，两者对比后可以发现，波形是倒置的。将文件保存为"canf.mp3"。

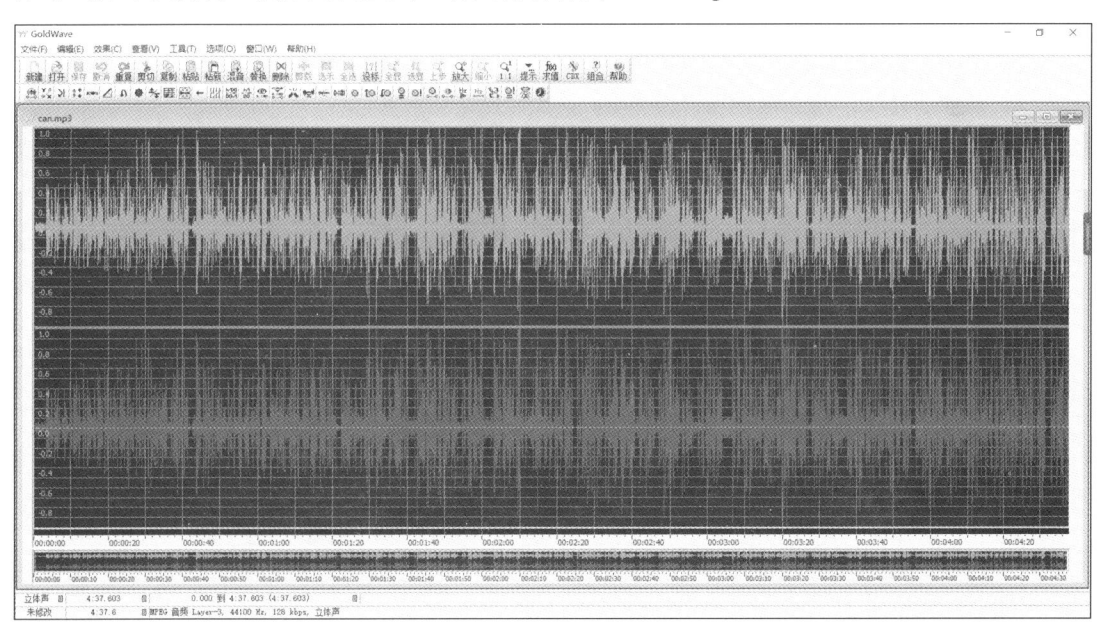

(a)

图 2-38 声音反向前后的波形对照

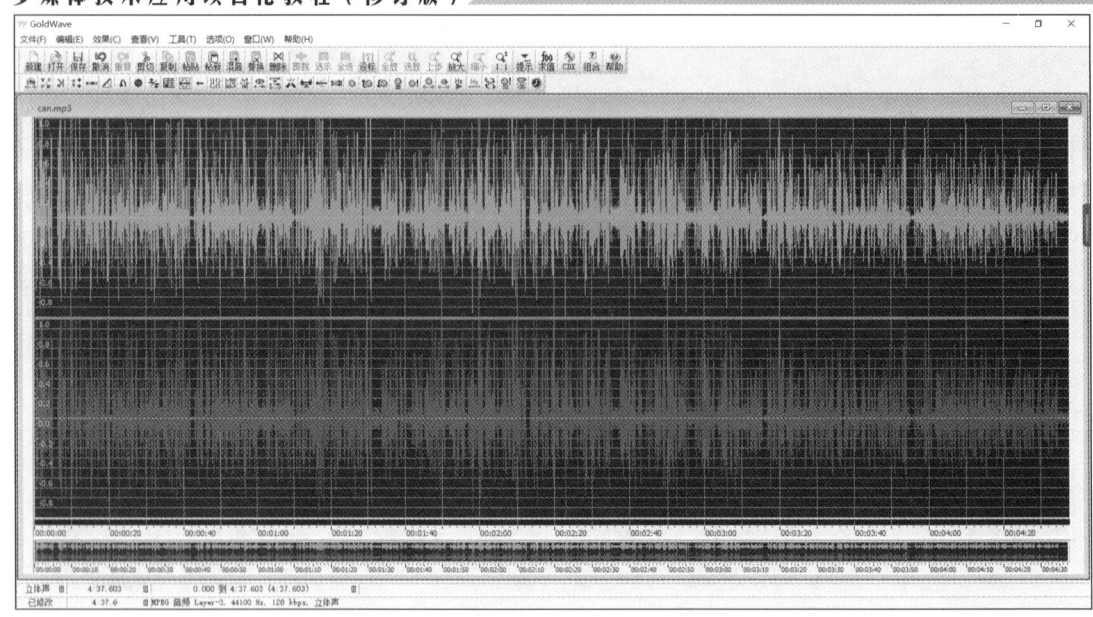

(b)

图 2-38　声音反向前后的波形对照（续）

2.7 拓展训练

1. 改进训练

1）训练内容

为相机宣传配乐解说添加合适的声音特效，使声音效果更富有感染力。

2）训练要求

（1）在语音的开始处添加淡入特效，在结尾处添加淡出特效。

（2）选择合适的声音特效，插入适当的位置，使声音更具魅力。

（3）保存处理过的声音文件。

3）重点提示

添加的声音特效与原有声音混合后应有一定美感，为产品的宣传提供更强有力的宣传力度。

2. 创新训练

1）训练内容

运用音频制作软件制作歌曲串烧，并配上有声说明文档。

2）训练要求

（1）从网上下载，选择两首以上熟悉的歌曲，制作歌曲串烧。

（2）内容要求：歌曲积极向上，曲风文明健康。

（3）音质要求：声音悦耳，无噪声。

（4）编辑要求：对歌曲进行剪辑，根据需要添加适当的特效。

（5）合成要求：歌曲之间过渡自然。

（6）时长要求：不超过 10 分钟。

（7）格式要求：分别保存为 WAV 和 MP3 两种格式。

3）重点提示

（1）添加的声音特效与歌曲衔接自然。

（2）选用合适的软件对成品文件进行压缩保存。

项目小结

本项目以策划、设计并制作多媒体产品宣传配乐解说为中心，详细介绍项目完成的过程。本项目旨在训练学生运用 GoldWave 的基本操作方法与技巧进行音频作品制作的能力及与人良好沟通、合作完成学习任务的能力。围绕项目完成，本项目在项目分析的基础上提供了完成该项目需要的相关知识、详细的项目设计与制作过程、项目评价指标与方法、说明文档等，最后从问题探究、知识拓展、技术提升 3 个方面对项目进行了总结。在完成此项目示范训练的基础上，增加了改进型训练、创新型训练，以逐步提高学习者运用音频技术的综合职业能力。

练习题 2

扫一扫看练习题参考答案与解析

1．理论知识题

（1）下列文件格式中，GoldWave 不能打开的是（　　）。

A．SMP　　　　　B．VOX　　　　　C．BMP　　　　　D．MP3

（2）下列（　　）是计算音频文件大小的公式。

A．时间×采样频率/8

B．采样频率×（采样位数）/8×声道数×时间

C．采样频率×（采样位数）/8×声音大小×时间

D．采样频率×（采样位数）/8×声音大小×时间×通道数

（3）相同声音内容条件下，在下列声音文件格式中，（　　）格式文件的容量最大。

A．MP3　　　　　B．WAV　　　　　C．MID　　　　　D．VOC

（4）下列有关音频文件质量的说法中，比较合理的是（　　）。

A．相同大小的音频文件播放时间越长越好

B．播放时间相同，文件越大越好

C．播放时间相同，文件较小的声音质量好

D．相同格式的文件，文件越大越好

（5）下列技术指标可客观测试声源、声场及信号特性的是（　　）。

A．频响与瞬态响应　　　　　　　　B．声道合成度和平衡度

C．失真度和频率比　　　　　　　　D．高保真度

（6）GoldWave 允许使用很多种声音效果，其中不可以使用的是（　　）。

A．倒转（Invert）、回音（Echo）　　　B．摇动、边缘（Flange）

C．回音（Echo）、CMYK 模式　　　　D．增强（Strong）、扭曲（Warp）

（7）批转换命令可以把一组声音文件转换为不同的格式，下列表述中错误的是（　　）。

A．可以将立体声转换为单声道　　　　B．帮助修复声音文件

C．转换 8 位声音到 16 位声音　　　　　D．文件类型支持的任意属性的组合

（8）下列可以转换音频文件格式的软件是（　　）。

A． Windows 录音机　B．Cool Edit　　　C．FlashGet　　　D．Word

（9）下列不是采集数字音频素材的做法的是（　　）。

A．使用音频处理软件从 CD 唱片中截取一段音乐

B．收听电台广播

C．利用录音笔记录声音

D．使用 Windows 录音机记录声音

（10）下列操作一定会使音频文件存储量变大的是（　　）。

A．变大音量　　　　　　　　　　　　B．把 16 位转换为 32 位

C．把 MP3 转换为 MIDI　　　　　　　D．删除文件

2．技能操作题

（1）使用 GoldWave 软件录制一段自己或他人的演讲，并对录制的语音进行剪辑，去除出错的地方。

（2）选择一段 CD 中的音乐，选择合适的格式转换软件，分别转换为 MP3 及 WAV 格式。

（3）为录制的语音添加混响效果，并将歌曲压缩为 MP3 格式。

3．资源建设题

（1）每位同学搜索 3 个自己认为值得推荐的音频技术学习的网站，附一份推荐说明，包括网址、网站简介、网站特色，不超过 300 字，上传到资源网站互动平台上交流。

（2）上网搜索自己喜欢的 GoldWave 教程，保存到自己的文件夹中，并注明下载的网址。教师注意提醒学生掌握声音搜索和下载的方法。

4．综合训练题

运用所学的 GoldWave 音频制作技术制作歌曲串烧，歌曲自选，合成的作品时间为 10 分钟左右，要求分别保存为 WAV、MP3 格式文件。为串烧的制作撰写一个不少于 300 字的制作说明，内容包括制作步骤、创意等。

项目 3

图像技术应用
——"校园风景电子台历"设计与制作

| 扫一扫下载图像技术应用教学课件 | 扫一扫下载校园风景电子台历素材与成品 |

知识目标

（1）熟悉 Photoshop CC 2018 软件界面与基本工具的作用。
（2）熟悉 Photoshop CC 2018 软件中选区、图层、面板、路径、通道、滤镜等基本概念。
（3）掌握 Photoshop 图像处理的基本方法。
（4）掌握平面作品分析、制作与发布的基本过程。

技能目标

（1）能策划、设计并运用 Photoshop CC 2018 制作一个主题平面设计作品。
（2）能根据任务需要，使用 Photoshop CC 2018 软件的基本工具与命令进行主题作品的设计、处理与修改。
（3）能熟练使用 Photoshop CC 2018 钢笔、选区等工具，自由变换、描边等命令，图层面板、图像菜单、图层样式等。

3.1 项目提出

Photoshop 作为图像处理软件是每一位使用过的图像设计人员所爱不释手的，其功能的强大和操作的灵活性为每一位图像设计人员带来了无限的创作空间，它在越来越多的行业中，尤其在平面广告设计领域，已占有相当重要的位置。

本项目侧重训练 Photoshop 图形绘制与图像处理的操作方法和技巧，以设计和实现台历效果图为主线，其内容包括首页、尾页、内页 3 个模块。本项目的学习任务书如表 3-1 所示。

表 3-1 学习任务书

"校园风景电子台历"设计与制作学习任务书
1．学习的主要内容、任务及目标   本项目的学习任务是小组合作完成台历平面效果图的设计与制作。要求学习者能策划、设计、制作一个以台历为主题的平面作品；能运用 Photoshop CC 2018 软件完成作品的制作；掌握图形图像添加、修改、变化的基本方法与技巧；能与人良好沟通，合作完成学习任务。   **2．制作基本要求**   1）总体要求   制作的台历主题突出，内容健康，创意新颖，构图美观，色彩协调。设计方案不得侵犯他人任何知识产权或专有权利，如出现权属问题，作品按不及格处理。   2）内容要求   内容包含台历首页、内页、尾页等基本要素。 3）技术要求   运用滤镜、选区、曲线、图层、通道、路径等特效制作方法进行制作。   **3．上交要求**   作品在两周内上交，存放在以学号和姓名命名的一个文件夹中，如"01 张三"。该文件夹中包含以下内容。 （1）原始素材文件夹：存放制作过程中使用的原始素材。 （2）PSD 文件。 （3）JPEG 文件。 （4）设计说明文档：用简练的文字说明设计构思、寓意、创意和制作技术，800 字以内；撰写作品制作的详细步骤；命名为"说明文档.doc"。 **4．推荐的主要参考资料**   （1）蓝色理想网站。 （2）PS 联盟。

3.2 项目分析

制作台历效果图的全过程，是指从项目分析与规划开始，到将制作后的作品进行发布的整个过程。本项目的内容较少，可以一个人承担并完成多项任务。台历效果图设计制作的基本过程如图 3-1 所示。

任务分析与规划 → 素材收集整理 → 主体设计 → 页面制作 → 发布检测

图 3-1 台历效果图设计制作的基本过程

上述过程在实际操作中，可以省略或添加一些过程。其中，测试过程在一些小规模项目中经常被省略。在实际操作中通常不必经过详细的测试阶段，而是在发布运行之前只进行一些简单的测试。

1. 关于项目主题

台历是企业形象宣传经常使用的一种方式之一，许多企业使用赠送本公司台历的方式来推广企业的形象或产品，效果良好。

本项目以运用 Photoshop 软件设计与制作某花卉公司的宣传台历为例，介绍台历的首页、内页、尾页的制作及内部元素的处理方法等。

2. 项目用户分析

目前，大量的企业使用台历来宣传公司的形象及产品，这是一种非常普遍和常用的方式，许多广告类公司都有类似的项目。本项目为花卉公司制作台历，在内页中展示公司的花卉产品，对于公司产品的推广与普及有很好的作用。

为了让更多的用户了解公司所产花卉的类型，可以将图片制作为不同格式，通过网络发布出去。

3.3 相关知识

3.3.1 图形图像的基本概念

1. 矢量图

矢量图不记录像素的数量，与分辨率无关，如图 3-2 所示。在任何分辨率下，对矢量图进行任意缩放，都不会影响它的清晰度和光滑度。该图像通常通过 Illustrator、AutoCAD、CorelDRAW 矢量作图软件绘制而成。

2. 点阵图

点阵图又称像素图。当将点阵图放大到一定限度时会发现它是由一个个小方格组成的，这些小方格被称为像素点，一个像素是图像中最小的图像元素。自 Photoshop CS6 版本以来，Photoshop 重新定义了图像处理软件的内涵，在某些工具中集成了矢量绘图功能，扩大了用户的创作空间。点阵图与分辨率有关，将点阵图以较大倍数显示或过低分辨率打印时，会出现锯齿边缘，如图 3-3 所示。

3. 图像分辨率

图像分辨率是指图像中每单位长度所包含的像素或点的数目，常以像素/英寸（ppi）为单位来表示。例如，72ppi 表示图像中每英寸（1 英寸=2.54 cm）包含 72 个像素或点。分辨率越高，图像将越清晰，图像文件所需的磁盘空间也越大，编辑和处理所需的时间也越长。

图 3-2　矢量图　　　　　　　图 3-3　点阵图

4. 色彩模式

色彩模式是用于表现颜色的一种数学算法，是指一幅图像用什么方式在计算机中显示或打印输出。常见的色彩模式包括位图模式、灰度模式、双色调模式、RGB 模式、CMYK 模式、Lab 模式、索引模式、多通道模式及 8 位/16 位模式。模式不同，对图像的描述和所能显示的颜色数量就不同。

3.3.2　Photoshop CC 2018 的工作界面

Photoshop CC 2018 的工作界面主要由菜单栏、工具属性栏、名称栏、工具箱、图像窗口、状态栏、浮动调板组成，如图 3-4 所示。

图 3-4　Photoshop CC 2018 的工作界面

1．菜单栏

菜单栏位于窗口的顶部。菜单栏集合了"文件""编辑""图像""图层""文字""选择""滤镜""3D""视图""窗口""帮助"11 个菜单。单击菜单按钮，在弹出的下拉列表中可以执行相应的命令。

2．工具箱

工具箱位于窗口左侧。工具箱包含用于创建图像、页面和编辑图像的工具，属性基本相似的相关工具被划分到一个工具组中。

常用工具的功能介绍如下。

1）移动工具组

（1）移动工具：用于移动选区或图层。

（2）画板工具：用于创建、移动多个画布或调整其大小。

2）矩形选框组工具

（1）矩形选取工具：选取该工具后在图像上拖动鼠标可以创建一个矩形的选区，也可以在选项面板中将选区设为固定的大小。拖动鼠标的同时按住 Shift 键，则可将选区创建为正方形。

（2）单行选取工具：选取该工具后在图像上拖动可以创建一个单行（一个像素高）的水平选区。

（3）单列选取工具：选取该工具后在图像上拖动可创建一个单行（一个像素宽）的垂直选区。

3）套索工具

（1）套索工具：通过手绘创建选区，用于在图像上绘制任意形状的选取区域。

（2）多边形套索工具：创建直边选区，用于在图像上绘制任意形状的多边形选取区域。

（3）磁性套索工具：通过对齐图像边缘创建选区，用于在图像上具有一定颜色属性的物体的轮廓线上设置路径。

4）魔棒组工具

（1）魔棒工具：用于选择色彩类似的图像区域。

（2）快速选择工具：通过查找和追踪图像中的边缘来创建选区。

5）画笔工具组

（1）画笔工具：用于绘制自定义的具有画笔特性的线条。可以创建出较柔和的笔触，笔触的颜色为前景色。

（2）铅笔工具：用于绘制具有铅笔特性的硬边缘画笔描边。可以创建出硬边的曲线或直线，笔触的颜色为前景色。

（3）颜色替换工具：用于将选定颜色替换到现有颜色上。

（4）混合器画笔工具：用于模拟真实的绘画技巧，如混合颜色和变化涂料湿度。

6）着色工具组

（1）油漆桶工具 ：用于在所选图像的确定区域内填充前景色。

（2）渐变工具 ：用于在整个图像区域或图像选择区域填充多种颜色间的渐变混合色。

7）钢笔组工具

（1）钢笔工具 ：通过锚点与手柄创建/更改路径或形状。选定该工具后，在要绘制的路径上依次单击，可绘制出线段，然后释放鼠标左键并向其他方向移动可调整曲线弧度，最终可将各单击点连成路径。所产生的初始锚点是拐角锚点。

（2）自由钢笔工具 ：用于手绘任意形状的路径。选定该工具后，单击并在要绘制的路径上拖动，然后释放鼠标左键即可画出一条连续的路径。

（3）弯度钢笔工具 ：使用锚点来绘制/更改有弧度的路径或形状。与钢笔工具不同的是，产生的是平滑锚点，两个锚点之间初始生成的是弧线。

（4）添加锚点工具 ：用于为已经创建的路径添加锚点。

（5）删除锚点工具 ：用于从路径中删除锚点。

（6）转换点工具 ：通过转换平滑或拐角锚点，编辑形状和路径。可以将平滑曲线转换成尖锐曲线或直线段，反之亦然。

8）文字组工具

（1）横排文字工具 ：用于输入横排的文字。

（2）竖排文字工具 ：用于输入直排的文字。

（3）横排文字蒙板工具 ：用于向文字添加蒙板或将文字作为选区选定。

（4）竖排文字蒙板工具 ：用于在图像的垂直方向添加蒙板或将文字作为选区选定。

9）选择组工具

（1）路径选择工具 ：用于整体选择路径和路径上的锚点，以及取消选择。

（2）直接选择工具 ：用于选择路径上的单个锚点并可以进行调整。

10）绘图组工具

（1）矩形工具 ：选定该工具后，在图像工作区内拖动可绘制一个矩形图形。

（2）圆角矩形工具 ：选定该工具后，在图像工作区内拖动可绘制一个圆角矩形图形。

（3）椭圆工具 ：选定该工具后，在图像工作区内拖动可绘制一个椭圆形图形。

（4）多边形工具 ：用于绘制各种规则形状的多边形，在选项面板中可以设置"边"的数值。在其下拉列表中，可以设定多边形选项。

（5）直线工具 ：使用直线工具可以绘制一条直线，如果在使用直线工具时按住 Shift 键，绘制的线一定成水平、竖直或45°角。

（6）自定义形状工具 ：选定该工具后，在工作区内拖动可绘制选定的各种自定义形状。

11）缩放工具

缩放工具 ：用于缩放图像处理窗口中的图像，以便进行观察处理。

3．工具属性栏

工具属性栏位于菜单栏下方。工具属性栏中显示与当前所选工具有关的选项。不同的工具有不同的工具属性栏内容，通过工具属性栏可以设置相应工具的属性。

4. 名称栏

名称栏位于工具属性栏下方。名称栏中显示被编辑的文件名称。

5. 图像窗口

图像窗口位于 Photoshop 界面的中部，是显示 Photoshop 中导入图像的窗口。在名称栏中显示文件名称、文件格式、缩放比率及颜色模式。

6. 浮动调板

浮动调板位于界面右侧。浮动调板是指打开 Photoshop 软件后，在桌面可以移动、可以随时关闭且具有不同功能的各种控制调板，如"颜色"调板等。可以通过"窗口"菜单选择相应的面板进行显示。

7. 状态栏

状态栏位于界面底端，用于显示当前编辑的图像文件大小等信息的说明。

3.3.3 Photoshop 专业术语

（1）像素：像素是构成图像的最基本元素，它实际上一个个独立的小方格，每个像素都能记录它所在的位置和颜色信息。

（2）选区：也称选取范围，是 Photoshop 对图像进行编辑的范围，任何编辑对选区外的区域无效。当图像上没有建立选区时，相当于全部选择。

（3）羽化：对选区的边缘进行软化处理，其对图像的编辑在选区的边界产生过渡。其范围为 0~250，当选区内的有效像素小于 50%时，图像上不再显示选区的边界线。

（4）消除锯齿：在对图像进行编辑时，Photoshop 会对其边缘的像素进行自动补差，使其边缘上相邻的像素点之间的过渡变得更柔和。

（5）容差：图像上像素点之间的颜色范围，容差越大，与选择像素点相同的范围越大，其数值为 0~255。

（6）混合模式：将一种颜色根据特定的混合规则作用到另一种颜色上，从而得到结果颜色的方法，称为颜色的混合，这种规格就叫混合模式，也叫混色模式。Photoshop 中有 6 组 22 种混合模式。

（7）流量：指控制画笔作用到图像上的颜色浓度。流量越大产生的颜色深度越强，其取值范围为 0%~100%。

（8）样式：对活动图层或选区进行定制的风格化编辑。

（9）去网：对扫描的文件去除其由于印刷加网产生的网纹，从而得到较精美的图像。

注意：任何扫描过的文件去网后都不可能达到原印刷稿的质量。

（10）分辨率：单位长度内（通常是 1 英寸）像素点的数量多少。针对不同的输出要求分辨率的大小也不一样，如常用的屏幕分辨率为 72 像素/英寸，而普通印刷的分辨率为 300 像素/英寸。

（11）文件格式：为满足不同的输出要求，对文件采取的存储模式。根据一定的规格对图像的各种信息和品质做取舍，它相当于图像各种信息的实体描述。

（12）切片：为了加快网页的浏览速度，在不损失图像质量的前提下用切片工具将图片分割成数块，使打开网页时图像的加载速度加快。

（13）输入：以其他方式获取图像或特殊对象的方法，如扫描、注释等。

（14）输出：将图像转换成其他的文件格式，以达到不同软件之间文件交换的目的，或满足其他输出的需求。

（15）批处理：使多个文件执行同一个编辑过程（动作）。

（16）色彩模式：指将图像中的像素按一定规则组织起来的方法。不同输出需要的图像有不同的色彩模式。常用的色彩模式如 RGB、CMYK、Lab 等。

（17）图层：为了方便图像的编辑，将图像中的各部分独立起来，对任何一部分的编辑操作对其他部分不起作用。

（18）蒙板：蒙板是用来保护图像的任何区域都不受编辑的影响，并将对它的编辑操作作用到它所在的图层。

（19）通道：通道是完全记录组成图像各种单色的颜色信息和墨水强度，并能存储各种选择区域、控制操作过程中的不透明度。

（20）位图图像：位图也称栅格图，由像素点组成，每个像素点都具有独立的位置和颜色属性。在增加图像的物理像素时，图像质量会降低。

（21）矢量图形：由矢量的直线和曲线组成，在对它进行放大、旋转等编辑时不会对图像的品质造成损失，如其他软件创造的 AI、CDR、EPS 文件等。

（22）滤镜：利用摄影中滤光镜的原理对图像进行特殊的效果编辑。虽然其源自滤光镜，但在 Photoshop 中却将它的功能发挥到了滤光镜无法比拟的程度，使其成为 Photoshop 中最神奇的部分。Photoshop 中有 13 大类（不包括 Digmarc 滤镜）近百种内置滤镜。

（23）色域警告：将不能用打印机准确打印的颜色用灰色遮盖加以提示，适用于 RGB 和 Lab 颜色模式。

3.3.4 Photoshop 常用快捷键

Photoshop 常用快捷键如表 3-2 所示。

表 3-2 Photoshop 常用快捷键

快捷键	作用	快捷键	作用	快捷键	作用
Ctrl+N	新建	Ctrl+J	通过复制到图层	Ctrl+V	粘贴
Ctrl+O	打开	Ctrl+Shift+J	通过剪切到图层	Ctrl+Shift+V	粘贴入
Ctrl+W	关闭	Ctrl+A	全选	Ctrl+T	自由变换
Ctrl+S	存储	Ctrl+D	取消已选选区	Ctrl+Shift+T	再次变换
Shift+Ctrl+S	存储为	Ctrl+Shift+D	重新选择	Ctrl+E	向下合并图层
Shift+F5	填充	Ctrl+Shift+I	反选	Alt+Ctrl+A	选择所有图层
Delete	删除选区中的内容	Ctrl+Delete	填充白色背景	F7	展开图层面板

3.4 项目实现

3.4.1 总体设计

台历的总体设计一般包括结构设计、风格设计、内容设计等。本项目主要运用 Photoshop 软件设计与制作台历作品，内容主要包括台历模板、台历首页、台历内页、台历尾页等。项目的具体实现过程如下。

1. 结构设计

台历的基本结构如图 3-5 所示。

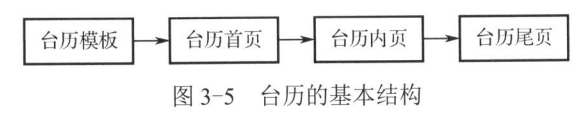

台历模板 → 台历首页 → 台历内页 → 台历尾页

图 3-5　台历的基本结构

2. 风格设计

设计是 Photoshop 中重要的元素，这里所说的风格设计，是指为了使创意、设计与交互三者达到一种风格上的统一而进行的色彩、版面、风格上的总体设计。本次设计主要是为学校设计台历，所以采用的主要元素为校园风景，使用在校园内各处拍摄的风景来表达不同的月份，然后配合剪纸画及文字衬托出新年喜庆的效果。

3. 内容设计

本次设计采用的主要内容为校园风景，风景图片的采集通过使用数字照相机现场拍摄的方法获得。每组同学准备一台数字照相机或智能手机，按一定的主题拍摄一些景色，拍摄数量在 50 张以上，然后将拍摄的照片复制到计算机中。

3.4.2　运用 ACDSee 浏览和筛选照片

ACDSee 是一款著名的看图和编辑软件，ACDSee Pro 2018 提供了智能擦除、液化、像素定位、镜头校正及频率分离等实用新功能，以及专业的图片编辑功能。通过 ACDSee Pro 2018，用户可以浏览包括 JPEG、BMP、GIF、PSD、PNG、TIFF、TGA、RA、NEF、CRW 等多种不同格式的图片，ACDSee Pro 2018 的工作界面如图 3-6 所示。

ACDSee 的功能很多，主要有以下几种。

1. 运用 ACDSee 管理文件

ACDSee 提供了简单的文件管理功能，用它可以进行文件的复制、移动和重命名等，使用时只需选择"编辑"菜单中的选项或单击工具栏中的相应按钮即可打开相应的对话框，根据对话框进行操作即可。还可以为文件添加一个简单的说明，为文件添加说明的方法是，先在文件列表窗口中选择要添加说明的文件，在右侧"属性-元数据"面板中的"描述"文本框中输入该文件说明，然后单击"应用"按钮即可。

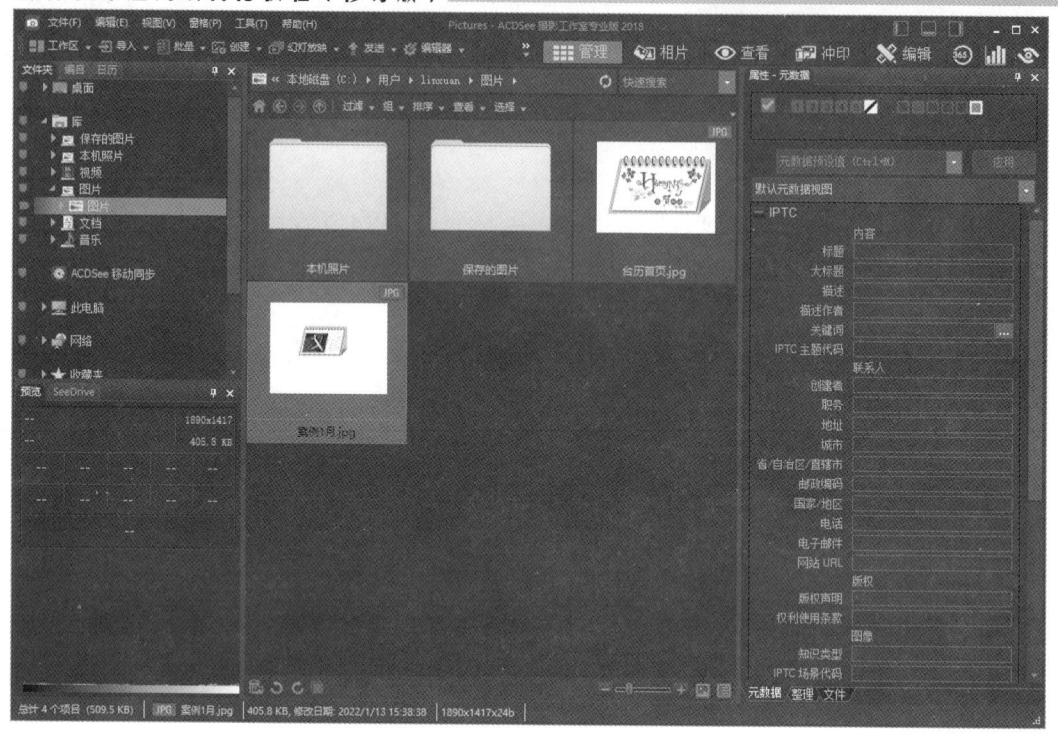

图 3-6　ACDSee Pro 2018 的工作界面

2. 运用 ACDSee 更改文件的日期

在 Windows 下更改文件的日期是很困难的事情，尤其是批量更改文件时间，使用 ACDSee 软件就能够解决这个问题。具体的方法是，首先选中欲更改日期的文件，选择视图上方的"查看"模式，然后选择"工具"→"修改"→"调整图像时间戳"选项，在打开的对话框中选择要更改的日期，单击"下一步"按钮，选择"特定的日期与时间"选项，输入目标时间，最后单击"调整时间"按钮即可。在 ACDSee 中默认的是只显示图形文件，如果想更改文件夹下的其他文件，需要设置相应的选项以显示所有文件。

3. 运用全屏幕查看图形

在全屏幕状态下，窗口的边框、菜单栏、工具栏、状态栏等均被隐藏起来以腾出最大的桌面空间，用于显示图片，这对于查看较大的图片自然是十分重要的功能。使用 ACDSee 实现全屏幕查看图片的过程也很简单，首先将图片置于查看状态，而后按 Ctrl+F 组合键，这时工具栏就被隐藏起来，再按一次 Ctrl+F 组合键，即可恢复到正常显示状态。另外，将鼠标指针置于查看窗口中，然后按住左键的同时右击，也可以实现全屏幕和正常查看状态的切换。

4. 运用固定比例浏览图片

有时图片文件比较大，一屏幕显示不下，有时图片又比较小，以原先的大小观看又会看不清楚，这时就必须使用 ACDSee 的放大和缩小显示图片的功能，方法是，在浏览状态下，单击工具栏中的相关按钮即可。但是一旦切换到下一张时，ACDSee 会以默认图片原来的大小显示图片，这时必须重新单击放大或缩小按钮，非常麻烦。其实，在 ACDSee 软件中有一个缩放锁定开关,只要在浏览一文件时将画面调整至合适大小,再右击画面,在弹出的快捷菜单中选择"缩放"→"缩放锁定"选项(使该选项前出现一个对号),当单击"下一张"按钮浏览下一张图片时就会以固定的比例浏览图片,从而减少了再次放大和缩小调整图片的麻烦,非常方便。

5. 运用图像增强器美化图像

在处理图像时,首先单击右上角的"编辑"按钮,打开图像处理窗口。在该窗口的工具栏中选择需要的工具,如色调曲线,程序将打开一个调整窗口,拖动窗口中的滑条,即可调整图像的色彩。单击"上一个图像"按钮,即可查看原本的图像;如果选择"杂点"选项,程序将打开优化窗口,在该窗口中可以消除杂点或添加杂点,这个工具能够改善某些压缩格式的图像质量,从而获得比较满意的效果。

6. 制作文件清单

许多文件管理工具都没有文件清单打印功能,这给文件管理带来了困难。利用 ACDSee 可以轻松制作文件清单,方法是,在浏览窗口中选中需要制作清单的文件夹,然后选择"查看"→"排序"选项,根据需要选择按何种方式(按大小、类型、日期等)排序文件。再选择"工具"→"数据库"→"导出"→"生成文件单"选项,即可将当前目录下的文件清单放入文本文件,只要将其存盘就可以打印或长期保存。

7. 制作缩印图片

ACDSee 允许将多页的文档打在一张纸上,形成缩印的效果。在 ACDSee 中允许将同一文件夹下的多张图片缩印在一张纸上,具体的操作步骤如下。

(1)首先选中要进行缩印的图片文件(可以多选)。

(2)右击,在弹出的快捷菜单中选择"打印"选项(或选择"文件"→"打印"选项),此时 ACDSee 会打开"打印"对话框,单击"确定"按钮。由于使用的是 ACDSee 的默认设置,所以会打开打印设置对话框,还可以设置其他的相关选项,如保持纵横比、每张图的宽度和高度、纸张的大小等,最后单击"确定"按钮。

8. 为文件批量更名

为文件批量更名是与扫描图片的顺序命名配合使用的一个功能,它的使用方法是,选中浏览器窗口中需要批量更名的所有文件,单击文件列表中的项目名称,使其按文件名、大小、日期等规律排列。再选择"工具"→"批量"→"重命名"选项,打开相应的对话框。在"模板"文本框中按"前缀#.扩展名"的格式输入文件名模板,其中通配符"#"的个数由数字序号的位数决定。在"开始于"下拉列表中选择起始序号(如"1"),单击"确定"按钮,所选文件的名称全部被更改为模板指定的形式。

9. 转换图片格式

ACDSee 可以成批转换图片格式,方法是,选中浏览窗口中需要转换格式的图片,选择"工具"→"批量"→"转换文件格式"选项,打开"图片格式转换"对话框。可以在"格式"下拉列表中选择要转换的图片格式,对于 JPEG 等格式,可以单击"格式设置"按钮设置压缩率等参数。单击"下一步"按钮,显示转换后的图片保存位置,可以单击"浏览"

按钮选择其他文件夹。"覆盖已存在文件"下拉列表用于设置文件夹中有同名文件时的覆盖方式。

10. 转换图形文件的位置

转换图形位置的方法是，在文件列表窗口中选择需要复制或移动的所有文件，然后右击，在弹出的快捷菜单中选择"复制到文件夹"或"移动到文件夹"选项（由于复制和移动的界面是一样的，在此以复制为例进行说明），在打开的对话框中进行设置。在"目标"文本框中输入复制文件的目的路径，然后单击"确定"按钮即可。此外，在该界面中也提供了目的路径下存在与复制文件同名文件时的处理方式设置，程序默认给出对比窗口，由用户决定。当使用该设置并在复制过程中出现同名文件时，程序会给出提示界面。此时可根据自己的需要选择相应的操作方式，如替换、换名保存等。

通过前面的介绍，使用 ACDSee 这个软件，选中前期拍摄出来的照片中的 12 张，分别将这 12 张图片的主文件名命名为 1、2、3、4、5、6、7、8、9、10、11、12，文件保存格式为 JPEG 格式。新建一个名称为"每月图片"的文件夹，将这些图片放置到该文件夹中。

3.4.3 运用 Photoshop 制作台历模板

扫一扫看台历模板微课视频

1. 启动 Photoshop

双击桌面上的 Photoshop 程序图标，或者在"开始"菜单中双击 Photoshop 程序图标，就可以运行 Photoshop，如图 3-7 所示。

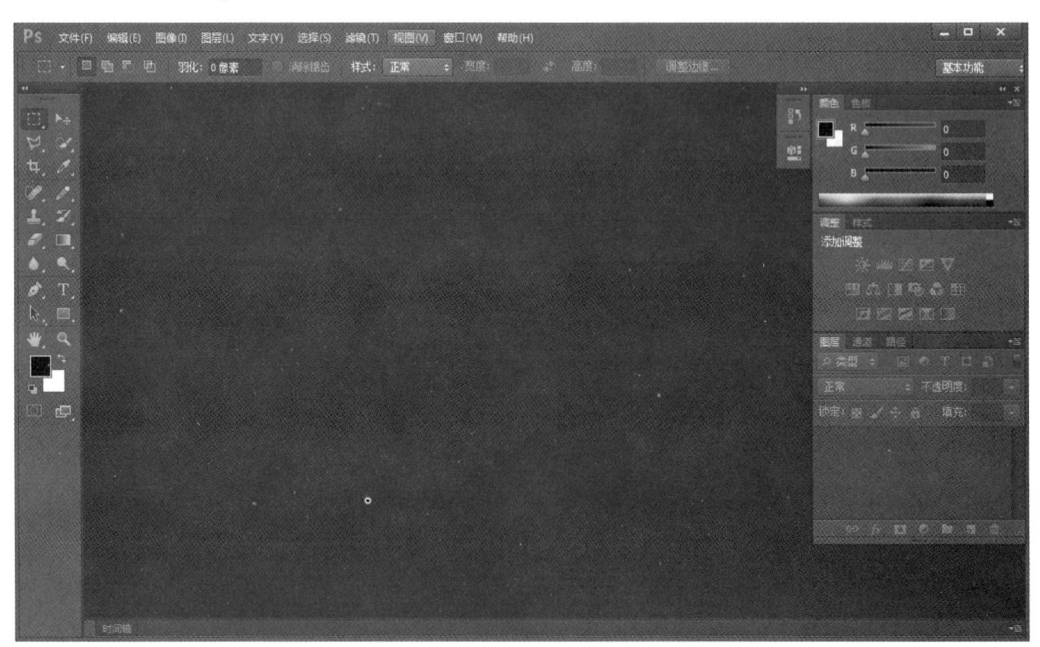

图 3-7　启动 Photoshop 程序

2. 制作台历模板

台历模板完成后的效果图如图 3-8 所示。

1)台历外框的制作

(1)新建文件。选择"文件"→"新建"选项,然后在打开的"新建文档"对话框中设置各选项及参数,如图 3-9 所示,然后单击"创建"按钮,即可新建一个文件。

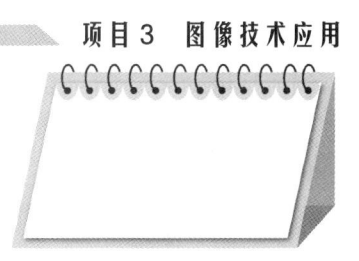

图 3-8 台历模板效果图

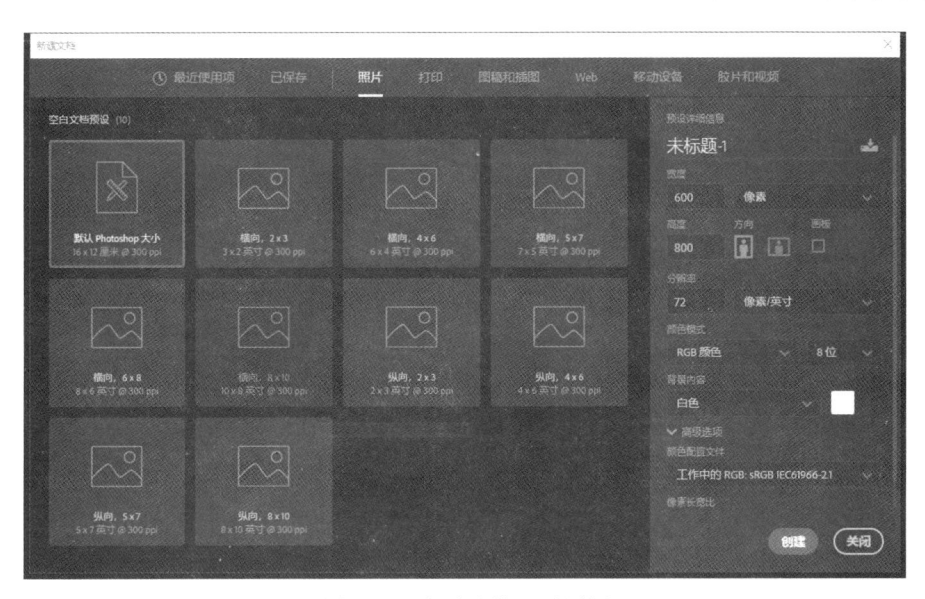

图 3-9 "新建文档"对话框

(2)新建"图层 1"。单击"图层"面板中的"新建图层"按钮,如图 3-10 所示,新建一个图层。

(3)绘制矩形。选择工具箱中的"矩形选框工具",在"图层 1"中框选出一个矩形(长 700 像素、宽 370 像素左右),然后使用工具箱中的油漆桶工具将矩形填充为蓝色(#65dee9),效果如图 3-11 所示。

图 3-10 新建"图层 1"

图 3-11 选取矩形选区并填充颜色

(4)进行自由变换。选择"编辑"→"自由变换"选项(或按 Ctrl+T 组合键),为图像添加自由变形框,将鼠标指针放置到变形框上边的中间控制点上,按住键盘上的 Ctrl 键,然后按住鼠标左键并向右拖拽，将图像调整变形到如图 3-12 所示的形状。

（5）取消选区。按键盘上的 Enter 键，确定调整变形后的状态。选择"选择"→"取消选择"选项（或按 Ctrl+D 组合键），取消选区。

（6）新建"图层 2"。单击"图层"面板中的"新建图层"按钮，新建"图层 2"图层。

（7）添加标尺。选择"视图"→"标尺"选项，为图像添加标尺，如图 3-13 所示。

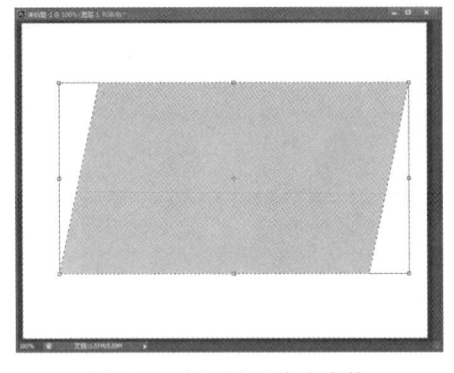

图 3-12　矩形选区自由变换　　　　　　　图 3-13　添加标尺

（8）添加参考线。将鼠标指针放置到垂直方向的标尺上，然后按住鼠标左键并向右拖拽，拖出一条参考线，效果如图 3-14 所示。使用同样的方法继续添加参考线，最后如图 3-15 所示。

图 3-14　添加参考线　　　　　　　图 3-15　继续添加参考线

（9）绘制三角形选区。选中"图层 2"，使用多边形套索工具绘制一个三角形选区，然后填充为绿色（#3bcb14），效果如图 3-16 所示。

（10）新建"图层 3"并继续绘制一个三角形选区。单击"图层"面板中的"新建图层"按钮，新建"图层 3"图层。按 Ctrl+D 组合键取消选区，然后选中"图层 3"，再次使用多边形套索工具绘制一个小三角形选区，填充为灰色（#717670），效果如图 3-17 所示。

2）台历纸的制作

（1）新建"图层 4"。单击"图层"面板中的"新建图层"按钮，新建"图层 4"图层。

（2）绘制矩形。按 Ctrl+D 组合键取消选区，然后选中"图层 4"，选择工具箱中的"矩形选框工具"，在"图层 4"中绘制一个矩形，然后使用工具箱中的油漆桶工具将矩形填充为白色（#ffffff），效果如图 3-18 所示。

图 3-16　绘制三角形选区并填充颜色　　　　　　图 3-17　绘制小三角形选区

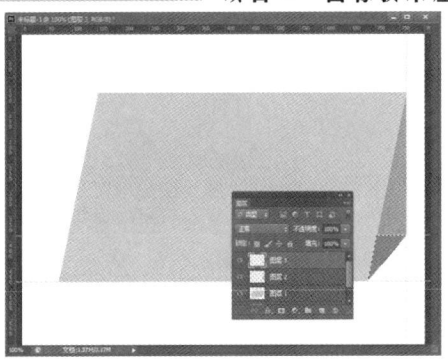

（3）进行自由变换。选择"编辑"→"自由变换"选项（或按 Ctrl+T 组合键），为图像添加自由变形框，将鼠标指针放置到变形框上边的中间控制点上，按住键盘上的 Ctrl 键，然后按住鼠标左键并向右拖拽，将图像调整变形到如图 3-19 所示的形状。

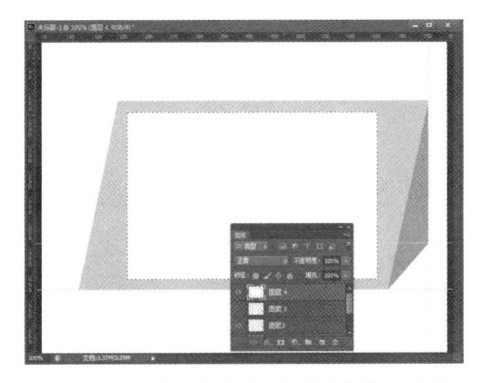

图 3-18　绘制新的矩形选区并填充颜色　　　　　图 3-19　自由变换图形

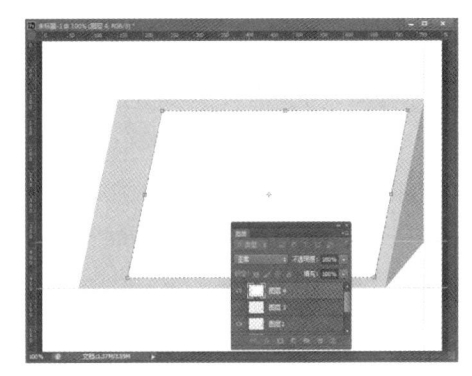

（4）调整图形。继续将鼠标指针放置到变形框各边的中间控制点上，然后按住鼠标左键并向上下左右拖拽，将图像调整变形到如图 3-20 所示的形状。

（5）取消选区。按键盘上的 Enter 键，确定调整变形后的状态。选择"选择"→"取消选择"选项（或按 Ctrl+D 组合键），取消选区。

（6）添加图层样式。选中"图层 4"，单击"图层"面板中的"fx"按钮（添加图层样式），在弹出的菜单中选择"投影"选项，如图 3-21 所示。

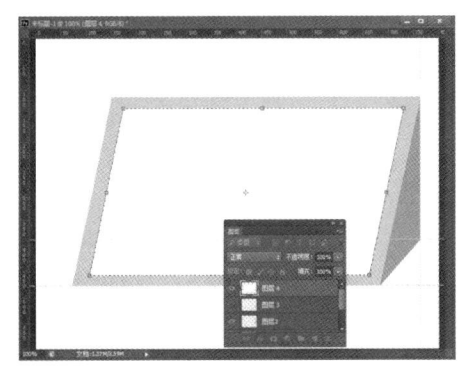

图 3-20　调整宽度和高度　　　　　　　　　　　图 3-21　选择"投影"选项

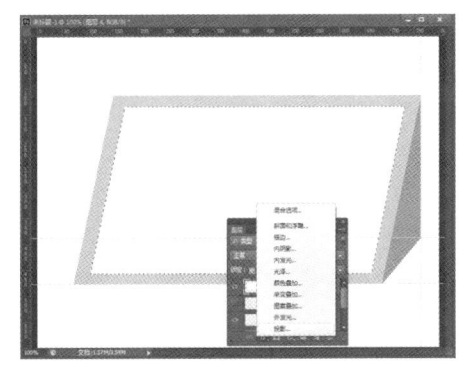

（7）设置图层样式。在打开的"图层样式"对话框中设置各选项及参数，如图 3-22 所示，然后单击"确定"按钮，最后的效果如图 3-23 所示。

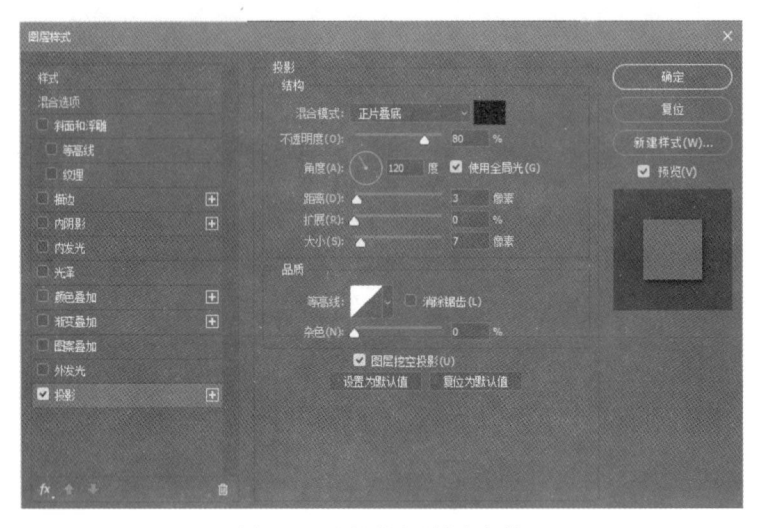

图 3-22　设置图层样式参数

3）台历圈的制作

（1）绘制台历圈背景的圆圈选区。新建"图层 5"，使用工具箱中的椭圆选框工具，在"图层 5"中绘制一个椭圆形，按 Ctrl++组合键放大图形，如图 3-24 所示。

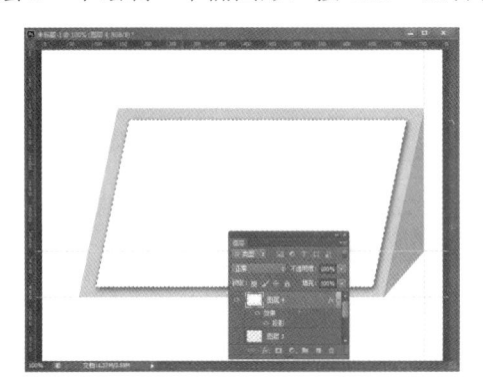

图 3-23　添加投影样式后的图形

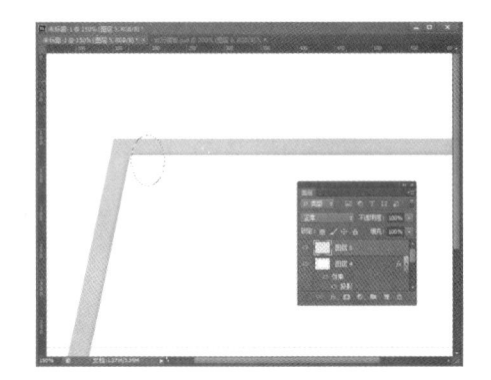

图 3-24　绘制一个椭圆选区

（2）绘制台历圈背景的半圆选区。使用工具箱中的矩形选框工具，单击属性栏中的"从选区减去"按钮，如图 3-25 所示。然后按如图 3-26 所示绘制一个矩形选区，完成后的效果如图 3-27 所示。

图 3-25　"从选区减去"按钮

（3）为台历圈半圆的填充颜色。使用工具箱中的油漆桶工具将矩形填充为绿色（#9af709），效果如图 3-28 所示。

（4）绘制台历圈中心孔。按 Ctrl+D 组合键取消选区，然后选中"图层 5"，选择工具箱中的"椭圆选框工具"，按 Shift+Alt 组合键，在"图层 5"中绘制一个正圆形，然后使用工具箱中的油漆桶工具将矩形填充为黑色（#000000），按 Ctrl+D 组合键取消选区，效果如图 3-29 所示。

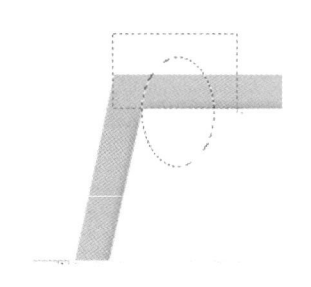

图 3-26　绘制一个矩形选区

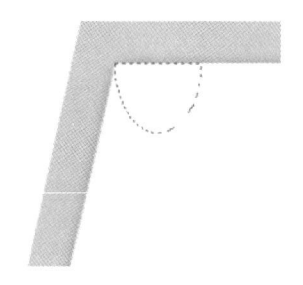

图 3-27　两个选区相减后的效果

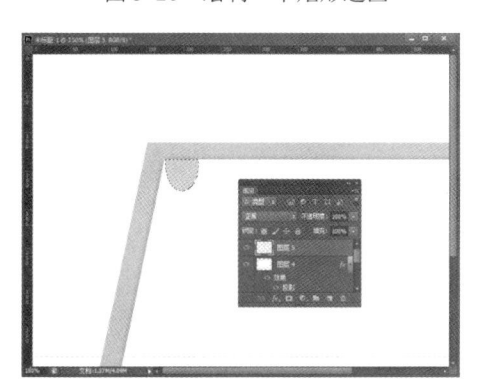

图 3-28　将半圆形填充为绿色

图 3-29　绘制正圆并填充为黑色

（5）复制台历圈背景及中心孔图形。选择工具箱中的"移动工具"，将鼠标指针移动到"图层 5"的图形上，按住键盘上的 Alt 键，然后按住鼠标左键并向右连续拖拽图形，直到如图 3-30 所示的位置为止。

（6）合并图层。按住键盘上的 Shift 键，选中"图层 5"和所有"图层 5"副本，然后右击，在弹出的快捷菜单中选择"合并图层"选项，如图 3-31 所示，完成图层的合并操作，修改合并后的图层名称为"图层 5"，效果如图 3-32 所示。

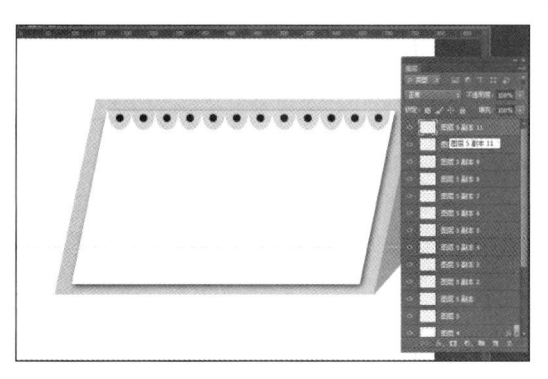

图 3-30　复制图形

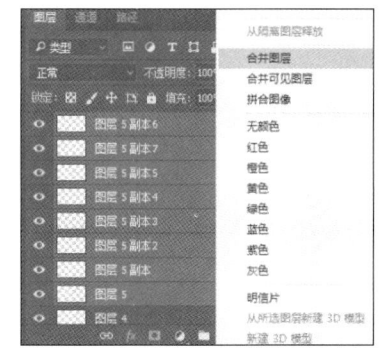

图 3-31　合并图层

（7）绘制台历圈。单击"图层"面板中的"新建图层"按钮，新建"图层 6"图层，按 Ctrl++组合键放大图形，然后使用工具箱中的椭圆选框工具，绘制一个椭圆，如图 3-33 所示。然后选择"编辑"→"描边"选项,在打开的"描边"对话框中设置各选项及参数,如图 3-34 所示,单击"确定"按钮。取消选区后的效果如图 3-35 所示。

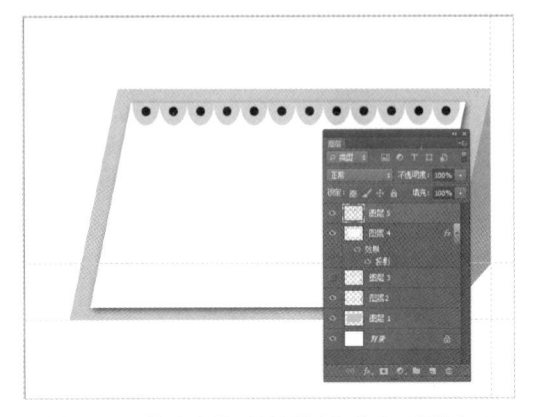

图 3-32 修改合并后的图层名称为"图层 5"　　图 3-33 建立椭圆形选区

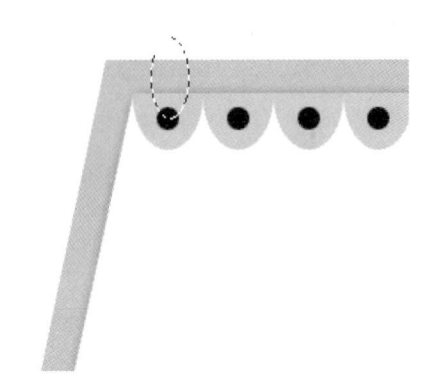

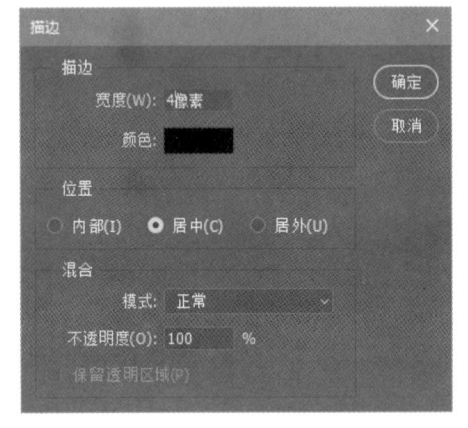

图 3-34 设置描边参数　　图 3-35 描边效果

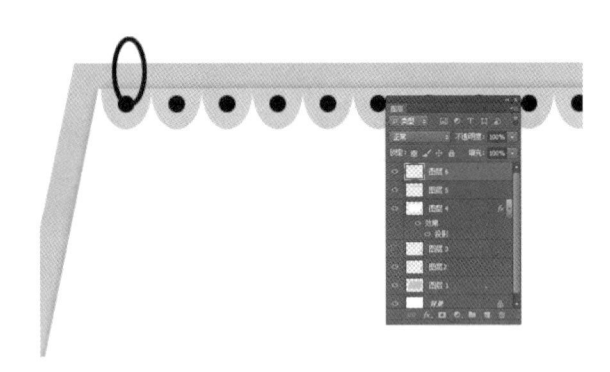

(8)擦除台历圈多余部分。选择工具箱中的"橡皮擦工具",擦除"图层 6"上的部分图形,擦除后的效果如图 3-36 所示。

(9)复制台历圈。选择工具箱中的"移动工具",将鼠标指针移动到"图层 6"的图形上,按住键盘上的 Alt 键,然后按住鼠标左键并向右连续拖拽图形,直到如图 3-37 所示的位置为止。

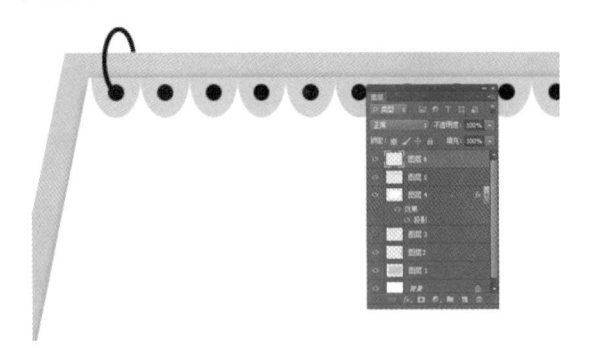

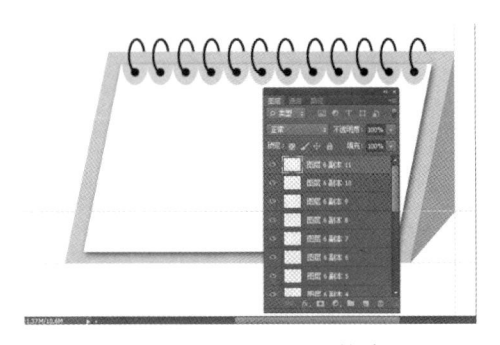

图 3-36 擦除后的效果　　图 3-37 复制台历圈后的效果

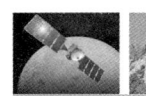

（10）合并图层。按住键盘上的 Shift 键，选中"图层 6"和所有"图层 6"副本，然后右击，在弹出的快捷菜单中选择"合并图层"选项，完成图层的合并操作，修改合并后的图层名称为"图层 6"，效果如图 3-38 所示。

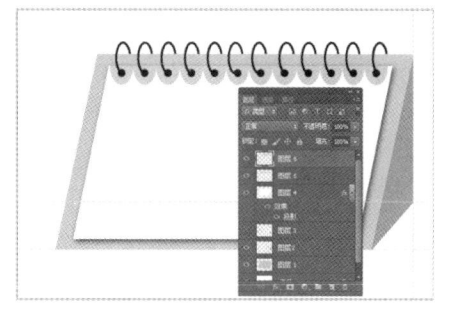

图 3-38　修改图层名称

4）存储文件

选择"文件"→"存储"选项，在打开的"存储为"对话框中设置各选项及参数，如图 3-39 所示，然后单击"保存"按钮，将此文件命名为"台历模板.psd"并进行保存。

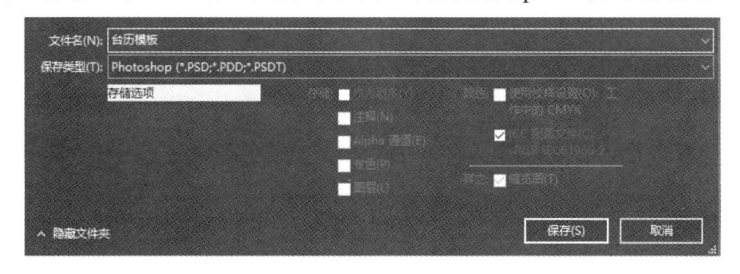

图 3-39　存储图像

3.4.4　运用 Photoshop 制作台历首页

扫一扫看制作台历首页微课视频

台历首页完成后的效果如图 3-40 所示。

制作台历首页的具体操作步骤如下。

（1）打开"封面"图片。打开本项目素材文件夹中名为"封面.jpg"的图片，如图 3-41 所示。

图 3-40　台历首页效果图

图 3-41　打开的封面图片

（2）移动并复制图片。选择工具箱中的"移动工具"，将鼠标指针放置到"封面"图片中按下鼠标左键然后向"台历模板.psd"中拖拽，将"封面"图片移动并复制到"台历模板.psd"中，如图 3-42 所示。

（3）打开"图案"图片。打开本项目素材文件夹中名为"图案.jpg"的图片，如图 3-43 所示。

（4）使用魔棒工具选取茶花花瓣。选择工具箱中的"魔棒工具"，并设置其属性栏中的参数，如

图 3-42　移动并复制"封面"图片

图 3-44 所示。将鼠标指针放置到画面中的白色区域单击,选择白色底纹,选取后的效果如图 3-45 所示。

图 3-43　打开的图片　　　　　　　　图 3-44　属性栏中的参数设置

（5）移动并复制图片。按 Shift+Ctrl+I 组合键将选区反选,选择工具箱中的"移动工具",将鼠标指针放置到"图案"图片中按下鼠标左键然后向"台历模板.psd"中拖拽,将"图案"图片移动并复制到"台历模板.psd"中,如图 3-46 所示。

图 3-45　添加选区　　　　　　图 3-46　移动并复制图案图片到台历所在的图层中

（6）调整花瓣图片的大小与位置。选择"编辑"→"自由变换"选项（或按 Ctrl+T 组合键）,为图像添加自由变形框,将鼠标指针放置到变形框任意一个角的调节点上,按住键盘上的 Shift 键,然后按住鼠标左键并拖拽,将图像缩小到如图 3-47 所示的大小。

（7）复制花瓣并调整大小与位置。选择工具箱中的"移动工具",将鼠标指针移动到"图层 8"的图形上,按住键盘上的 Alt 键,然后按住鼠标左键并向右连续拖拽,直到如图 3-48 所示的位置为止。选中"图层 8 副本"图层,选择"编辑"→"变换"→"水平翻转"选项,翻转后的效果如图 3-49 所示。

图 3-47　缩小图像　　　　　　　　　图 3-48　复制图像

（8）移动并复制"恭贺新禧"图片。打开本项目素材文件夹中名为"恭贺新禧.jpg"的

图片，使用前述方法将图像移动并复制到"台历模板.psd"中，改变图像大小，最后的效果如图 3-50 所示。

图 3-49　水平翻转图像后的效果　　　　　图 3-50　移动并复制图像

（9）输入文字。选择工具箱中的"文字工具"，设置隶书字体及合适的文字大小，在界面中输入文字"壬寅年"和"2022"，然后设置字体的颜色为 706c6c，最后的效果如图 3-51 所示。

（10）清除参考线并存储文件。选择"视图"→"清除参考线"选项，清除画面中的参考线，效果如图 3-52 所示。然后选择"文件"→"存储为"选项，在打开的对话框中将此文件命名为"台历首页.psd"并进行保存。

图 3-51　输入文字后的效果　　　　　图 3-52　清除参考线后的效果

3.4.5　运用 Photoshop 制作台历内页

台历内页完成后的效果如图 3-53 所示。

制作台历内页的具体操作步骤如下。

（1）打开图片。打开前面保存的文件"台历模板.psd"，然后打开本项目素材文件夹中名为"飞机.jpg"的图片，如图 3-54 所示。

图 3-53　台历内页效果图　　　　　图 3-54　飞机图片

（2）调整图像。使用前面介绍过的方法，将"飞机"图片移动并复制到"台历模板.psd"中，并添加自由变换命令将图像调整到如图 3-55 所示的效果。

（3）设置图层样式。选中"图层 7"，单击"图层"面板中的"fx"按钮（添加图层样式），在弹出的菜单中选择"投影"选项，在打开的"图层样式"对话框中设置各选项及参数，如图 3-56 所示，然后单击"确定"按钮，最后的效果如图 3-57 所示。

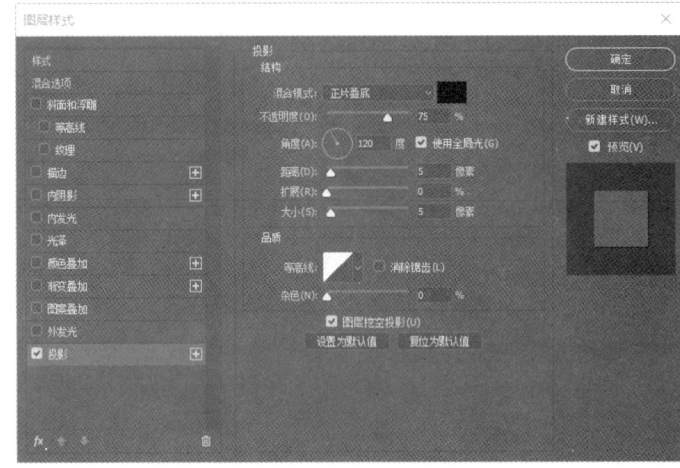

图 3-55　移动、复制并变换图像　　　　　　图 3-56　"图层样式"对话框

（4）收缩选区。使用钢笔工具绘制和图层 7 中图像相同轮廓的平行四边形框，并将此框转换为选区，如图 3-58 所示。然后选择"选择"→"修改"→"收缩"选项，在打开的"收缩选区"对话框中设置参数，如图 3-59 所示。

图 3-57　添加投影样式后的图像　　　　　　图 3-58　选中图像

（5）确定收缩。单击"确定"按钮收缩选区，效果如图 3-60 所示。

（6）描边设置。选择"编辑"→"描边"选项，在打开的"描边"对话框中设置参数（颜色为白色），如图 3-61 所示，然后单击"确定"按钮，最后的效果如图 3-62 所示。

（7）调整曲线命令。选中"图层 7"，按 Shit+Ctrl+I 组合键将选区反选，然后选择"图像"→"调整"→"曲线"选项，在打开的"曲线"对话框中设置参数，如图 3-63 所示，然后单击"确定"按钮，最后的效果如图 3-64 所示。

项目 3　图像技术应用

图 3-59　设置收缩参数

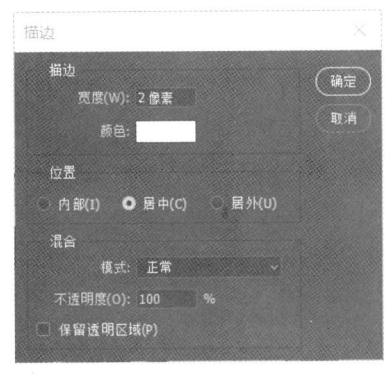

图 3-60　收缩选区后的效果

图 3-61　"描边"对话框

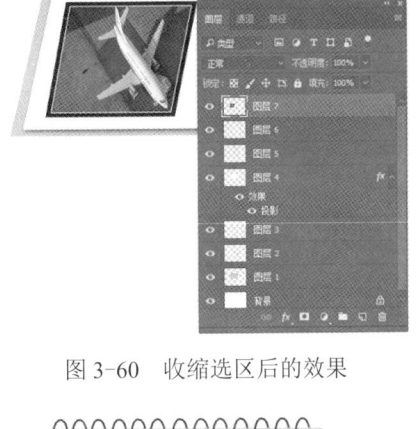

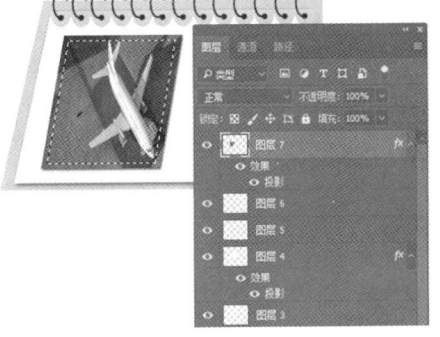

图 3-62　描边后的效果

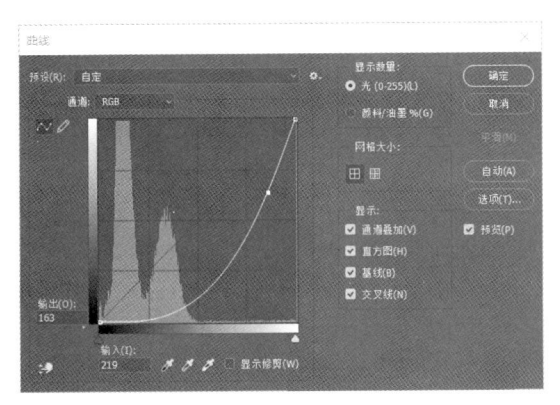

图 3-63　"曲线"对话框

图 3-64　曲线调整后的效果

（8）继续打开图片。按 Ctrl+D 组合键取消选区，然后打开本项目素材文件夹中名为"1月.jpg"的图片，如图 3-65 所示。

（9）移动并复制图片。使用前面介绍过的方法，将"1月"图片移动并复制到"台历模板.psd"中，并添加自由变换命令，将图像调整到如图 3-66 所示的效果。

（10）存储文件。选择"文件"→"存储为"选项，在打开的对话框中将文件命名为"案例 1 月.psd"。

77

图 3-65　打开图片

图 3-66　移动并复制图片

（11）按要求完成后续工作。使用"每月图片"文件夹中自己采集的图片，按照上述方法，完成 1～12 月所有内页的制作，完成效果如图 3-67 所示。

图 3-67　1～12 月份台历内页的效果

3.4.6　运用 Photoshop 制作台历尾页

扫一扫看制作台历尾页微课视频

台历尾页完成后的效果如图 3-68 所示。

（1）打开图片并调整。打开前面保存的文件"台历模板.psd"，使用前面介绍过的方法，制作出如图 3-69 所示的效果。

图 3-68　台历尾页效果图　　　　　　　图 3-69　添加图案

（2）继续打开图片。然后打开本项素材文件夹中名为"新年快乐.jpg"和"虎.jpg"的图片，如图 3-70 和图 3-71 所示。

（3）移动、复制并变换图片。使用前述方法移动、复制并变换图片，最后的效果如图 3-68 所示。

图 3-70　打开"新年快乐"图片　　　　　图 3-71　打开"虎"图片

（4）存储文件。选择"文件"→"存储为"选项，在打开的对话框中将此文件命名为"台历尾页.psd"并进行保存。

3.4.7　测试与保存台历画面

打开台历首页、尾页及内页的所有图像，对图像的大小、内容进行仔细调整，使画面尺寸比较统一。新建一个文件夹，命名为"台历源文件"，将整理测试好的内容保存到该文件夹中。

3.4.8　网络发布与冲印成品台历

1．网络发布台历

（1）在 Photoshop 中，选择"文件"→"存储为 Web 和设备所用格式"选项，打开"存储为 Web 所用格式"对话框，在其中可以进行网络发布的设置，如图 3-72 所示。

（2）单击"存储"按钮，在打开的"将优化结果存储为"对话框中，设置保存类型为"HTML 和图像"，如图 3-73 所示。

2．冲印

选择"文件"→"打印"选项，在打开的"Photoshop 打印设置"对话框中可以进行打印的设置，如图 3-74 所示。

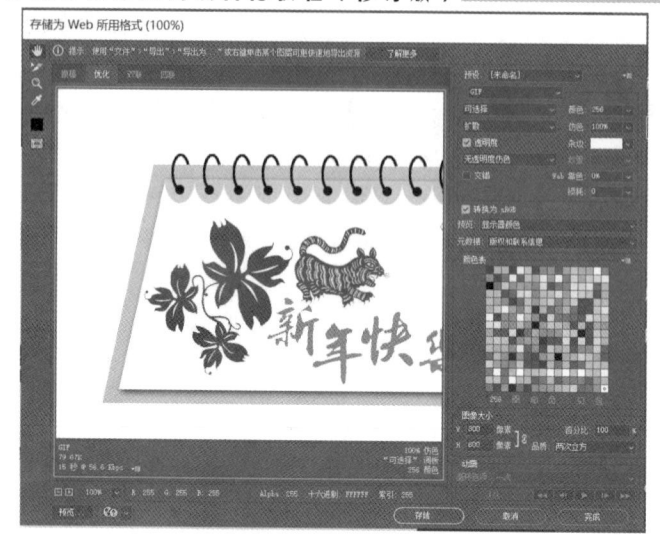

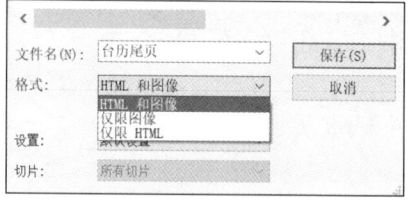

图 3-72　网络发布

图 3-73　选择保存类型

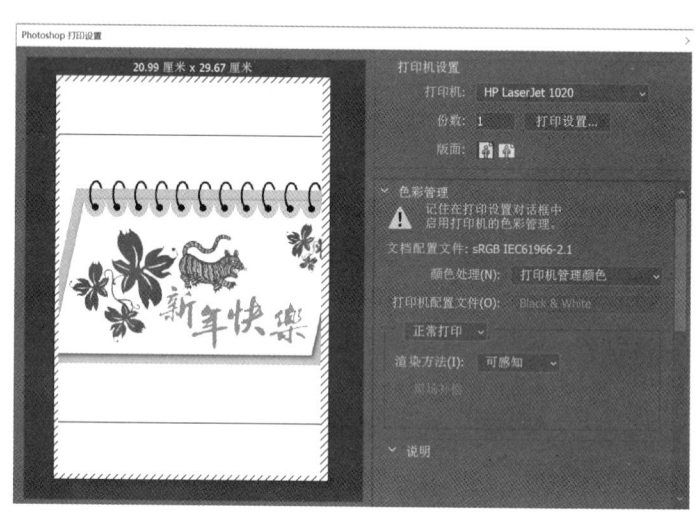

图 3-74　打印设置

扫一扫看说明文档模板

3.4.9　制作说明文档

为自己的作品制作一份说明文档，主要介绍自己获取图形、图像的途径和方法，设计并制作台历的思路，制作过程中的重点、难点，以及获取的经验和教训。这样也便于浏览用户了解作品概要及团队间的学习交流。说明文档的要点参考模板请扫描上方的二维码进行阅览。

3.5　项目评价

扫一扫看平面作品评价指标表

3.5.1　评价指标

本项目的作品评价从创造性、科学性、艺术性、技术性等方面进行评价。本项目评价采用百分制计分，评价指标与权值请扫描上方的二维码进行阅览。

3.5.2 评价方法

在组内自评的基础上，小组互评与教师总评在由各组指定代表演示作品完成过程时进行。小组将评价完成后的个人任务评价表交给教师，由教师填写任务的总体评价。个人任务评价表参考模板请扫描上方的二维码进行阅览。

> 扫一扫看平面作品个人任务评价表

3.6 项目总结

3.6.1 问题探究

1. 使用钢笔工具框选图像后，怎样将图像移动到新建的文件中？

答：使用钢笔工具框选出图像后，应把路径变成选区，然后新建一个文件，使用复制、粘贴或直接拖动的方式将选区移动到新建文件中。

2. 使用直线工具绘制一条直线后，怎样设置直线由淡到浓的渐变？

答：使用直线工具绘制出直线后，有两种方式设置由淡到浓的渐变：①把它变成选区，填充渐变色，选前景色渐变透明。②在直线上添加蒙版，使用羽化喷枪把尾部喷淡，也可以达到由淡到浓的渐变。

3. 绘制一个等腰梯形时如何精确控制它的大小？

答：利用变换中的透视功能就能精确地控制它的大小，方法是按 Ctrl+T 组合键，再按 Ctrl+Shift+Alt 组合键，用鼠标控制顶点。

4. 怎样把绘制好的方框拉成其他的形状？

答：应把绘制好的方框变成选区，并把选区变成工作路径，然后添加节点，就能变成其他形状。

5. 怎样使一幅图片和另一幅图片很好地融合在一起？

答：有两种方法：①选中图片，实行羽化，然后反选，再按 Delete 键，这样就可以把图片边缘羽化，达到较好的融合效果。可以把羽化的像素设定得大一些，同时还可以多按几次 Delete 键，融合的效果会更好。②在图片上添加蒙版，然后选择羽化的喷枪对图片进行羽化，同样能达到融合的效果。最后把图层的透明度降低，效果会更好。

6. 怎样使文字边缘填充颜色或渐变色？

答：对文字边缘填充颜色时，可以使用描边功能。若要给文字边缘使用渐变色，应先新建一个透明层，然后选中文字，在图层中选中透明层，进行描边，然后把描边的层变成选区，填充渐变色即可。

7. 使用 Photoshop 打印图片时，为了更好的效果，是否要把图片由 RGB 格式转为 CMYK 格式？图片的分辨率应设为多少？72dpi 的分辨率和 300dpi 的分辨率分别适用于什么情况？

答：使用 Photoshop 打印图片时，最好把图片的模式改成 RGB 模式，因为打印机的油墨是按照 R、G、B 的颜色来调配的。一般图片打印分辨率只要 72dpi 就足够了。72dpi 分辨率的图片一般是用在网上的，因为 72dpi 分辨率的图片是显示图片，它只要让显示器能显示图片颜色就可以了，而 300dpi 分辨率的图片使用在印刷的效果上。

8. Photoshop 中如何将一幅图分割为若干块？

答：任何一个 Photoshop 版本中都有裁切这个功能，可以使用该功能来完成图片的分割。

9. 在 Photoshop 中，使用什么方法可以快速绘制出虚线（包括曲线）？

答：在笔刷的属性栏中，将笔刷的圆形压扁，然后将笔刷的间隔距离拉大，这样就可以绘制出虚线。可以先绘制形状的路径，然后调整笔刷的间隔距离，最后描边路径就可以产生曲线。

3.6.2 知识拓展

多数人对于 Photoshop 的了解仅限于"一个很好的图像编辑软件"，实际上，Photoshop 的应用领域是很广泛的，其主要用途如下。

1. 平面设计

平面设计是 Photoshop 应用最为广泛的领域，无论是图书封面，还是大街上看到的海报，这些具有丰富图像的平面印刷品，都可以通过 Photoshop 软件对图像进行处理。

2. 修复照片

Photoshop 具有强大的图像修饰功能。利用这些功能，可以快速修复一张破损的老照片，也可以修复人脸上的斑点等。

3. 广告摄影

广告摄影对视觉的要求非常严格，其最终成品往往要经过 Photoshop 的修改才能得到满意的效果。

4. 影像创意

影像创意是 Photoshop 的特长，通过 Photoshop 的处理可以将互不相干的对象组合在一起。

5. 艺术文字

利用 Photoshop 可以制作各种各样的艺术字，可以使图像更加美观。

6. 网页制作

网络的普及使更多人需要掌握 Photoshop 的操作技巧。在制作网页时，Photoshop 是必不可少的网页图像处理软件。

7. 建筑效果图后期修饰

在制作建筑效果图时，会有许多三维场景，这常常需要利用 Photoshop 软件进行制作。

8. 绘画

由于 Photoshop 具有良好的绘画与调色功能，许多插画设计制作者往往使用铅笔绘制草稿，然后使用 Photoshop 填色的方法来绘制插画。除此之外，近些年来非常流行的像素画也可以使用 Photoshop 进行创作。

9. 绘制或处理三维贴图

在三维软件中，能够制作出精良的模型，但无法为模型应用逼真的贴图，也无法得到较好的渲染效果。在制作材质时，除要依靠三维软件本身具有的材质功能外，还可以利用 Photoshop 制作出在三维软件中无法得到的材质。

10. 婚纱照片设计

如今，越来越多的婚纱影楼开始使用数字照相机，这也使婚纱照片的设计和处理成为一个新兴的行业。

11. 视觉创意

视觉创意与设计是设计艺术的一个分支，此类设计通常没有非常明显的商业目的，Photoshop 为广大设计爱好者提供了广阔的设计空间，因此越来越多的设计爱好者开始学习 Photoshop，并进行具有个人特色与风格的视觉创意。

12. 图标制作

使用 Photoshop 制作图标在感觉上有些大材小用，但使用此软件制作的图标的确非常精美。

13. 界面设计

界面设计是一个新兴的领域，已经受到越来越多的软件企业及开发者的重视，在当前还没有用于制作界面设计的专业软件，因此绝大多数设计者使用的是 Photoshop。

上述列出了 Photoshop 应用的 13 大领域，但实际上其应用不止这些。例如，目前的影视后期制作及二维动画制作中，Photoshop 也有所应用。

3.6.3 技术提升

滤镜主要用于实现图像的各种特殊效果。它在 Photoshop 中具有非常神奇的作用，使用时只需要从该菜单中选择相应的选项即可。滤镜的操作是非常简单的，但是真正用起来却很难恰到好处。滤镜通常需要同通道、图层等联合使用，才能取得最佳艺术效果。如果想在最适当的时候应用滤镜到最适当的位置，除需要具备基本的美术功底外，还需要用户对滤镜熟悉和具备操控能力，甚至需要具有丰富的想象力。这样才能有的放矢地应用滤镜，并发挥出艺术才华。滤镜的功能十分强大，用户需要在不断的实践中积累经验，才能使应用滤镜的水平达到炉火纯青的境界，从而制作出美轮美奂的计算机艺术作品。

Photoshop 滤镜基本可以分为 3 个部分：内阙滤镜、内置滤镜（也就是 Photoshop 自带的滤镜）和外挂滤镜（也就是第三方滤镜）。常见的内置滤镜介绍如下。

1. 风格化滤镜

风格化滤镜通过置换像素和通过查找并增加图像的对比度，在选区中生成绘画或印象派的效果。它是完全模拟真实艺术手法进行创作的。

1）风滤镜

风滤镜用于在图像中创建细小的水平线及模拟刮风的效果。

2）浮雕效果滤镜

浮雕效果滤镜通过将选区的填充色转换为灰色，并用原填充色描画边缘，从而使选区显得凸起或压低。

3）扩散滤镜

扩散滤镜根据选中的选项搅乱选区中的像素，使选区显得不十分聚焦。

4）拼贴滤镜

拼贴滤镜将图像分解为一系列拼贴（如瓷砖方块），并使每个方块上都含有部分图像。

5）凸出滤镜

凸出滤镜可以将图像转换为三维立方体或锥体，以此来改变图像或生成特殊的三维背景效果。

6）照亮边缘滤镜

照亮边缘滤镜可以搜寻主要颜色变化区域并强化其过渡像素，产生类似添加霓虹灯光亮的效果。

2. 模糊滤镜

模糊滤镜效果包括 6 种滤镜，模糊滤镜可以使图像中过于清晰或对比度过于强烈的区域产生模糊效果。它通过平衡图像中已定义的线条和遮蔽区域的清晰边缘旁边的像素，使变化显得柔和。

1）动感模糊滤镜

动感模糊滤镜可以产生动态模糊的效果，此滤镜的效果类似于以固定的曝光时间给一个移动的对象拍照。

2）高斯模糊滤镜

高斯模糊滤镜是指当 Photoshop 将加权平均应用于像素时生成的钟形曲线。高斯模糊滤镜添加低频细节，并产生一种朦胧效果。在进行字体的特殊效果制作时，在通道内经常应用此滤镜的效果。

3）进一步模糊滤镜

进一步模糊滤镜生成的效果比模糊滤镜生成的效果强3～4倍。

4）径向模糊滤镜

径向模糊滤镜模拟前后移动相机或旋转相机所产生的模糊效果。

5）特殊模糊滤镜

特殊模糊滤镜可以产生一种清晰边界的模糊。该滤镜能够找到图像边缘并只模糊图像边界线以内的区域。

6）模糊滤镜

模糊滤镜产生轻微的模糊效果。

3. 扭曲滤镜

扭曲滤镜将图像进行几何扭曲，用于创建 3D 或其他整形效果。

1）波浪滤镜

波浪滤镜是 Photoshop 中比较复杂的一个滤镜，它通过选择不同的波长以产生不同的波动效果。

2）波纹滤镜

波纹滤镜可以在选区上创建水纹涟漪的效果，像水池表面的波纹。也可以创建出模拟大理石的效果。其选项包括波纹的数量和大小。

3）玻璃滤镜

玻璃滤镜产生一种透过不同类型的玻璃来观看图片的效果。

4）海洋波纹滤镜

海洋波纹滤镜将随机分隔的波纹添加到图像表面，使图像看上去像是浸在水中。

5）极坐标滤镜

极坐标滤镜根据选中的选项将选区从平面坐标转换到极坐标，反之亦然。它可以将直的物体拉弯，将圆的物体拉直。

6）挤压滤镜

挤压滤镜可以将一个图像的全部或选区向内或向外挤压。

7）扩散亮光滤镜

扩散亮光滤镜以背景色为默认颜色对图像进行渲染，使图像产生好像通过"柔和漫射"滤镜观看的效果，光亮从图像的中心位置逐渐隐没。

8）切变滤镜

切变滤镜可以在竖直方向将图像扭曲。通过拖移框中的线条来指定曲线，形成一条扭曲曲线。

9）球面化滤镜

球面化滤镜通过将选区折成球形，扭曲图像或伸展图像以适合选中的曲线，使对象具有 3D 效果。

10）水波滤镜

水波滤镜根据选区中像素的半径将选区径向扭曲，从而产生池塘波纹和旋转效果。

11）旋转扭曲滤镜

旋转扭曲滤镜可旋转选区，产生一种旋转的风轮效果。其中心的旋转程度比边缘的旋转程度大。

4. 锐化滤镜

锐化滤镜可以通过生成更大的对比度来使图像更加清晰，增强处理图像的轮廓。该滤

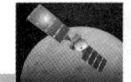

镜可以减少图像修改后产生的模糊效果。

1）USM 锐化滤镜

USM 锐化滤镜用于锐化图像中的边缘。对于高分辨率的输出，通常锐化效果在屏幕上显示的效果比印刷出来的效果更明显。

2）进一步锐化滤镜

进一步锐化滤镜可以产生强烈的锐化效果，用于提高对比度和清晰度。进一步锐化滤镜适合应用于制作更强的锐化效果。

3）锐化滤镜

锐化滤镜可以通过增加相邻像素点之间的对比，从而使图像清晰化。此滤镜锐化程度较为轻微。

4）锐化边缘滤镜

锐化边缘滤镜只锐化图像的边缘，同时保留总体的平滑度。使用此滤镜，应在不指定数量的情况下锐化边缘。

5. 纹理滤镜

使用纹理滤镜可以制作出多种特殊的纹理及材质效果。

1）龟裂缝滤镜

龟裂缝滤镜可以产生凹凸不平的裂纹效果，它也可以直接在一空白的画面上生成各种材质的裂纹。使用此滤镜也可以对包含多种颜色值或灰度值的图像创建浮雕效果。

2）颗粒滤镜

使用多种方法并通过模拟不同种类的颗粒（常规、软化、喷洒、结块、强反差、扩大、点刻、水平、垂直和斑点）为图像添加多种噪波，使其产生一种纹理效果。

3）马赛克拼贴滤镜

该滤镜可绘制图像，使它看起来像是由小的形状不规则的碎片或拼贴组成，然后在拼贴之间灌浆。

4）拼缀图滤镜

将图像分解为用图像中该区域的主色填充的正方形。此滤镜随机减小或增大拼贴的深度，以模拟高光和阴影。它是在马赛克的基础上增加了一些立体效果，用于产生建筑上拼贴瓷片的效果。

5）染色玻璃滤镜

染色玻璃滤镜可以产生不规则分离的彩色玻璃格子，其分布与图片中颜色分布有关。

6）纹理化滤镜

纹理化滤镜将选择或创建的纹理应用于图像。

6. 渲染滤镜

渲染滤镜可在图像中创建云彩图案、折射图案和模拟的光反射，也可以在 3D 空间中操

纵对象，并从灰度文件创建纹理填充以产生类似 3D 的光照效果。

1）分层云彩滤镜

此滤镜使用随机生成的介于前景色与背景色之间的值生成云彩图案。此滤镜将云彩数据和现有的像素混合，其方式与"差值"模式混合颜色的方式相同。第一次选取此滤镜时，图像的某些部分被反相为云彩图案。应用此滤镜几次之后，会创建出与大理石的纹理相似的凸缘与叶脉图案。

2）光照效果滤镜

用户可以通过改变 17 种光照样式、3 种光照类型和 4 套光照属性，在 RGB 图像上产生无数种光照效果。还可以使用灰度文件的纹理（称为凹凸图）产生类似 3D 的效果，并存储自己的样式以在其他图像中使用。

3）镜头光晕滤镜

此滤镜模拟亮光照射到相机镜头所产生的折射。通过单击图像缩览图的任一位置或拖拽其十字线，指定光晕中心的位置。

4）纹理填充滤镜

此滤镜使用灰度文件或其中的一部分填充选区。若要将纹理添加到文档或选区，需要打开要用作纹理填充的灰度文档，并将它装入要进行纹理填充的图像的某一通道中（新建），执行完成后，可以看到灰度图浮凸在该图像中的效果。

5）云彩滤镜

此滤镜使用介于前景色与背景色之间的随机值，生成柔和的云彩图案。若要生成色彩较为分明的云彩图案，需按住 Alt 键并选择"滤镜"→"渲染"→"云彩"选项。

注意：这些滤镜可能占用大量内存。

3.7 拓展训练

1．改进训练

1）训练内容

使用各种滤镜处理 2～12 月所有图片的特效。

2）训练要求

（1）尝试不同的滤镜命令。

（2）滤镜的添加后画面要有一定的美感。

（3）保存处理过的图像文件。

3）重点提示

添加的滤镜特效与原有图像混合后应有一定的美感，可使用局部添加滤镜效果的方法。

2. 创新训练

1）训练内容

使用 Photoshop 软件为公司制作新年挂历。

2）训练要求

（1）使用相机或网络等多种手段获取制作挂历所需要的图片资料。

（2）根据主题要求，选择适合主题风格需要的字体，并为公司的图片编写简单的叙述文字放到每个月的图片文字中。

（3）文字和图片的合成要求美观、简洁、大方，突出宣传公司的效果。

（4）基本结构要求包括挂历首页、挂历内页（1~12 月份各月份图片）、挂历尾页及设计说明等。

项目小结

本项目以策划、设计并制作一个"校园电子台历"平面作品为中心，详细介绍项目完成的过程。本项目旨在训练学生运用 Photoshop 基本操作方法与技巧进行平面作品制作的能力及与人良好沟通、合作完成学习任务的能力。围绕项目完成，本项目在项目分析的基础上提供了完成该项目需要的相关知识、详细的项目设计与制作过程、项目评价指标与方法、说明文档等，最后从问题探究、知识拓展、技术提升 3 个方面对项目进行了总结。在完成此项目示范训练的基础上，增加了改进型训练、创新型训练，以逐步提高学习者运用 Photoshop 技术的综合职业能力。

练习题 3

1. 理论知识题

（1）下列是 Photoshop 图像最基本的组成单元的是（   ）。

A．节点　　　　　B．色彩空间　　　　C．像素　　　　D．路径

（2）下列对矢量图和像素图描述正确的是（   ）。

A．矢量图的基本组成单元是像素

B．像素图的基本组成单元是锚点和路径

C．Adobe Illustrator 图形软件能够生成矢量图

D．Adobe Photoshop 能够生成矢量图

（3）图像分辨率的单位是（   ）。

A．dpi　　　　　B．ppi　　　　　　C．lpi　　　　　D．pixel

（4）色彩深度是指在一个图像中（   ）的数量。

A．颜色　　　　　B．饱和度　　　　C．亮度　　　　D．灰度

（5）图像必须是（   ）模式，才可以转换为位图模式。

A．RGB　　　　　B．灰度　　　　　C．多通道　　　D．索引颜色

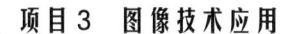

（6）在 Photoshop 中，下列快捷键可以改变图像尺寸大小的是（　　）。
A．Ctrl+T　　　　　　B．Ctrl+A　　　　　　C．Ctrl+S　　　　　　D．Ctrl+V
（7）在 Photoshop 中，可以改变图像色彩的命令是（　　）。
A．曲线调整　　　　　B．颜色分配表　　　　C．自由变换　　　　　D．色彩范围
（8）在 Photoshop 中，利用橡皮擦工具擦除背景图层中的对象，被擦除区域默认填充的颜色是（　　）。
A．黑色　　　　　　　B．白色　　　　　　　C．透明　　　　　　　D．背景色
（9）下列滤镜可以用于去掉扫描的照片上的斑点，使图像更清晰的是（　　）。
A．高斯模糊滤镜　　　　　　　　　　　　　B．海绵滤镜
C．去斑滤镜　　　　　　　　　　　　　　　D．水彩画笔滤镜
（10）下列工具选择时，会受到所选物体边缘与背景对比度影响的是（　　）。
A．矩形选框工具　　　　　　　　　　　　　B．椭圆选框工具
C．直线套索工具　　　　　　　　　　　　　D．磁性套索工具
（11）在图像编辑过程中，如果出现误操作，可以通过按（　　）组合键恢复到上一步的操作。
A．Ctrl+Z　　　　　　B．Ctrl+Y　　　　　　C．Ctrl+D　　　　　　D．Ctrl+Q
（12）若想增加一个图层，但在图层调色板的最下面"创建新图层"按钮是灰色不可选的，原因是（假设图像是 8 位通道）（　　）。
A．图像是 CMYK 模式　　　　　　　　　　B．图像是双色调模式
C．图像是灰度模式　　　　　　　　　　　　D．图像是索引颜色模式

2．技能操作题

（1）运用 Photoshop 制作一张新年电子贺卡，图像素材自选。
（2）运用 Photoshop 制作一张公司名片，图像素材自选。
（3）运用 Photoshop 制作一张保护环境宣传海报，图像素材自选。

3．资源建设题

（1）每位同学搜索 3 个自己认为值得推荐的 Photoshop 学习的网站，附一份推荐说明，包括网址、网站简介、网站特色，不超过 300 字，上传到资源网站互动平台上交流。
（2）上网搜索自己喜欢的 Photoshop 图片，保存到自己的文件夹，并注明下载的网址。教师注意提醒学生掌握图片搜索和下载的方法。

4．综合训练题

运用所学的 Photoshop 平面设计制作技术制作关注失学儿童海报，尺寸自定。要求画面特征鲜明，视觉冲击力强。为贺卡的制作撰写一个不少于 300 字的制作说明，内容包括制作步骤、创意等。

项目 4

动画技术应用
——"中秋月饼广告"Animator 动画设计与制作

知识目标

扫一扫下载动画技术应用教学课件

扫一扫下载中秋月饼广告素材与成品

（1）熟悉动画的基本原理，了解动画的应用。
（2）熟悉帧、时间轴、图层、面板、元件、动作脚本、库等基本概念。
（3）熟悉 Animator CC 2018 软件界面与基本工具的作用。
（4）掌握补间动画、逐帧动画、遮罩动画、引导动画等基本动画的特点。

技能目标

（1）能运用 Animator CC 2018 绘制矢量图形、制作元件、编辑文本与声音等。
（2）能运用 Animator CC 2018 制作补间动画、逐帧动画、遮罩动画、引导动画。
（3）能策划、设计一个主题动画作品，并运用 Animator CC 2018 制作、测试与发布作品。
（4）掌握 Animator CC 2018 的常用操作技巧。

4.1 项目提出

随着网络技术、通信技术、多媒体技术的发展,动画逐渐从传统的电影、电视平台走向网络,成为网络商业广告、网络动漫、网络游戏等各类应用领域的宠儿,其在增强动态视觉效果和人机交互方面具有平面媒体无法比拟的优势。

本项目侧重训练二维动画的制作技术及应用,以设计和实现"中秋月饼广告"Animator CC 2018 动画为主线,以 Animator CC 2018 为主要技术支撑,广告内容包括一个能够快速吸引人们注意的小动画,以及广告语、背景音乐等基本要素。学习任务书如表 4-1 所示。

表 4-1 学习任务书

"中秋月饼广告"Animator CC 2018 动画设计与制作学习任务书
1. 学习的主要内容、任务及目标 本项目的学习任务是小组合作完成"中秋月饼广告"Animator CC 2018 动画的设计与制作。要求学习者能策划、设计、制作、发布一个 Animator CC 2018 主题动画作品;能运用 Animator CC 2018 制作二维交互动画,并与图形、图像、文本进行合成并发布;能掌握动画制作的基本方法与技巧;能与人良好沟通,合作完成学习任务。 **2. 设计与制作基本要求** 1) 总体要求 规格尺寸:800 像素×150 像素。制作的广告要求主题突出、内容健康、创意新颖、构图美观、色彩协调。设计方案不得侵犯他人任何知识产权或专有权利,如出现权属问题,作品按不及格处理。 2) 内容要求 内容包括一个能够快速吸引人们注意的动画小故事,以及广告语、背景音乐等基本要素。 3) 技术要求 运用传统补间动画、逐帧动画、遮罩动画、引导动画制作,并加入动作脚本命令。 **3. 作品上交要求** 作品在两周内上交,存放在以学号和姓名命名的一个文件夹中,如"01 张三"。该文件夹中包含以下内容。 (1) 原始素材文件夹:存放制作过程中使用的原始素材。 (2) FLA 文件。 (3) SWF 文件。 **4. 设计说明文档** 文字说明设计构思、创意和制作技术,800 字以内;撰写作品制作详细步骤;命名为"说明文档.doc"。 **5. 推荐的主要资源** (1) Russell Chun. Adobe Animate CC 2018 经典教程[M]. 北京:人民邮电出版社,2019. (2) 王威. Adobe Animate CC 动画制作案例教程[M]. 北京:电子工业出版社,2019. (3) 史创明,等. Adobe Animate 动画制作案例教学经典教程[M]. 北京:清华大学出版社,2019.

4.2 项目分析

制作 Animator CC 2018 主题动画的全过程,是指从动画项目分析与规划开始,到将制作后的作品进行发布的整个过程。如果是小规模项目,可以一个人承担并完成多项任务,但通常情况是 3~4 名开发者(设计师、程序员等)组成一个小组来完成项目。Animator CC

2018 主题动画设计制作的基本过程如图 4-1 所示。

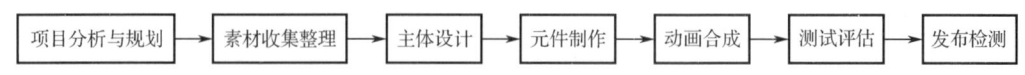

项目分析与规划 → 素材收集整理 → 主体设计 → 元件制作 → 动画合成 → 测试评估 → 发布检测

图 4-1　Animator CC 2018 主题动画设计制作的基本过程

上述过程在实际操作中，可以省略或添加一些过程。其中，测试过程在一些小规模项目中经常被省略。在实际操作中通常不必经过详细的测试阶段，而是在发布运行之前只进行一些简单的测试。

一个成功的 Animator CC 2018 项目除取决于创意、设计、交互 3 个重要的因素外，还取决于一个不可缺少的因素：前期的项目分析。主题动画创作分析一般包括创作目的和用户需求分析，根据用户需要确定主题动画的基本功能、设计目标、动画风格等。

1. 关于项目主题

使用 Animator CC 2018 制作的网络广告，在大多数的网站上有应用，是一项十分热门的技术，并且使用 Animator CC 2018 制作网络广告相对而言难度较低，是一项比较容易上手的技术。

"中秋月饼广告" Animator CC 2018 动画，以中秋月饼为主题，计划运用 Animator CC 2018 的动画制作优势突出作品的动态视听觉效果，旨在为节日提供一个画面优美、动态效果丰富、图文声并茂的温馨氛围，同时突出月饼这一主题。其基本内容包括主体动画、广告语、背景音乐、链接按钮等。

2. 项目用户分析

"中秋月饼广告" Animator CC 2018 动画面向浏览网页的用户，目的是吸引用户的浏览和点击。借助 Animator CC 2018 的多媒体集成功能，传递图文声并茂的温馨氛围。

4.3　相关知识

4.3.1　Animator CC 2018 的工作界面

Animator CC 2018 的工作界面如图 4-2 所示。

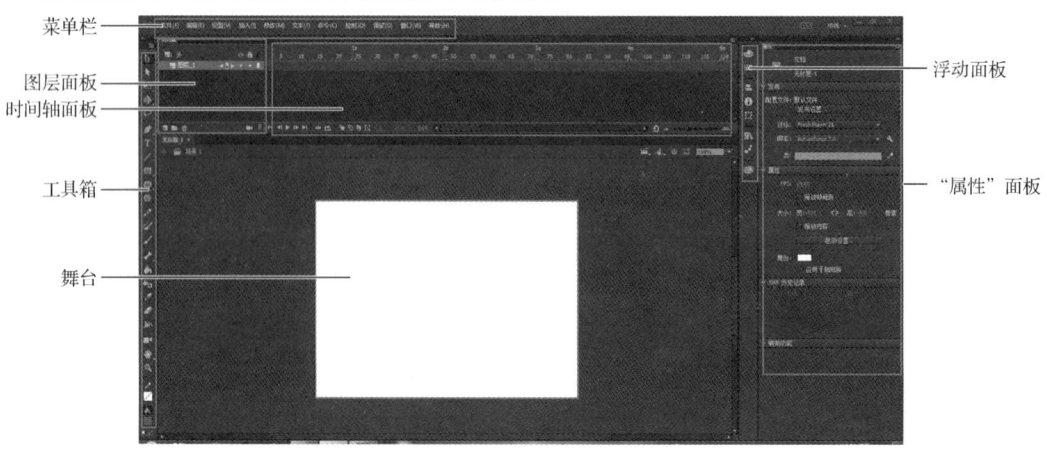

图 4-2　Animator CC 2018 的工作界面

1. 菜单栏

菜单栏共包含 11 个主菜单，每个主菜单的下拉列表中还包含多种相应的操作命令和选项。

2. 图层面板

在图层面板的控制区域按顺序显示当前正在编辑的影片的所有图层的名称、类型和状态等。其中各工具的功能如下。

（1）显示/隐藏所有图层：用于一次性显示或隐藏所有图层的内容。单击"眼睛"图标中的圆点，将在舞台上隐藏该图层的内容。当图层被隐藏时，红色的"×"出现在圆点的位置，单击"×"可以使该图层重新可见。

（2）锁定/解除所有图层：用于锁定图层以禁止编辑，或解锁图层以允许进一步编辑。当图层被锁定时，圆点图标变成"锁"图标。直接单击"锁"图标可以一次性锁定/解锁所有图层。

（3）显示/隐藏所有图层轮廓：用于显示或隐藏有色图层对象的轮廓。

（4）插入图层：用于在当前图层之上增加新的图层。

（5）插入图层文件夹：用于在当前图层之上创建图层文件夹，存储图层组。

（6）删除图层：用于删除当前图层。

3. 时间轴面板

时间轴面板位于舞台上方，可以控制元件的出现时间和移动速度，并且可以在每一帧内加入 ActionScript 脚本，使动画具有交互效果。时间轴控制区域的 5 个工具的功能如下。

（1）帧居中：将当前帧显示在时间控制区域中间。

（2）绘图纸外观：用于同时显示影片的几个帧。

（3）绘图纸外观轮廓：用于同时显示影片的几个帧的轮廓。

（4）编辑多个帧：通常在绘图纸模式下允许用户编辑当前帧，此工具可以使绘图纸标记之间的每个帧都可以编辑。

（5）修改绘图纸标记：用于激活修改绘图纸标记弹出菜单。在手工调整之外，这个选项可以用来控制图纸的行为和作用范围。

4. 工具箱

工具箱位于窗口左侧，集中了 Animator CC 2018 的矢量图形绘制和编辑工具。

（1）选择工具：用于在舞台中选择或移动一个或多个对象，也可以用于对分离后的可编辑对象进行变形操作。

（2）部分选取工具：用于移动或编辑单个路径点或路径点控制手柄，也可以移动单个对象。

（3）任意/渐变变形工具：用于对纯色/渐变色的线条、图形、元件实例中的文本等对象进行形状调整。

（4）3D 旋转工具组：用于旋转 3D 图形。

（5）线条工具：用于绘制任意起点到终点之间的精确直线。

（6）套索/多边形/魔术棒工具：可以选择对象的不规则区域。

（7）钢笔工具组：用于绘制精确的路径，如直线段或曲线，然后调整直线段的角度和长度、曲线段的斜率，添加、删除和转化锚点等。

（8）文本工具：用于创建静态文本、动态文本、输入文本。其中，动态文本指动态更新的文本，如时钟等，输入文本用于显示如表单数据等。

（9）椭圆工具组：用于绘制椭圆或圆，不仅可以绘制路径，还能够设置内部填充的色块。

（10）矩形工具组：用于绘制矩形或正方形。

（11）多角星工具：用于绘制多边形或星形。

（12）铅笔工具：用于在舞台绘制线条和路径。

（13）画笔工具：以刷子笔触绘制线条或填充区域。

（14）骨骼工具组：用于创建骨骼动画。

（15）墨水瓶工具：用于给色块添加边线，或者改变已有边线的颜色、粗细或样式。

（16）颜料桶工具：用于填充颜色、渐变色和位图到封闭的区域中。

（17）滴管工具：用于从各种对象中获得颜色和类型信息。

（18）橡皮擦工具：用于擦除当前绘制的内容。

（19）宽度工具：可以快速绘制曲线，代替钢笔工具。

5. 舞台

舞台是创建 Animator CC 2018 文档、放置图形内容的主要区域，这些图形内容包括矢量图、文本框、按钮、导入的位图图形和视频剪辑等。舞台可以缩放，也可以移动。

6. 浮动面板

浮动面板位于窗口的右侧，Animator CC 2018 对所有浮动面板进行了有效管理，使界面更加简洁而有规律。所有浮动面板均可以通过窗口菜单设置显示与隐藏。

各浮动面板的功能不同。"混色器"面板用于设置颜色和导入新颜色，"库"面板用于存储元件等资源，"组件"面板用于对各组件进行相关操作，"动作"面板用于使用 ActionScript 编辑动作脚本，"行为"面板用于使用 Animator CC 2018 内置的行为特效。

7. "属性"面板

"属性"面板用于显示和调整所选中的场景及舞台中对象的属性信息。

4.3.2 Animator 专业术语

1. 帧

帧是组成二维动画的基本单位。每帧就是动画中的一幅静止的画面。例如，在 Animator CC 2018 动画中，根据生成方法及在动画中的重要程度不同，动画中的帧可以分为关键帧、空白关键帧、静态延长帧、补间帧等，如图 4-3 所示。

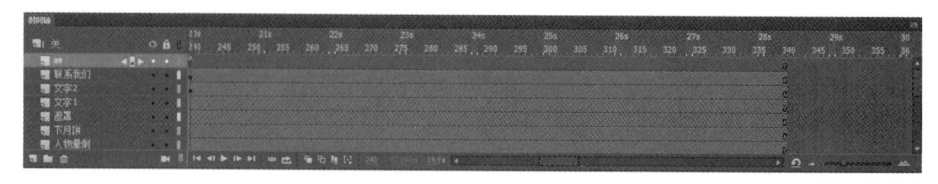

图 4-3 时间轴上的帧

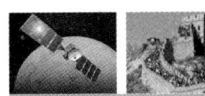

（1）关键帧●：在时间轴上以黑色实心圆点表示，是定义了对象属性变化或分配了动作的帧。

（2）空白关键帧○：是尚未定义动画内容的帧，在时间轴上以空心白色小圆圈表示。

（3）静态延长帧□：是延长关键帧的播放时间的帧，在时间轴上以白色空心矩形表示。

（4）补间帧→：由前一个关键帧过渡到后一个关键帧的所有帧，被称为补间帧。传统运动补间的补间帧以蓝灰色的箭头表示，形状补间的补间帧以绿色的箭头表示。

2. 元件

将图形转换为元件，可以方便地制作动画和添加 ActionScript 动作脚本代码。元件可以被重复使用。将元件保存到"库"面板中，就能方便地进行控制和修改，也能减小整个 Animator CC 2018 文件的体积。元件分为影片剪辑、按钮、图形 3 种类型。影片剪辑元件是指可以独立于主时间轴播放的动画剪辑，可以加入动作代码。按钮元件有常规、弹起、按下和单击 4 帧的特殊影片剪辑，可以加入动作代码。图形元件是指依赖主时间轴播放的动画剪辑，不可以加入动作代码。场景中的任意图形、文字或图片都可以转换为元件。

3. 逐帧动画

逐帧动画也称帧帧动画或关键帧动画，创建方法是逐个关键帧进行编辑，每个关键帧都是独立的，通过关键帧的不断变化产生动画效果。运用逐帧动画可以制作出任意动画效果，但缺点是制作速度较慢，难度较大，而且动画连续效果较差。因而在 Animator CC 2018 中，除特殊效果外，很少用逐帧方式创建动画，使用最多的是传统补间动画。

4. 补间动画

补间动画的原理是，在第一帧和最后一帧编辑图形，中间由 Animator CC 2018 软件通过插值计算自动生成动画。使用补间动画制作的动画文件小且动画连续、流畅，制作相对比较容易。Animator CC 2018 的补间动画有两种形式：动作补间动画和形状补间动画。

动作补间动画只能使用元件制作，不能使用图形创建，即只有在第一帧和最后一帧上都是元件，才能形成动画效果。动作补间动画可用于实现对象的移动、选择、缩放、改变颜色或透明度等。形状补间动画只对图形有效，元件与元件或元件与图形不能使用形状补间动画。形状补间动画可以实现对象的几何变形、渐变色变化等。

5. 遮罩动画

遮罩动画的原理是，在动画的上面放置一个遮罩图层，就好像图层的蒙版。遮罩层遮盖住的地方在动画正常播放时显示，没有遮盖的地方将不显示。

6. 引导动画

引导动画也称路径动画。引导动画的原理是，一个元件由它的上一个图层，即引导层上所绘制的线条进行引导，指定第一帧和最后一帧的元件在线条上的位置后，中间由软件本身自动生成传统补间动画。引导图形在编辑时可见，发布后不可见。

7. 动作脚本

Animator CC 2018 提供对 ActionScript 3.0 的支持。ActionScript 提供了创建效果丰富的 Web 应用程序所需的功能和灵活性，为基于 Web 的应用程序提供了更多的可能性，简化了开发的过程，适合高度复杂的 Web 应用程序和大数据集。

8. 场景

在 Animator CC 2018 中，使用场景可以将文档组织成包含除其他场景外的内容的不连续部分，即可以重新建一个动画单元，不受前面场景的内容影响。

4.3.3 Animator 常用快捷键

Animator 常用快捷键如表 4-2 所示。

表 4-2 Animator 常用快捷键

快捷键	功能	快捷键	功能
F5	播放延长帧	Ctrl+F8	新建元件
F6	插入关键帧	F9	打开"动作"面板
F7	插入空白关键帧	Ctrl+F3	打开"属性"面板
Enter	播放影片	Ctrl+B	将元件打散为图形
Ctrl+Enter	测试影片	F8	将图形转换为元件
Ctrl+G	将所选对象进行组合		

4.4 项目实现

在完成"中秋月饼广告"Animator CC 2018 动画的规划之后，将进入项目各页面的设计和制作流程。本节介绍"中秋月饼广告"的主题与风格设计、主体动画、广告语等模块的具体设计与制作过程。

4.4.1 总体设计

广告主题的总体设计一般包括结构设计、风格设计、内容设计等。

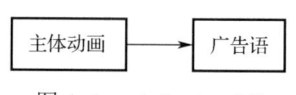

1. 结构设计

Animator CC 2018 广告的基本结构如图 4-4 所示。

一个完整的 Animator CC 2018 动画一般由片头动画、主体动画、片尾动画 3 部分构成。片头动画的作用是当用户浏览动画时传达给用户一些基本信息，通常包括广告的主题、播放按钮等。主体动画是指细致表现主题内容的动画，一般包括主题文字、动画、配乐等。片尾动画一般包括制作信息、链接按钮等。Animator CC 2018 广告在 Animator CC 2018 动画中属于比较特殊的类型，因为网络广告的要求一般是短小精干，所以 Animator CC 2018 广告一般没有片头和片尾部分，主要由主体动画和广告语构成。

图 4-4 Animator CC 2018 广告的基本结构

2. 风格设计

风格设计是 Animator CC 2018 中的重要环节。我们所说的风格设计，是指为了使创意、设计与交互三者达到一种风格上的统一而进行的色彩、版面等方面的总体设计。

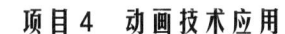

鉴于"中秋月饼广告"主要是为了突出中秋吃月饼这一主题，借助明月当空的场景，同时配上诙谐幽默的动画表现方式，让观众在观看动画的同时记住某一品牌的月饼。在声音方面除背景音乐外，配上轻快的音效，以烘托诙谐气氛。动画人物形象采用了卡通的风格。

3. 内容设计

Animator CC 2018 的内容设计是指需要用什么样的方式来布置内容，所载入内容的格式是否需要与数据库通信等。常见的文件类型有以下几种。

1）SWF 文件

将外部内容生成 SWF 文件，优点是在主文件中使用的动作脚本可能要少一些，易于控制；缺点是不易于更新，每次更新都要打开源文件进行。通常通过使用 ActionScript 语言载入 SWF 文件。

2）JPEG 文件

要求导入的图像文件为 JPEG 格式。JPEG 是一种压缩格式文件，在 Animator CC 2018 中可以直接导入。

3）HTML/XML 文件

将动画的内容以 HTML/XML 格式载入，或整个动画用 HTML/XML 方式规划为动态站点。例如，将 SWF 文件导入 HTML 中，或使用 XML 类载入 XML 文件。

4）MP3 文件

Animator CC 2018 一般选择 MP3 格式的声音，建议用外部载入的方式，以减少文件量。载入外部 MP3 的方式有下载播放和流式播放两种，较大的 MP3（如歌曲）建议使用流式播放形式。加载 MP3 时一般使用 Sound()内置类。

"中秋月饼广告"动画的内容结构如图 4-5 所示。

主文件功能说明如下。

HTML 主文件：index.html，指动画最后发布到 Internet 上的文件格式。

SWF 主文件：index.swf，指包含动画内容，可用 Flash Player 播放器播放的文件格式。

图 4-5 "中秋月饼广告"动画的内容结构

4.4.2 运用 Animator 导入图像

下面介绍新建动画文档、导入背景图像等的操作方法。

1. 启动 Animator CC 2018

启动 Animator CC 2018 的具体操作步骤如下：双击桌面上的 Animator CC 2018 图标，或者单击"开始"→"程序"→"Animator CC 2018"图标，即可运行 Animator CC 2018。Animator CC 2018 的启动界面如图 4-6 所示。

2. 新建动画文档

选择新建一个 Animator CC 2018 文档（角色动画，平台类型为"ActionScript 3.0"），并将其另存为"中秋月饼广告.fla"。右击舞台空白处，打开"文档设置"对话框，如图 4-7 所示，设置文档尺寸大小为 800 像素×150 像素，帧频为 12f/s，然后单击"确定"按钮。

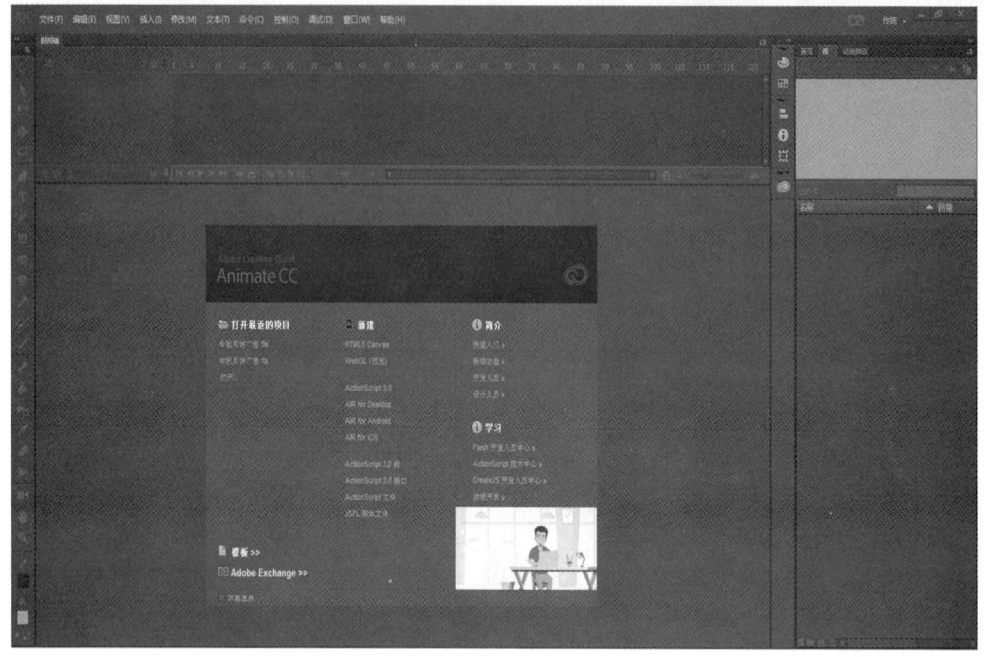

图 4-6 Animator CC 2018 的启动界面

3. 导入背景图像

为了便于管理和调用场景文件制作中的素材，一般将其保存在库中。若有多个模块内容的素材，建议在库中建立文件夹进行归类保存，主要操作步骤如下。

（1）创建背景文件夹。将鼠标指针置于右侧"库"面板［如图 4-8（a）所示］"名称"下方的空白处，右击，在弹出的快捷菜单中选择"新建文件夹"选项，将文件夹命名为"背景"，如图 4-8（b）所示。若"库"面板未显示，则选择"窗口"→"库"选项，使窗口右侧显示"库"面板（若在右侧界面未显示"库"面板，则在上方工具栏中选中"库"复选框，就会显示。）

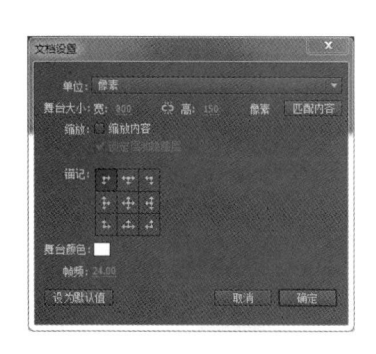

图 4-7 "文档设置"对话框

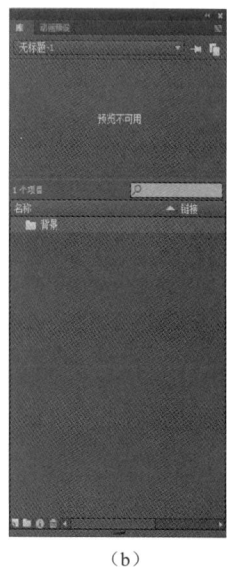

（a）　　　　　　　（b）

图 4-8 "库"面板

（2）导入背景文件 bj.png。选择"文件"→"导入"→"导入到库"选项，在打开的如图 4-9 所示的"导入到库"对话框中，找到并选择外部背景文件"bj.png"，单击"打开"按钮，即可将图像文件"bj.png"导入库中。

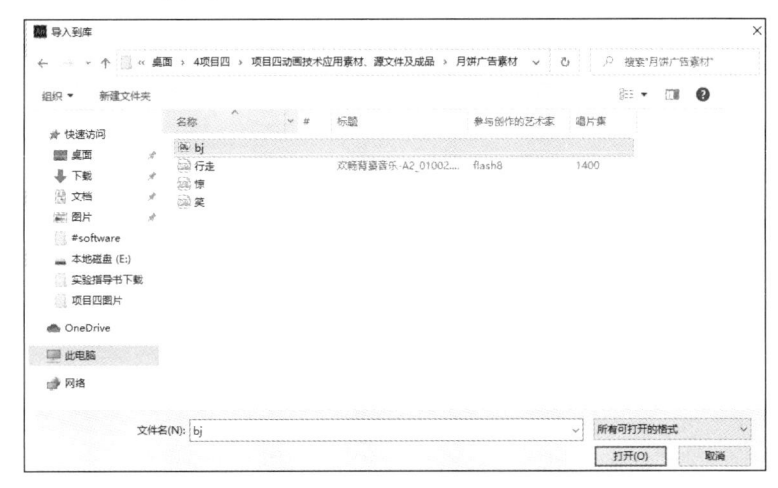

图 4-9 "导入到库"对话框

4.4.3 运用 Animator 绘制图形元件

绘制和采集"中秋月饼广告"的卡通图形元件及图像素材包括枫叶、月饼、雨伞、卡通人物等，如图 4-10 所示，在色彩和风格上要求体现主题风格，在制作过程中运用 Animator CC 2018 的绘图工具绘制矢量图形或将图像从外部导入并转换。

枫叶元件　　卡通人物正面元件　　卡通人物晕倒元件　　眼圈元件

月饼元件　　卡通人物眼睛元件　　阴影元件　　撞击特效 1 元件

撞击特效 2 元件　　卡通人物头像元件　　卡通人物正面惊元件　　卡通人物正面笑元件

图 4-10 "中秋月饼广告"部分 Animator CC 2018 矢量图形

| 卡通人物脚元件 | 卡通人物手元件 | 卡通人物手拿伞元件 | 背景图像元件 | 月饼群元件 |

图 4-10 "中秋月饼广告"部分 Animator CC 2018 矢量图形（续）

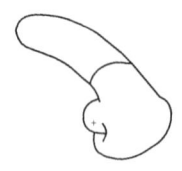

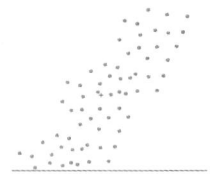

为了便于素材的管理与调用，本项目中的所有元件和外部素材均存于库中，由于本例比较简单，所以不专门建立各模块内容的文件夹进行分类管理。

下面以卡通人物头像元件的制作为例，介绍使用 Animator CC 2018 软件创建图形元件的过程和方法，主要操作步骤如下。

（1）创建元件。选择"插入"→"新建元件"选项，在打开的对话框中创建一个名称为"卡通头像"的图形元件，完成后单击"确定"按钮进入"卡通头像"元件编辑界面。

（2）绘制一个三角形。将默认的图层名称修改为"脸"，并单击这一层的第 1 帧，在工具箱中选择"线条工具"，在"属性"面板中设置线条的颜色为黑色，字号大小为 3，类型为实线，最后在舞台上绘制一个三角形，如图 4-11 所示。

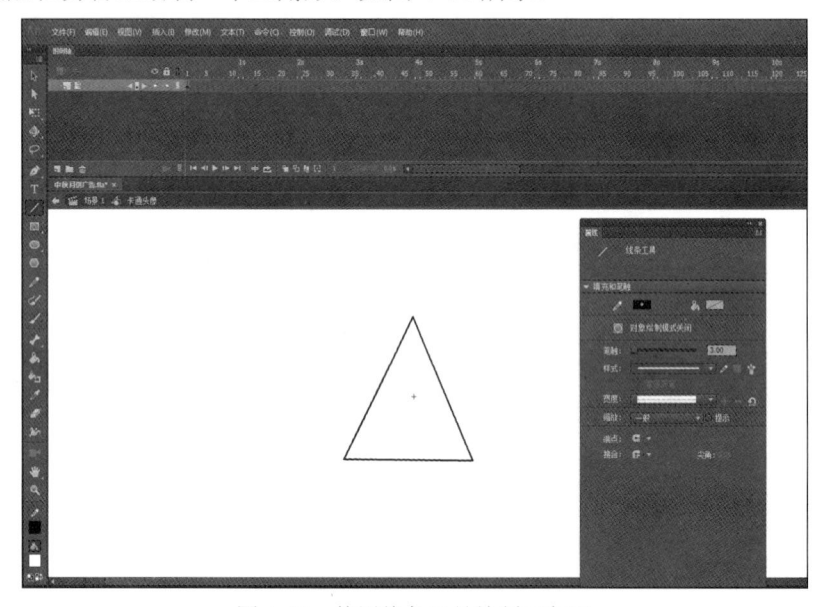

图 4-11 使用线条工具绘制三角形

使用选择工具对准三角形的一条边线，当鼠标指针变为箭头且右下方出现一个弧线时，按住鼠标左键并拖曳，将边线调整成弧线，如图 4-12（a）所示。使用同样的方法，调整图形，如图 4-12（b）所示。

（3）绘制眼睛和嘴巴。单击时间轴上的"插入图层"按钮新建一个图层，将其重命名为"眼睛和嘴"，并确保它处在"脸"图层上方。然后单击该图层的第 1 帧，在工具箱中

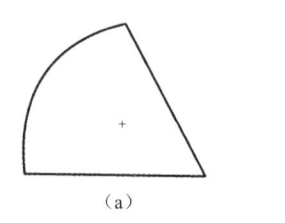

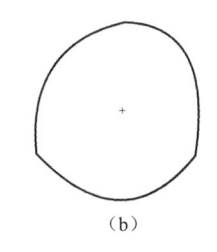

（a）　　　　　　　（b）

图 4-12 使用选择工具调整图形

选择"铅笔工具",在工具栏中单击"铅笔工具"的选项按钮,并在弹出的下拉列表中选择"平滑"选项,最后在"属性"面板中设置线条的颜色为黑色,字号大小为 3,类型为实线,在舞台上绘制卡通人物的眼睛和嘴巴。初步效果如图 4-13 所示。

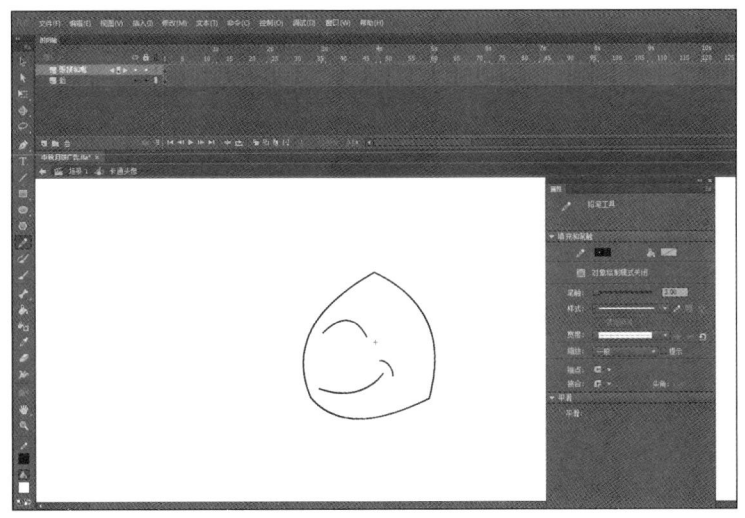

图 4-13 绘制眼睛和嘴巴

(4)调整脸部图形。使用选择工具和任意变形工具对图形进行调整,调整完成后的效果如图 4-14 所示。

(5)绘制鼻子。单击时间轴上的"插入图层"按钮新建一个图层,将其重命名为"鼻子和尾巴",并确保它处在"眼睛和嘴"图层上方。然后单击该图层的第 1 帧,在工具箱中选择"椭圆工具",将笔触颜色设置为无色,填充颜色设置为黑色。最后,按 Shift+Alt 组合键,在舞台空白处画圆。使用同样的方法在"鼻子和尾巴"图层中再绘制一个颜色值为 CCCCFF 的圆,将两个圆叠放在一起,并将两个圆放置到合适的位置,具体效果如图 4-15 所示。

图 4-14 使用选择工具和任意变形工具调整图形

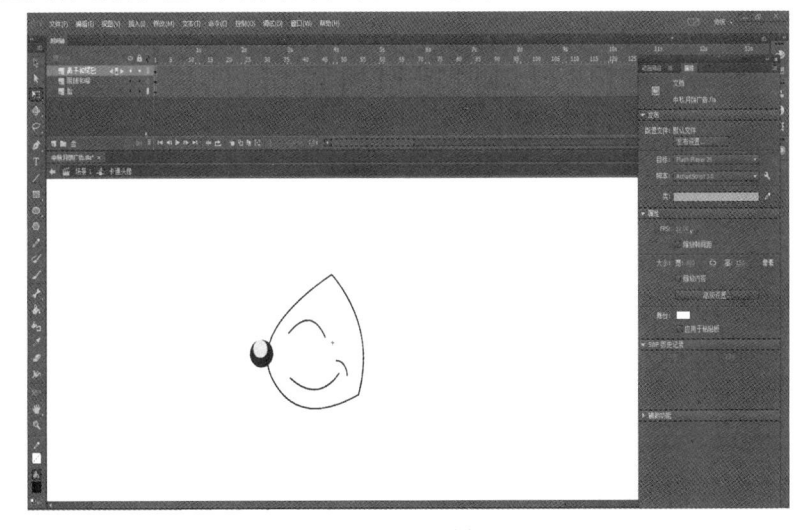

图 4-15 绘制鼻子

(6) 绘制尾巴。在工具箱中选择"椭圆工具",然后将笔触颜色设置为黑色,字号大小为 3,类型为实线,填充颜色设置为无色,在舞台上空白处使用椭圆工具绘制一个椭圆,使用任意变形工具进行调节,最后使用选择工具将椭圆放置到合适位置作为卡通人物的尾巴,效果如图 4-16 所示。

(7) 绘制耳朵。选中"脸"图层,在图层中使用椭圆工具绘制两个椭圆,并使用选择工具进行变形,效果如图 4-17 所示。

(8) 调整耳朵图形。使用选择工具将两个椭圆放置到头像顶部,并使用选择工具选中相交部分的线段,然后按 Delete 键去掉该线段,完成后的图形如图 4-18 所示。

图 4-16 绘制尾巴　　图 4-17 绘制耳朵及变形后的整体造型

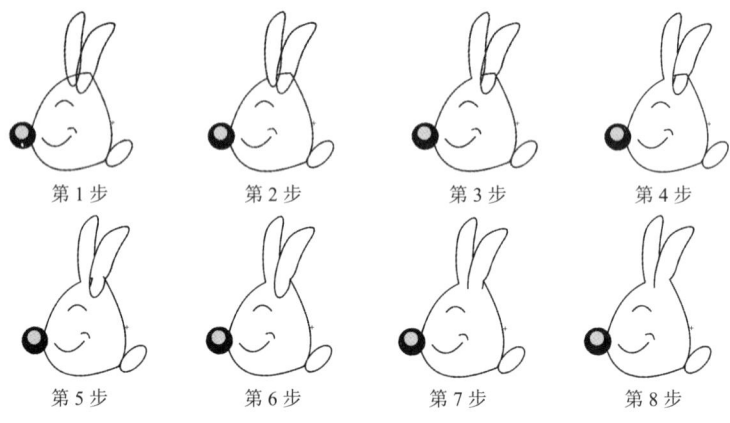

图 4-18 整体图形的变形与调整过程

(9) 填充耳朵部位的颜色。选中"脸"图层,将图层名称修改为"脸和耳朵",在"脸和耳朵"图层中使用椭圆工具绘制两个笔触颜色为无色、填充颜色为 FFCCFF 的圆,并使用选择工具进行变形和移动,效果如图 4-19 所示。

图 4-19 耳朵填充颜色后的效果

最后使用颜料桶工具,选择填充颜色为白色,将画面封闭区域填充为白色。至此,卡通人物头像元件制作完成。

4.4.4 运用 Animator 制作影片剪辑元件

在制作"中秋月饼广告"时还需要制作多个影片剪辑元件,包括枫叶飘动、卡通人物行走、卡通人物正面表情、卡通人物晕倒、下月饼等,效果如图 4-20 所示。

卡通人物行走 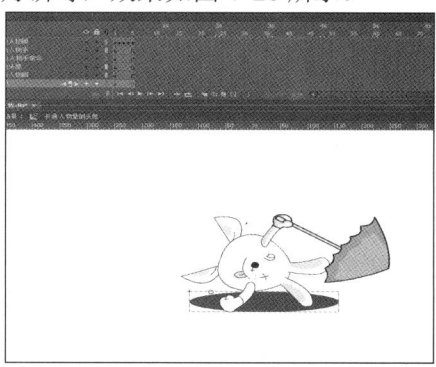　　　　　　　　卡通人物晕倒

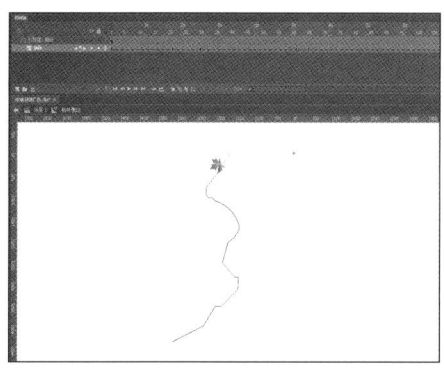

枫叶飘动 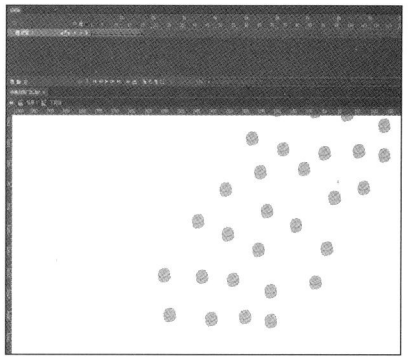　　　　　　　　下月饼

卡通人物正面表情

图 4-20　制作动画所需的影片剪辑元件

下面对卡通人物行走、枫叶飘动、下月饼 3 个影片剪辑的制作过程进行详细介绍。

1. 制作影片剪辑元件——卡通人物行走

具体的操作步骤如下。

(1) 进入编辑界面。选择"插入"→"新建元件"选项,在打开的对话框中创建一个

名称为"卡通人物行走"的影片剪辑元件,完成后单击"确定"按钮进入"卡通人物行走"影片剪辑元件编辑界面。

(2)拖动图形元件到各自图层。将"图层 1"重命名为"卡通人物手拿伞",然后单击该图层的第 1 帧,在工具箱中选择"选择工具",将库文件中的元件"卡通人物手拿伞"拖动至舞台中。使用同样的方法分别新建图层"卡通人物脚前""卡通头像""卡通人物脚后""卡通人物手",并将相应的元件拖动至舞台中,效果如图 4-21 所示。

注意: 在本例中,"卡通人物脚"元件需要在"卡通人物脚前""卡通人物脚后"两个图层中各放置一个。

(3)调整图形。使用任意变形工具和选择工具调整各元件的大小和位置,调整完成后的效果如图 4-22 所示。

图 4-21　拖动图形元件到各图层　　　　　图 4-22　调整图形后的效果

(4)添加阴影。打开影片剪辑元件"卡通人物行走",单击时间轴上的"插入图层"按钮新建一个图层,将其重命名为"阴影",并确保它处在所有图层的最下方。然后单击"阴影"图层的第 1 帧,将库元件中的"阴影"元件拖动到舞台中,调整好位置,如图 4-23 所示。

(5)添加帧。选中"卡通人物头像"图层的第 5 帧处,按键盘上的 F5 键,插入帧。使用同样的方法,分别在"卡通人物手拿伞""阴影"图层的第 5 帧处插入帧,如图 4-24 所示。

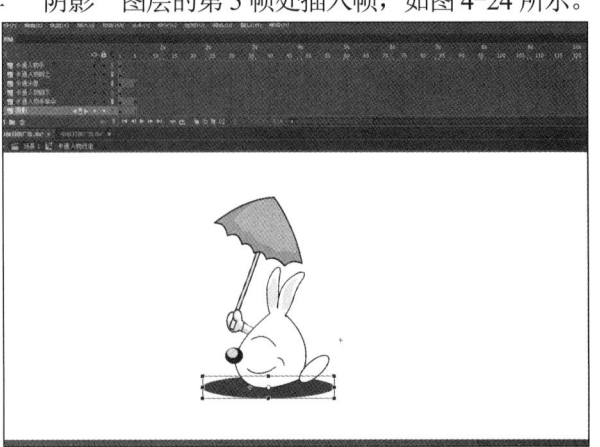

图 4-23　添加阴影　　　　　图 4-24　在第 5 帧处插入帧

（6）添加关键帧。在"卡通人物手"图层的第 2、3、4、5 帧处分别按键盘上的 F6 键，插入关键帧。选中"卡通人物手"图层的第 2 帧，使用任意变形工具，将对称点调节至左上方，然后调节"卡通人物手"元件至如图 4-25 所示的位置。

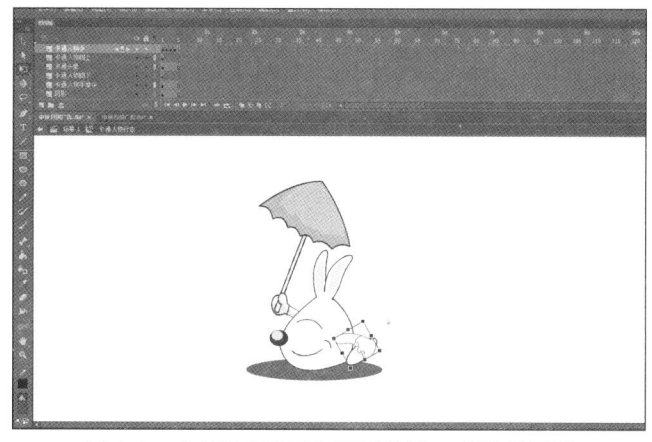

图 4-25 "卡通人物手"图层的第 2 帧处的图形

（7）使用同样的方法，分别对该图层的第 3、4、5 帧的图形进行调整，如图 4-26 所示。

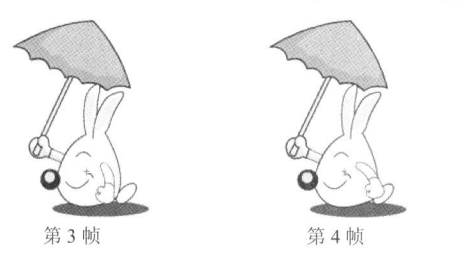

第 3 帧　　　　　　第 4 帧　　　　　　第 5 帧

图 4-26 第 3~5 帧手部的图形

（8）参照"卡通人物手"图层的制作方法，分别对"卡通人物脚前"和"卡通人物脚后"图层进行相同的操作，效果分别如图 4-27 和图 4-28 所示。

第 1 帧　　第 2 帧　　第 3 帧　　第 4 帧　　第 5 帧

图 4-27 第 1~5 帧卡通人物脚前方的变化

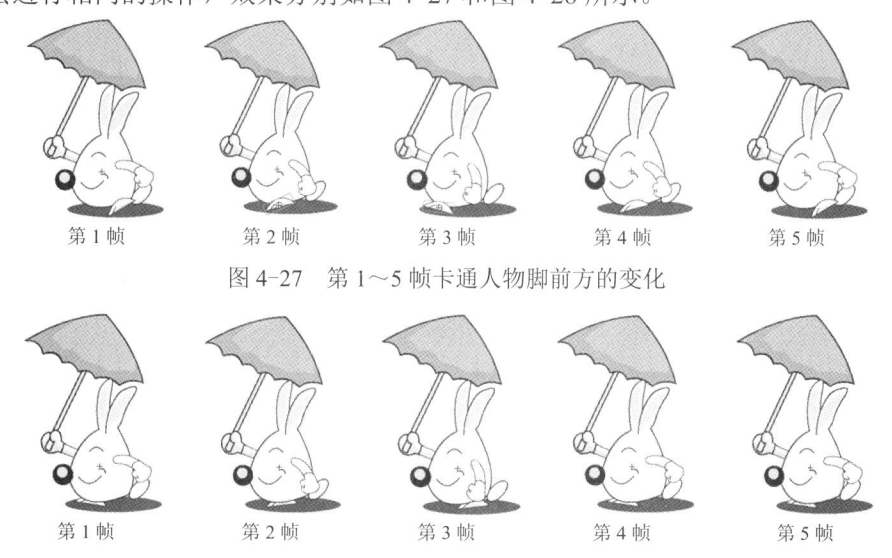

第 1 帧　　第 2 帧　　第 3 帧　　第 4 帧　　第 5 帧

图 4-28 第 1~5 帧卡通人物脚后方的变化

各图层制作完成后，影片剪辑元件"卡通人物行走"完成。

使用同样的方法制作影片剪辑元件——卡通人物晕倒，效果如图4-29所示。

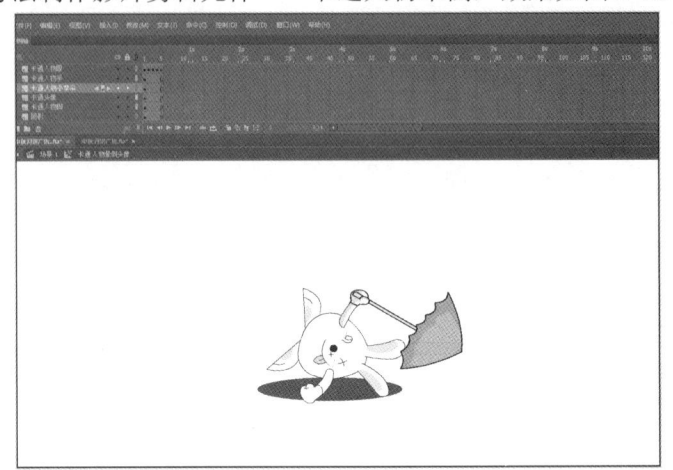

图4-29 "卡通人物晕倒"影片剪辑元件

2. 制作影片剪辑元件——枫叶飘动

具体的操作步骤如下。

（1）创建"枫叶飘动"影片剪辑。选择"插入"→"新建元件"选项，在打开的对话框中创建一个名称为"枫叶飘动"的影片剪辑元件。在"枫叶飘动"影片剪辑元件编辑界面中，双击时间轴左侧的"图层1"，将其重命名为"枫叶"图层，如图4-30所示。

图4-30 "枫叶飘动"影片剪辑元件编辑界面

（2）拖动"枫叶"元件至舞台中。选中"背景"图层的第1帧，将库文件中的"枫叶"元件拖动至舞台中，选中"枫叶"图层的第130帧，按F5键插入帧，如图4-31所示。

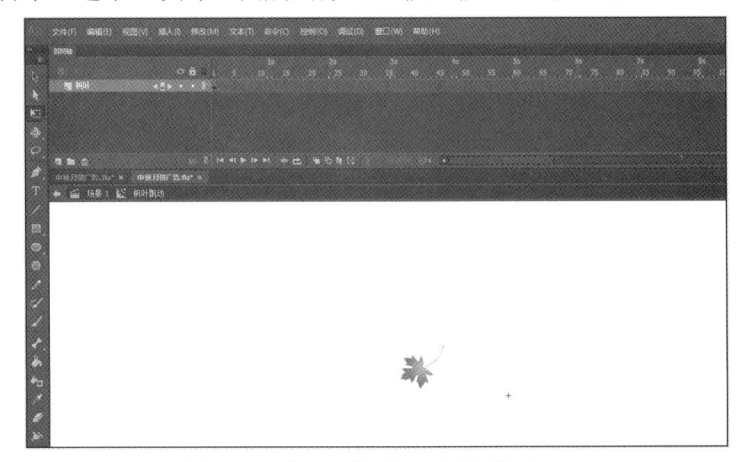

图4-31 拖动"枫叶"元件至舞台中

（3）创建引导层并添加引导线。选中"枫叶"图层，右击，在弹出的快捷菜单中选择"添加传统运动引导层"选项。然后单击该图层的第 1 帧，在工具箱中选择"铅笔工具"，在工具栏中单击"铅笔工具"的选项按钮，并在弹出的下拉列表中选择"平滑"选项，最后在"属性"面板中设置线条的颜色为黑色，字号大小为 1，类型为实线，在舞台上绘制一条曲线，效果如图 4-32 所示。

（4）对准引导线起点。选择"枫叶"图层的第 1 帧，调整该层的"枫叶"实例，使实例中出现的圆圈对准引导层中曲线路径的起点，如图 4-33 所示。

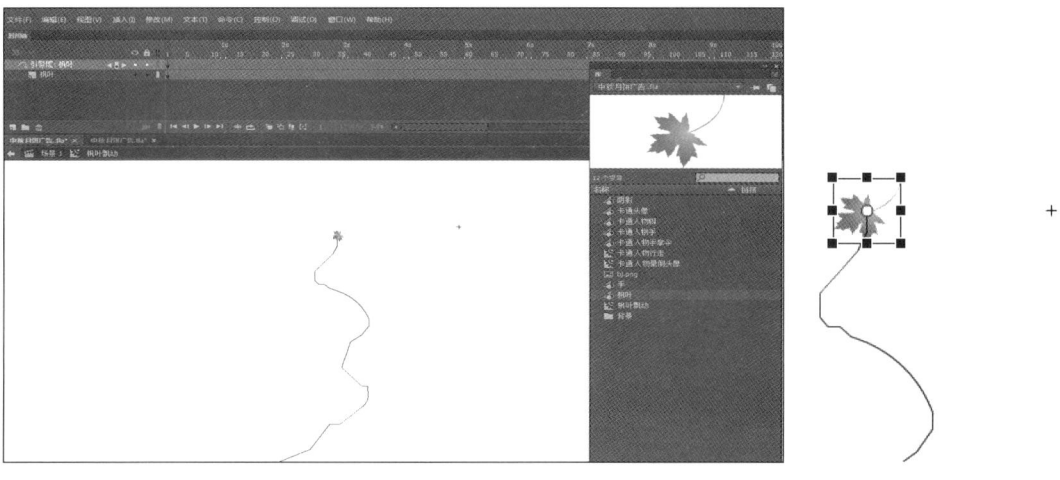

图 4-32　创建引导层并添加引导线　　　　图 4-33　对准引导线起点

（5）在各关键帧处调整图形位置。选中"枫叶"图层，分别在第 21 帧、29 帧、61 帧、64 帧、130 帧处按 F6 键插入关键帧。插入关键帧后，分别选中这些关键帧，使用选择工具调节各关键帧处图形的位置，具体效果如图 4-34 所示。

21 帧　　　　　　　　29 帧　　　　　　　　61 帧

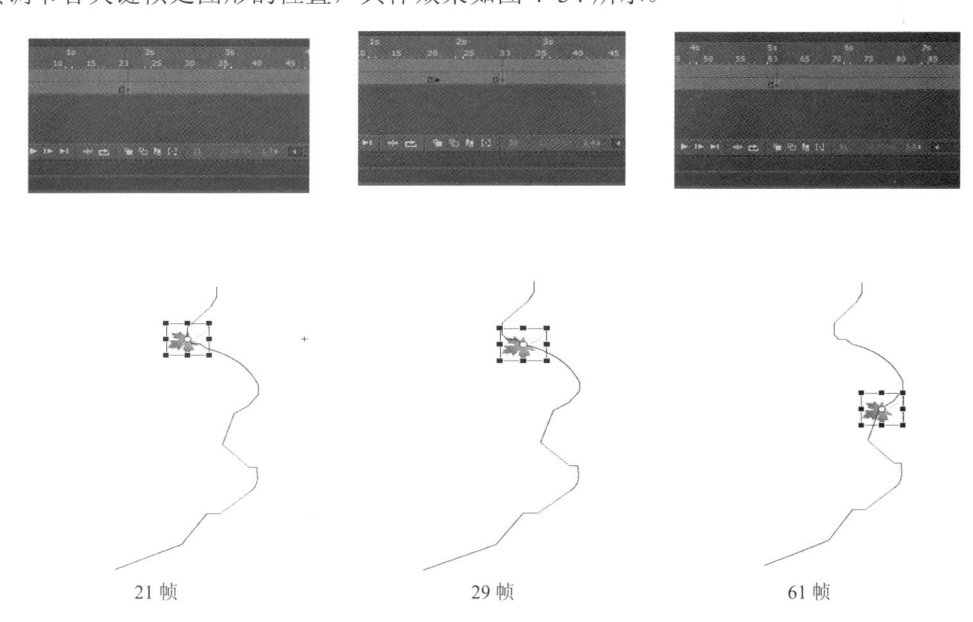

图 4-34　在各关键帧处调整图形的位置

64 帧　　　　　　　　　　　　　130 帧

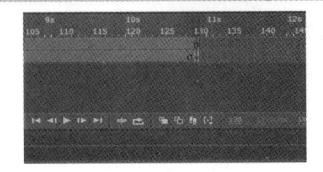

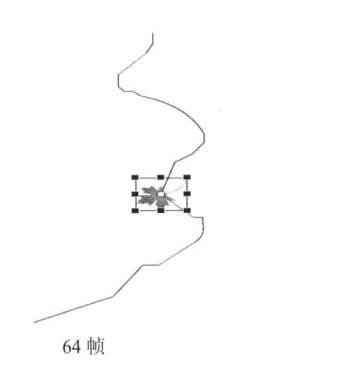

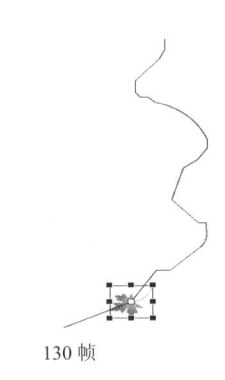

图 4-34　在各关键帧处调整图形的位置（续）

（6）创建传统补间动画。选中各帧之间的任意一帧，用鼠标右击后通过快捷菜单命令，创建传统补间动画，完成后的效果如图 4-35 所示。至此，"枫叶飘动"影片剪辑元件制作完成。

3. 制作影片剪辑元件——下月饼

具体的操作步骤如下。

（1）创建"下月饼"影片剪辑元件。选择"插入"→"新建元件"选项，在打开的对话框中创建一个名称为"下月饼"的影片剪辑元件，然后从库文件中拖动一个"月饼群"元件实例至舞台中，如图 4-36 所示。

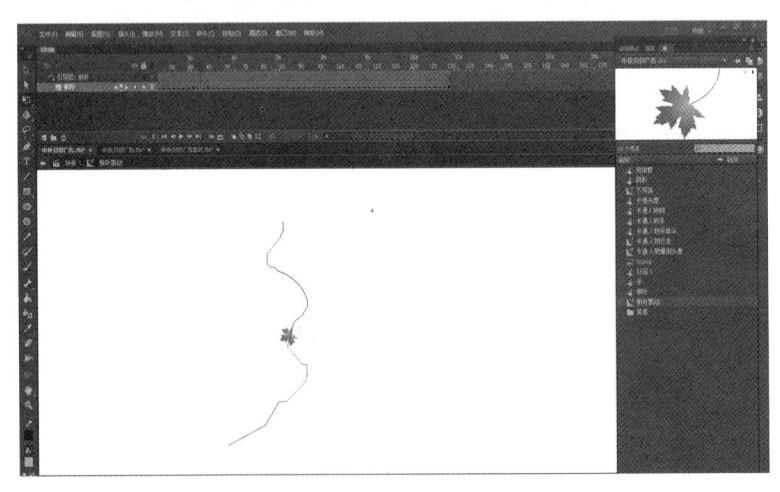

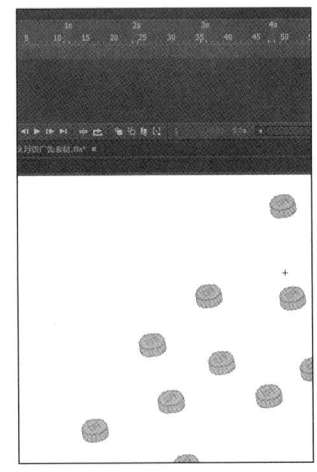

图 4-35　"枫叶飘动"影片剪辑元件　　　　图 4-36　拖入"月饼群"元件实例

（2）创建传统补间动画。在图层的第 20 帧处按 F6 键插入关键帧，按如图 4-37 所示分别调整两个关键帧处的图形位置。调整完成后在两帧之间创建传统补间动画。

| 第 1 帧 | 第 20 帧 |

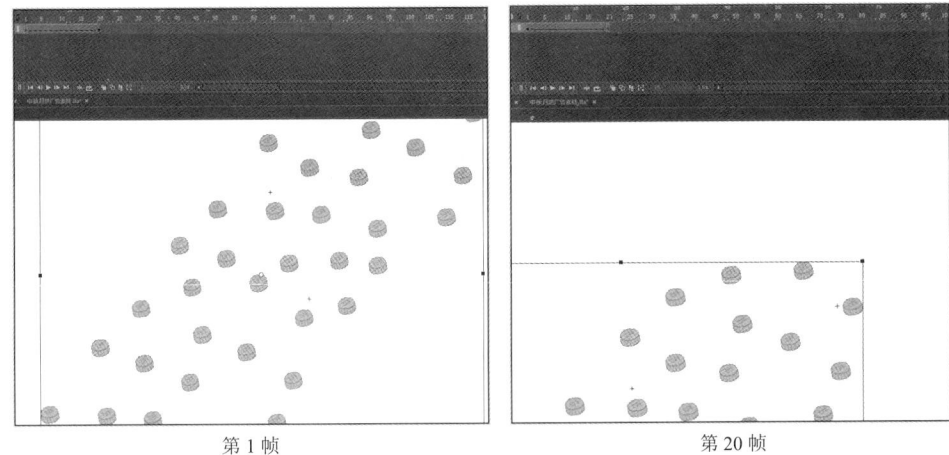

图 4-37　制作"下月饼"影片剪辑元件中的补间动画

至此,"下月饼"影片剪辑元件制作完成。

4.4.5 运用 Animator 制作链接按钮

制作链接按钮的具体操作步骤如下。

(1)创建元件。选择"插入"→"新建元件"选项,在打开的对话框中创建一个名称为"联系我们"的按钮元件,完成后单击"确定"按钮进入"联系我们"元件编辑界面。

(2)拖动"月饼"元件实例至舞台中。修改图层名称为"月饼",选中"弹起"帧,从库中拖出一个"月饼"元件实例至舞台中,效果如图 4-38 所示。

图 4-38　拖动"月饼"元件实例至舞台中

(3)输入文字"联系我们"。新建一个图层,命名为"文字",选中"弹起"帧,使用文字工具在月饼下方输入文字"联系我们",并在"属性"面板中将文字类型设置为"微软雅黑",完成后的效果如图 4-39 所示。

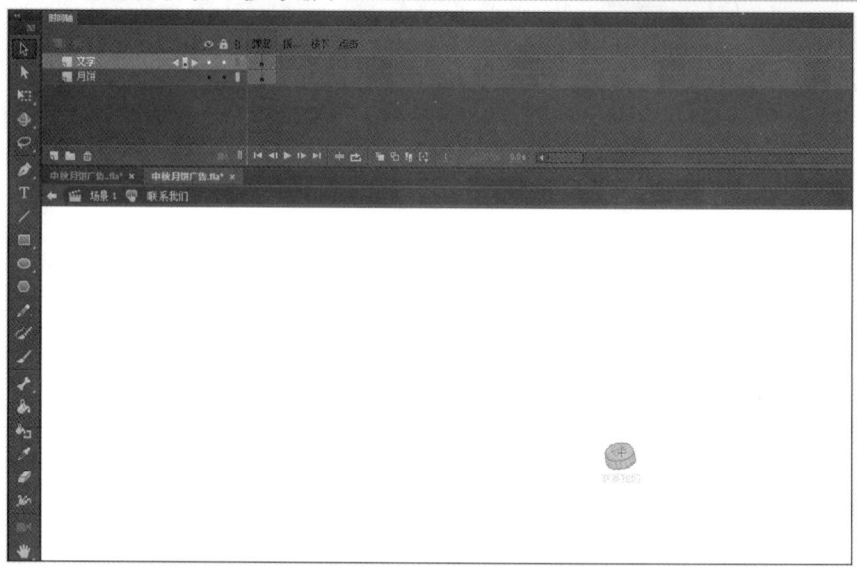

图 4-39　输入文字"联系我们"

（4）在按钮中插入帧。单击选中"月饼"图层和"文字"图层的"按下"帧，按 F5 键插入帧，完成后的效果如图 4-40 所示。至此，链接按钮制作已完成。

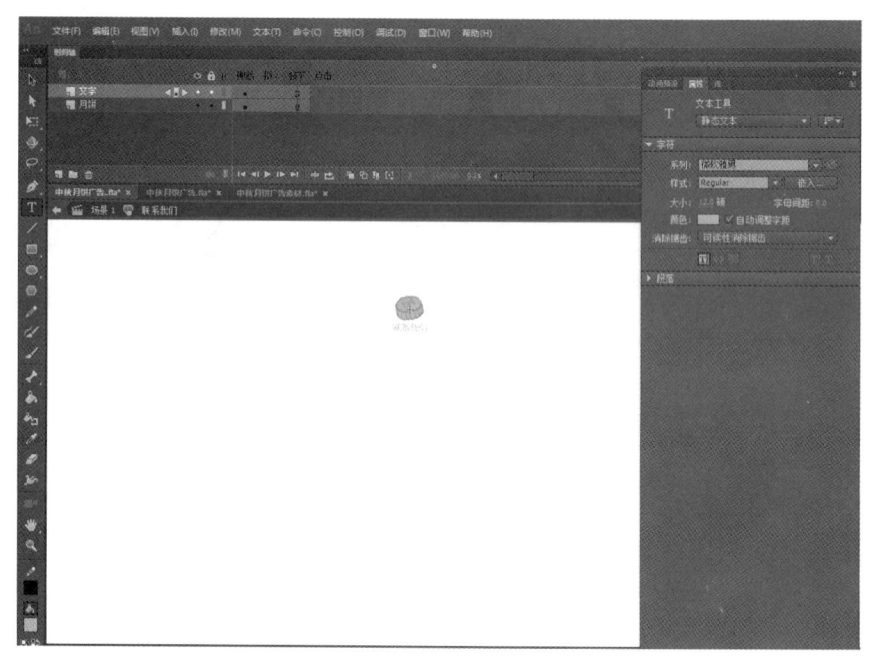

图 4-40　在按钮中插入帧

4.4.6　运用 Animator 制作主体动画、添加广告语

1. 制作主体动画

扫一扫看制作主体动画和添加广告语微课视频 1

具体的操作步骤如下。

（1）回到主场景 1。在制作好所有需要的元件后，返回到主场景界面，如图 4-41 所示。

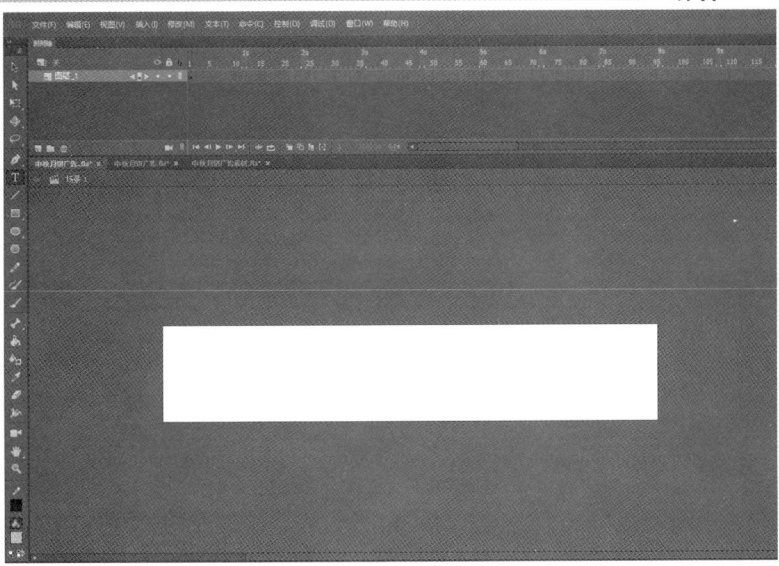

图 4-41 主场景界面

（2）添加背景图像。将默认的图层 1 名称重命名为"背景"，选中"背景"图层的第 1 帧，从库元件中拖动一个"bj.png"图片至舞台中并调整好位置，效果如图 4-42 所示。

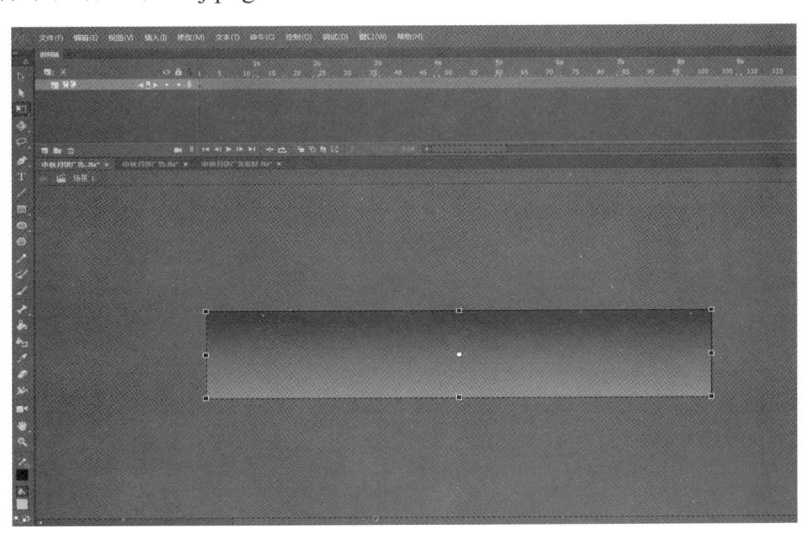

图 4-42 添加背景图像

（3）延续背景图像。在"背景"图层的第 240 帧处按 F5 键插入帧，使背景图像延续到第 240 帧，如图 4-43 所示。

（4）拖动"卡通人物行走"元件实例至舞台中。单击主时间轴上的"插入图层"按钮，新建一个图层，将其重命名为"人物行走"，并确保它处在"背景"图层的上方。然后单击该图层的第 1 帧，在元件库中拖出"卡通人物行走"元件实例至画面中，使用任意变形工具调整元件实例的大小，完成后的效果如图 4-44 所示。

（5）插入关键帧。在"人物行走"图层的第 120 帧处按 F6 键插入关键帧，然后将"卡通人物行走"元件实例拖动至如图 4-45 所示的位置。

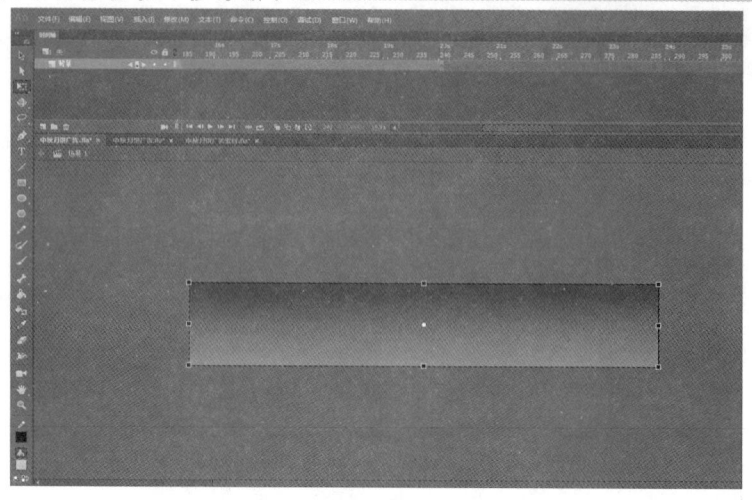

图 4-43　延续背景图像

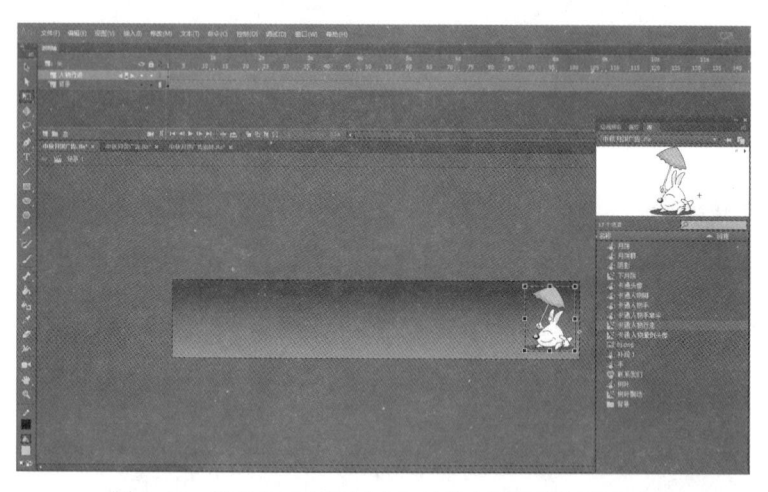

图 4-44　将"卡通人物行走"元件实例拖动至舞台中

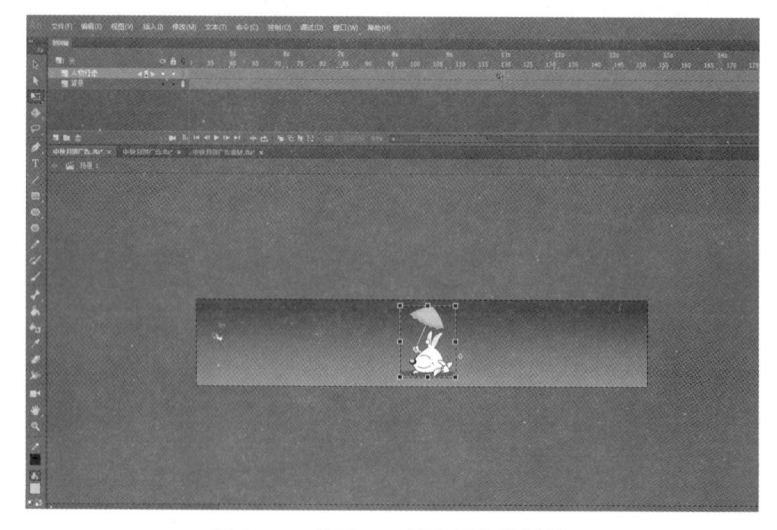

图 4-45　在第 120 帧处插入关键帧

项目 4　动画技术应用

（6）创建传统补间动画。选中"人物行走"图层的第 119 帧，右击，在弹出的快捷菜单中选择"创建传统补间动画"选项，然后在"人物行走"图层的第 121 帧处按 F7 键插入空白关键帧，完成后的效果如图 4-46 所示。

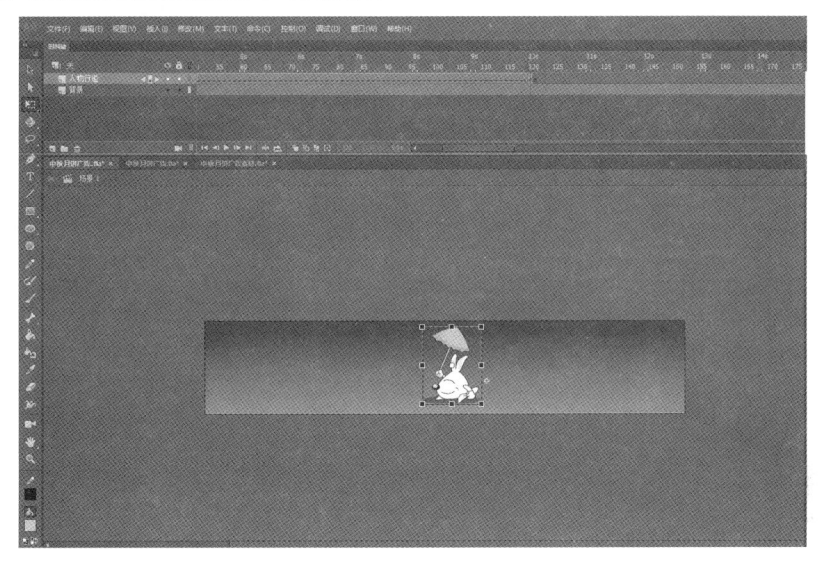

图 4-46　创建人物行走传统补间动画

（7）导入人物行走时的音乐。选择"文件"→"导入"→"导入到库"选项，在打开的"导入到库"对话框中找到素材文件夹中的音乐文件"行走.mp3""笑声.mp3""惊奇.mp3"，全选并单击"打开"按钮，这时音乐文件即可被导入库中。

（8）在动画中加入"行走.mp3"声音文件。单击时间轴上的"插入图层"按钮，新建一个图层，将其重命名为"行走声音"。然后单击该图层的第 1 帧，从"库"面板中将导入的"行走.mp3"声音文件拖入舞台中。最后，在"行走声音"图层的第 140 帧处插入空白关键帧，效果如图 4-47 所示。

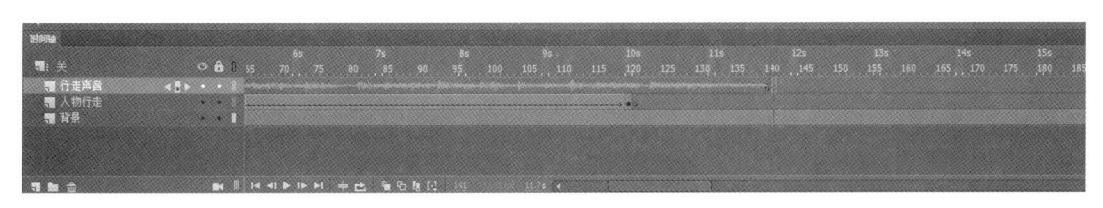

图 4-47　在动画中加入"行走.mp3"声音文件

（9）将"同步"设置为"数据流"。为了使声音与影片播放的长度一致，打开声音的"属性"面板，将"同步"设置为"数据流"，如图 4-48 所示。

（10）在"人物正面"图层各帧处插入空白关键帧。单击时间轴上的"插入图层"按钮，新建一个图层，将其重命名为"人物正面"。然后在该图层的第 121 帧、140 帧、157帧、170 帧处分别插入空白关键帧，如图 4-49 所示。

（11）拖动"卡通人物正面"元件实例至舞台中。选中"人物正面"图层的第 121 帧，从库文件中拖出一个"卡通人物正面"元件实例至舞台中，调整好元件实例的大小和位置，效果如图 4-50 所示。

113

小技巧：本操作中，为了能将前后位置对齐，可以选择"视图"→"标尺"选项调出标尺，以及打开"属性"面板进行辅助操作。

（12）使用同样的方法，在第 140 帧处拖出一个"卡通人物正面笑"元件实例至舞台中，在第 157 帧处拖出一个"卡通人物正面"元件实例至舞台中，调节相应的大小和位置，使 3 处的元件实例大小和位置基本一致，如图 4-51 所示。

（13）在动画中加入"笑声.mp3"声音文件。单击时间轴上的"插入图层"按钮，新建一个图层，将其重命名为"人物笑声"。在该图层的第 140 帧处插入空白关键帧，然后单击该图层的第 140 帧，从"库"面板中将"笑声.mp3"声音文件拖至舞台中，效果如图 4-52 所示。

（14）在动画中加入"惊奇.mp3"声音文件。单击时间轴上的"插入图层"按钮，新建一个图层，将其重命名为"人物惊奇声"。在该图层的第 155 帧处插入空白关键帧，然后单击该图层的第 155 帧，从"库"面板中将"惊奇.mp3"声音文件拖至舞台中，效果如图 4-53 所示。

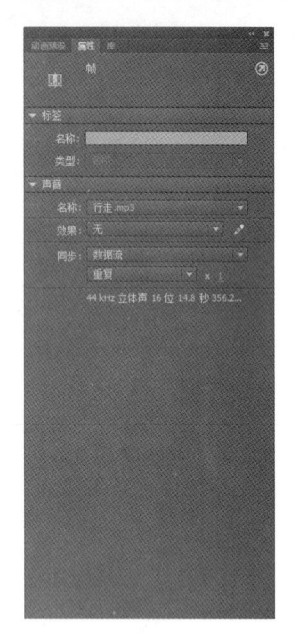

图 4-48 将"同步"设置为"数据流"

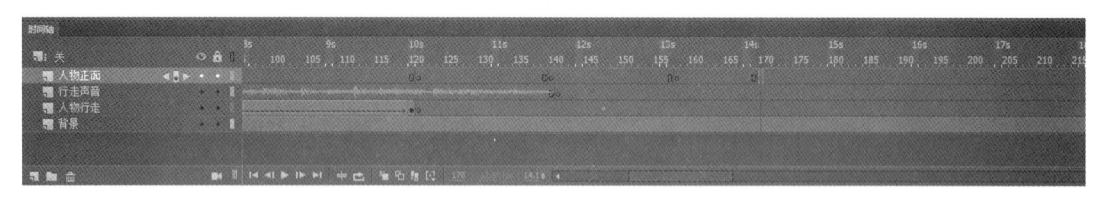

图 4-49 在"人物正面"图层各帧处插入空白关键帧

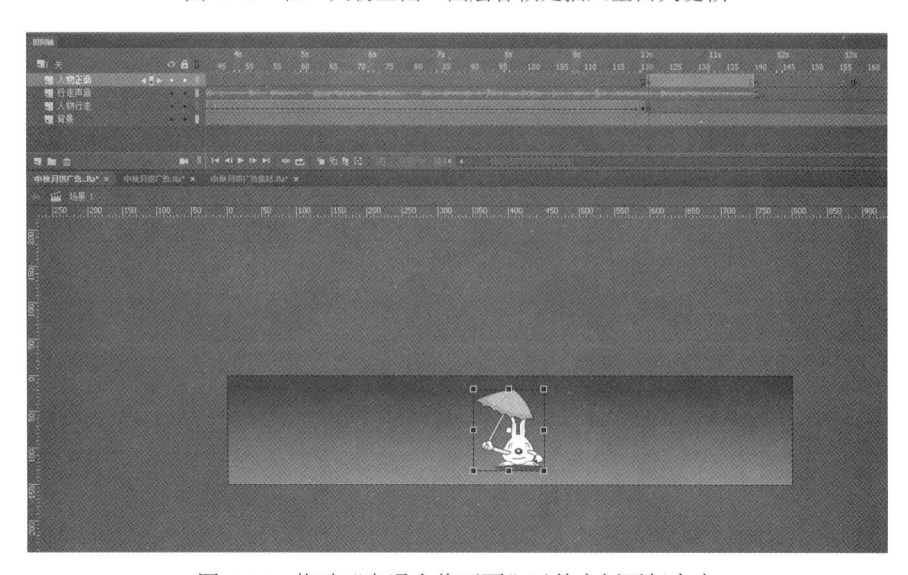

图 4-50 拖动"卡通人物正面"元件实例至舞台中

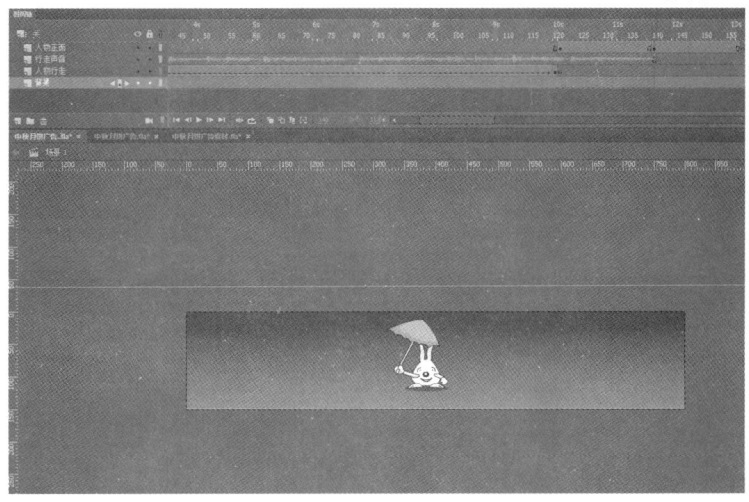

图 4-51 人物正面各帧图形

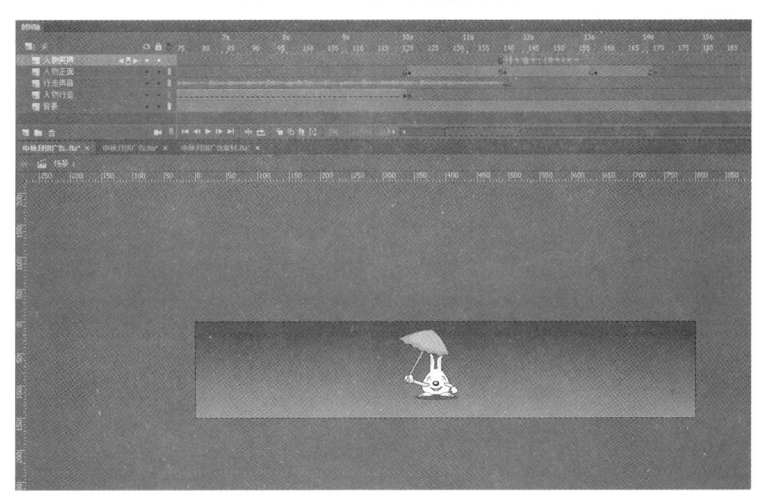

图 4-52 在动画中加入"笑声.mp3"声音文件

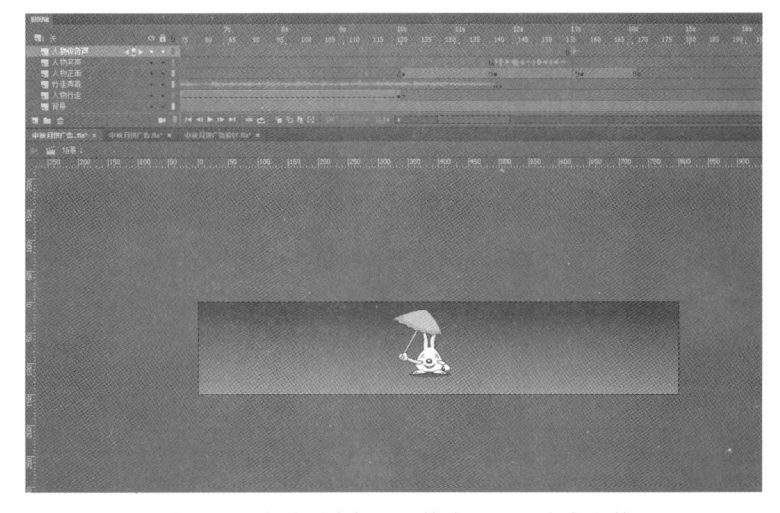

图 4-53 在动画中加入"惊奇.mp3"声音文件

（15）在动画中加入撞击的声音。单击时间轴上的"插入图层"按钮，新建一个图层，将其重命名为"人物撞击声"。在该图层的第 170 帧处插入空白关键帧，然后单击该图层的第 170 帧，打开"中秋月饼广告素材.fla"文件，从该文件的"库"面板中将"撞击.mp3"声音文件拖至舞台中，效果如图 4-54 所示。

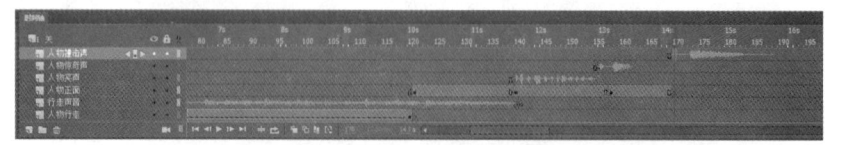

图 4-54　在动画中加入"撞击.mp3"声音文件

（16）在动画中加入悲惨效果的声音。继续新建一个图层，将其重命名为"悲惨声"，然后在该图层的第 185 帧处插入空白关键帧，单击该图层的第 185 帧，从"中秋月饼广告素材.fla"的"库"面板中将"悲惨.mp3"声音文件拖至舞台中，效果如图 4-55 所示。

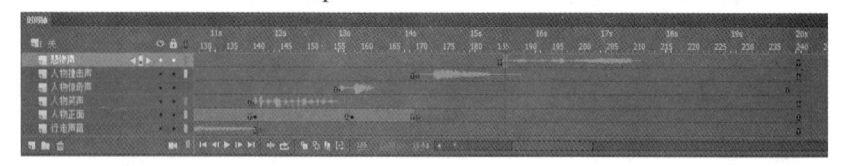

图 4-55　在动画中加入"悲惨.mp3"声音文件

（17）拖动月亮元件实例至舞台中。新建一个图层，并将其重命名为"月亮"，选择"月亮"图层的第 1 帧，从"库"面板中拖动一个月亮元件实例拖至舞台中，调整其大小，如图 4-56 所示。

扫一扫看制作主体动画和添加广告语微课视频 2

图 4-56　拖动月亮元件实例至舞台中

（18）插入关键帧。在"月亮"图层的第 120 帧处按 F6 键插入关键帧，然后将月亮元件实例拖动至如图 4-57 所示的位置。

图 4-57　插入关键帧

项目 4　动画技术应用

（19）创建传统补间动画。选中"月亮"图层的第 119 帧，右击，在弹出的快捷菜单中选择"创建传统补间动画"选项，完成后的效果如图 4-58 所示。

图 4-58　创建传统补间动画

（20）拖动两个"枫叶飘动"影片剪辑元件实例至舞台中。新建一个图层，并将其重命名为"枫叶"，然后在该图层的第 80 帧处插入空白关键帧。选中第 80 帧，从"库"面板中拖动两个"枫叶飘动"影片剪辑元件实例至舞台中，效果如图 4-59 所示。

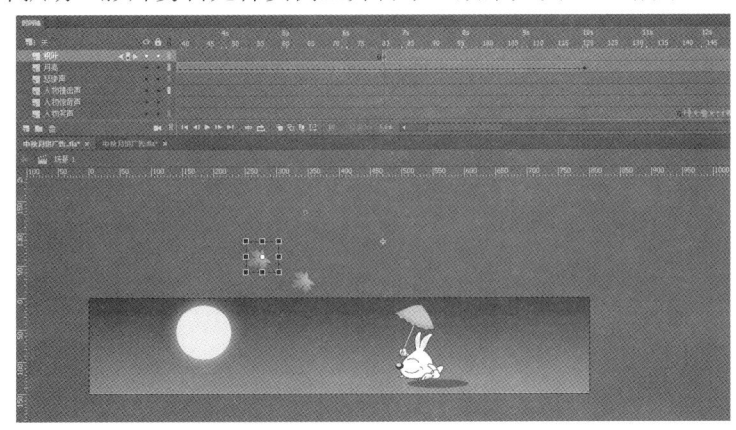

图 4-59　拖动两个"枫叶飘动"影片剪辑元件实例至舞台中

（21）水平翻转图形。使用任意变形工具改变两个元件实例的大小，并选中其中一个元件实例，然后选择"修改"→"变形"→"水平翻转"选项，进行水平翻转，完成后的效果如图 4-60 所示。

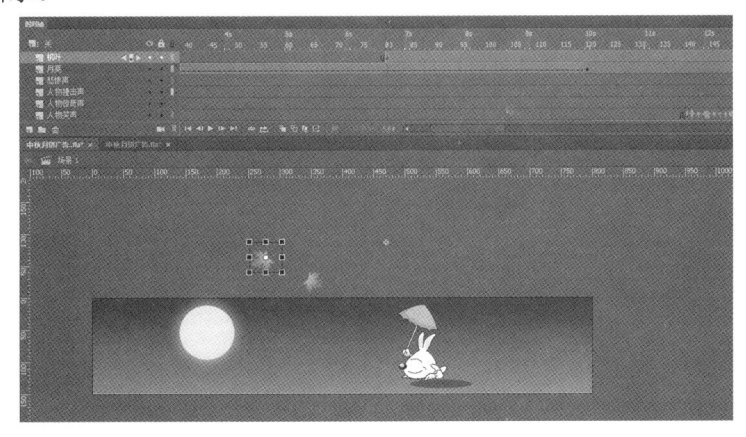

图 4-60　水平翻转图形后的效果

117

（22）制作撞击效果。在主时间轴上继续新建一个图层，并将其重命名为"撞击特效"，然后连续在该图层的第 170～181 帧处插入空白关键帧。选中第 170 帧，从"库"面板中拖动一个"撞击特效 1"元件实例至舞台中，并使用任意变形工具设置其大小，效果如图 4-61 所示。

图 4-61　第 170 帧处的撞击效果

选中第 171 帧，从"库"面板中拖动一个"撞击特效 2"元件实例至舞台中，并调整其大小和位置，效果如图 4-62 所示。

图 4-62　第 171 帧处的撞击效果

使用同样的方法，在第 172 帧、174 帧、176 帧、178 帧、180 帧处拖入元件实例"撞击特效 1"，并调整元件实例的大小和位置，直到与第 170 帧处的元件实例一样的大小和位置为止。在第 173 帧、175 帧、177 帧、179 帧处拖入元件实例"撞击特效 2",并调整元件实例的大小和位置,直到与第 171 帧处的元件实例一样的大小和位置为止,完成后的效果如图 4-63 所示。

图 4-63　撞击效果完成后的效果

(23)拖动"人物晕倒"影片剪辑元件实例至舞台中。新建一个图层,并将其重命名为"人物晕倒",然后在该图层的第 180 帧处插入空白关键帧。选中第 180 帧,从"库"面板中拖动一个"人物晕倒"影片剪辑元件实例至舞台中,调整元件实例的大小和位置,效果如图 4-64 所示。

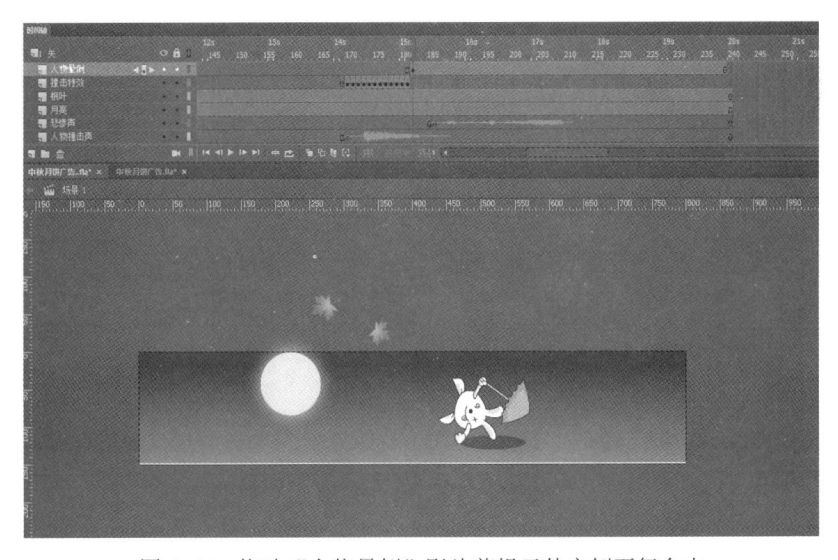

图 4-64　拖动"人物晕倒"影片剪辑元件实例至舞台中

(24)拖动"下月饼"影片剪辑元件实例至舞台中。新建一个图层,并将其重命名为"下月饼",然后在该图层的第 180 帧处插入空白关键帧。选中第 180 帧,从"库"面板中拖动一个"下月饼"影片剪辑元件实例至舞台中,调整元件实例的大小和位置,效果如图 4-65 所示。

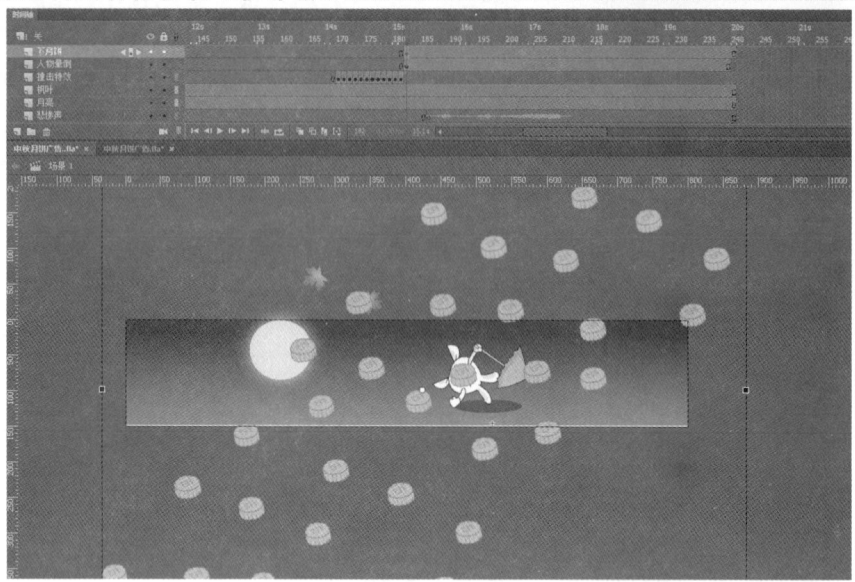

图 4-65　拖动"下月饼"影片剪辑元件实例至舞台中

（25）拖动"遮罩片"元件实例至舞台中。新建一个图层，并将其重命名为"遮罩"，然后在该图层的第 205 帧处插入空白关键帧。选中第 205 帧，从"库"面板中拖动一个"遮罩片"元件实例至舞台中，调整元件实例的大小和位置，效果如图 4-66 所示。

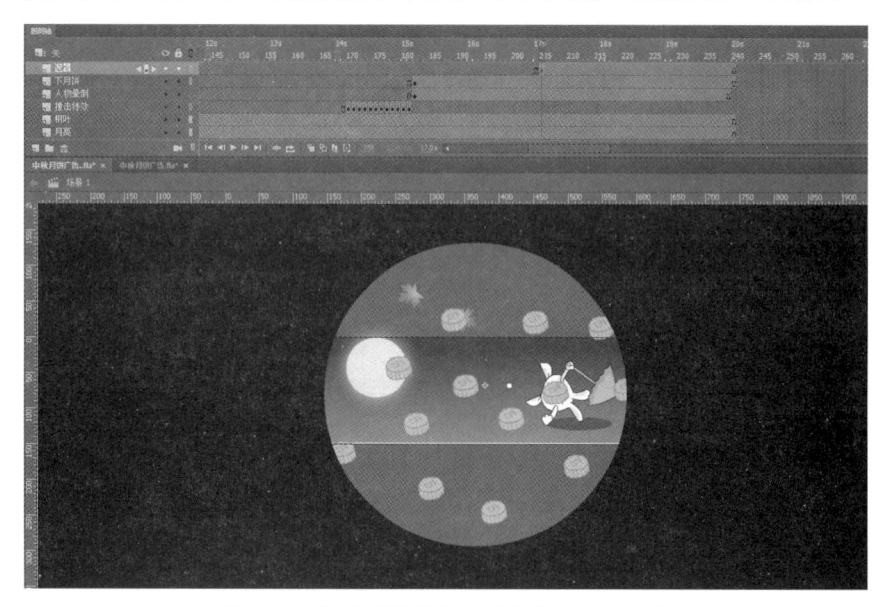

图 4-66　拖动"遮罩片"元件实例至舞台中

（26）改变"遮罩片"元件实例的大小并创建动画。在"遮罩"图层的第 225 帧处继续插入关键帧，使用任意变形工具调整该帧处"遮罩片"元件实例的大小，完成后的效果如图 4-67 所示。

在第 205 帧与第 225 帧之间创建传统补间动画，如图 4-68 所示。完成后清除画面的参考线。至此，主体动画创建完成。

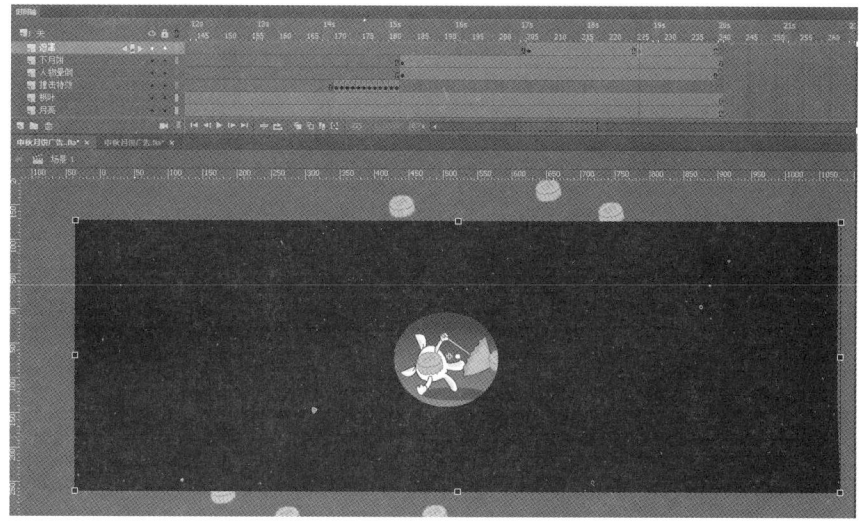

图 4-67　改变"遮罩片"元件实例的大小

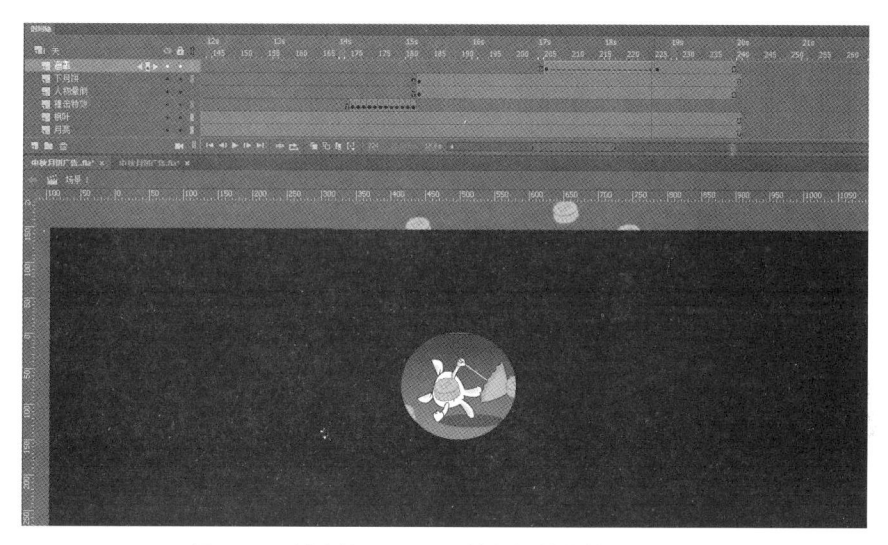

图 4-68　创建第 205～225 帧之间的传统补间动画

2．添加广告语

（1）拖动"文字 1"元件实例至舞台中。新建一个图层，并将其重名为"文字 1"，然后在该图层的第 220 帧处插入空白关键帧。选中第 220 帧，从"库"面板中拖动一个"文字 1"元件实例至舞台中，调整元件实例的大小和位置，完成后在第 230 帧处继续插入关键帧，并在两帧之间创建传统补间动画，效果如图 4-69 所示。

（2）设置"Alpha"值。选中第 220 帧，单击画面中的"文字 1"元件实例，在"属性"面板中将元件实例的"Alpha"值设置为 0，效果如图 4-70 所示。

（3）添加延长帧。在"背景""人物晕倒""下月饼""遮罩""文字 1"图层的第 340 帧处按 F5 键，插入帧，效果如图 4-71 所示。

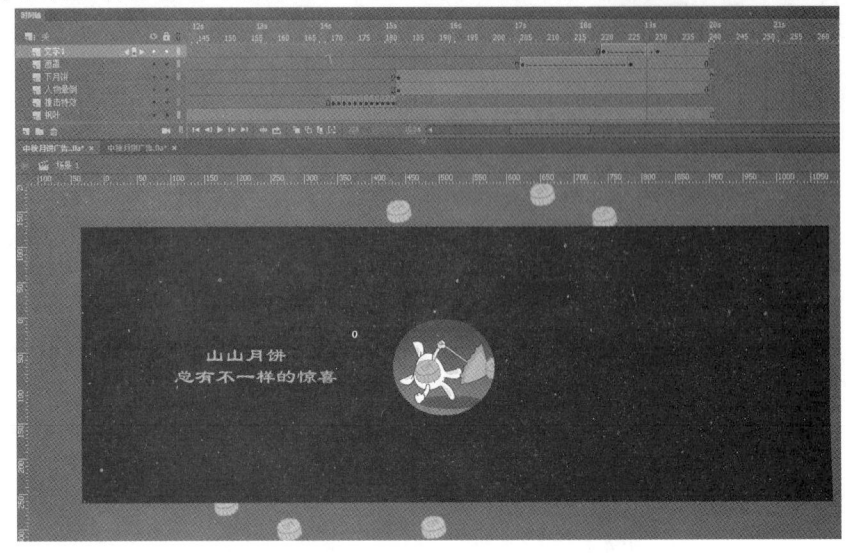

图 4-69 拖动一个"文字 1"元件实例至舞台中

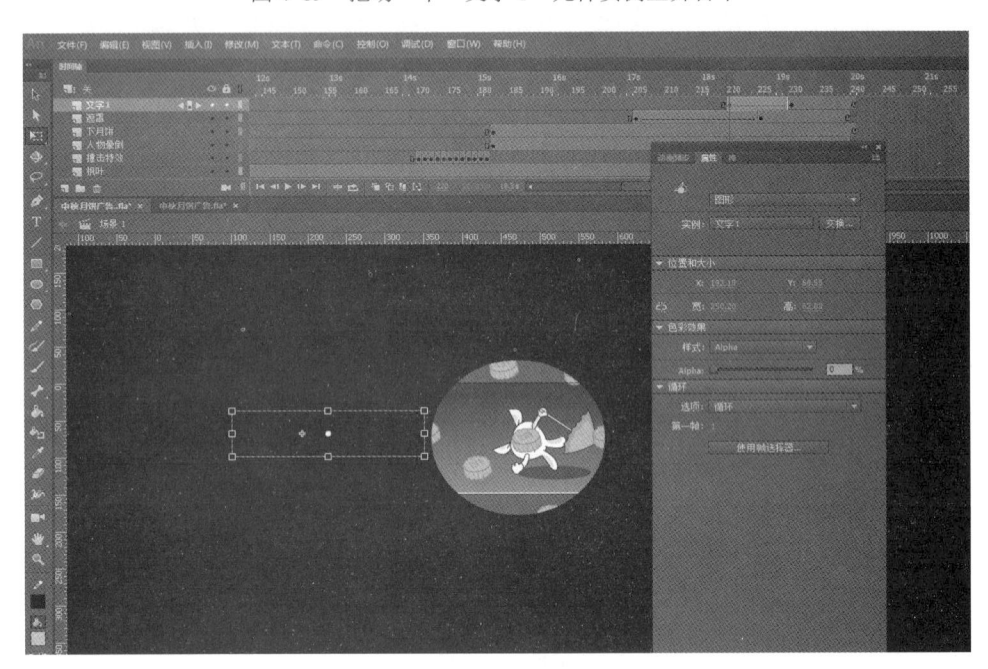

图 4-70 将"Alpha"值设置为 0

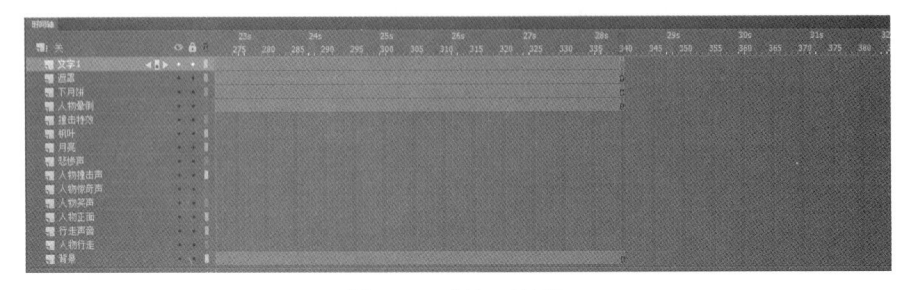

图 4-71 添加延长帧

（4）拖动"文字 2"元件实例至舞台中。新建一个图层，并将其重命名为"文字 2"，然后在该图层的第 240 帧处插入空白关键帧。选中第 240 帧，从"库"面板中拖动一个"文字 2"元件实例至舞台中，调整元件实例的大小和位置，效果如图 4-72 所示。

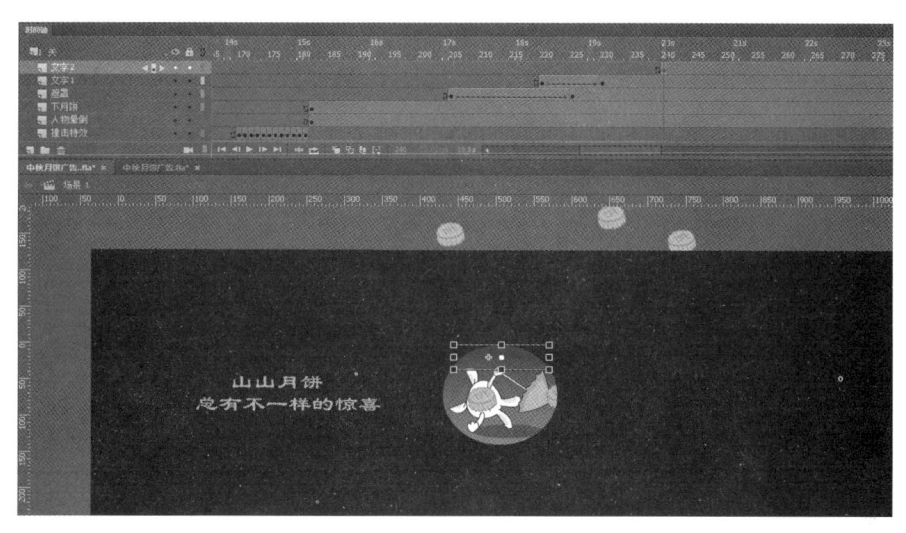

图 4-72　调整"文字 2"元件实例的大小和位置

（5）拖动"联系我们"按钮元件实例至舞台中。新建一个图层，并将其重命名为"联系我们"，然后在该图层的第 240 帧处插入空白关键帧。选中第 240 帧，从"库"面板中拖动一个"联系我们"元件实例至舞台中，调整元件实例的大小和位置，效果如图 4-73 所示。选中按钮，然后在"属性"面板中将按钮的名称修改为"lianxi_btn"，如图 4-74 所示。

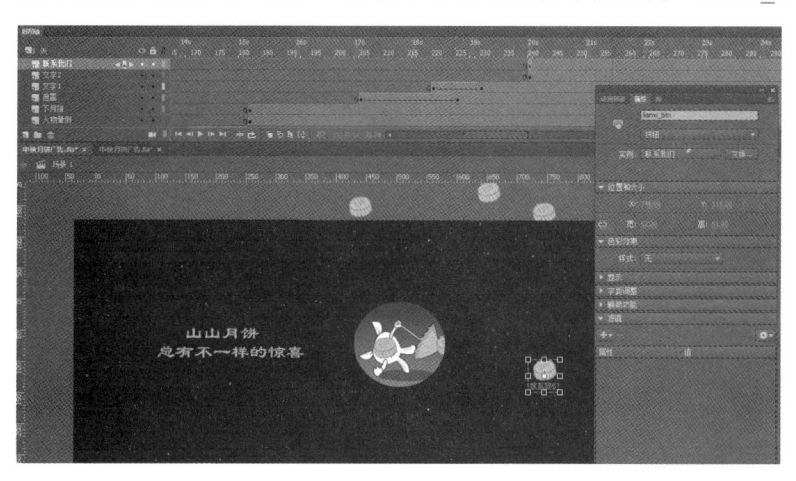

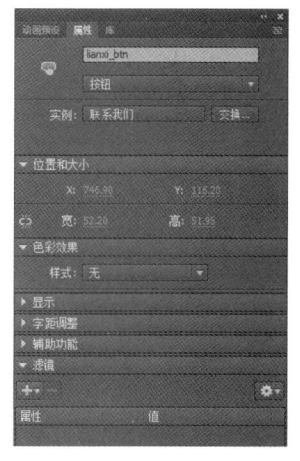

图 4-73　拖动"联系我们"按钮元件实例至舞台中　　　图 4-74　修改按钮名称

（6）添加 ActionScript 3.0 代码。新建一个图层，将其重命名为"as"，然后在该图层的第 240 帧处插入空白关键帧。选中第 240 帧，右击，在弹出的快捷菜单中选择"动作"选项，弹出"动作"面板，在其中输入如下代码。

```
this.addEventListener(MouseEvent.CLICK,lianxifun);
function lianxifun(e)
```

```
    {
        navigateToURL(new URLRequest("http://www.shanshan.com"));
    }
```

完成后的效果如图 4-75 所示。

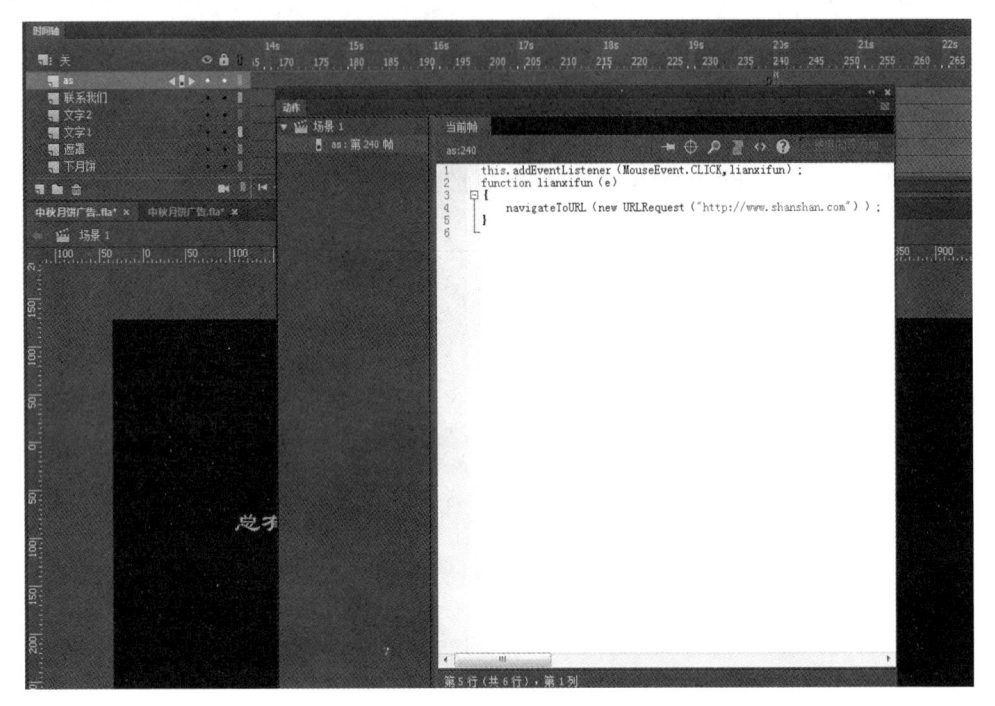

图 4-75 在"动作"面板中添加代码

关闭"动作"面板。至此,广告语的添加已完成。

4.4.7 测试与导出 Animator 动画

1. 测试影片或场景

使用"控制"菜单中的"测试影片"和"测试场景"选项可以对整个影片或某个场景进行测试。

2. 导出作品

具体的操作步骤如下。

(1)打开"中秋月饼广告.fla"文件。

(2)选择"文件"→"导出"→"导出影片"选项,打开"导出影片"对话框,如图 4-76 所示。

(3)选择保存类型。选择保存位置,将文件命名为"中秋月饼广告",设置保存类型为"SWF 影片(*.swf)",如图 4-77 所示。

(4)单击"保存"按钮,即可完成 Animator CC 2018 作品的导出。

注意:若在新建文档时,选择"角色动画"、平台类型为"HTML5 Canvas",则可通过选择"文件"→"发布设置"选项将动画发布到 HTML5。此外,也可以选择"文件"→

"导出"→"导出视频/媒体"选项，在打开的对话框中选择"H.264"格式，则导出的文件最终为 MP4 格式。

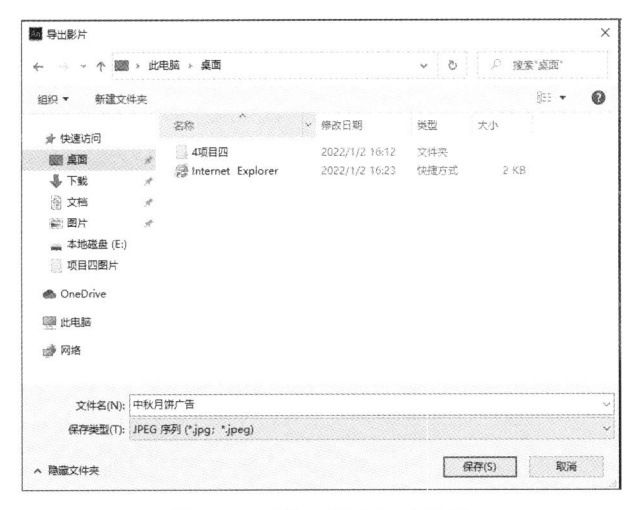

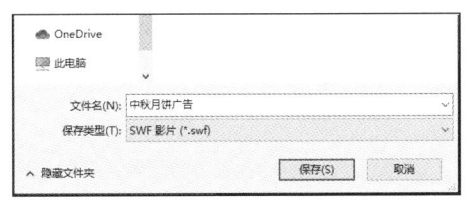

图 4-76 "导出影片"对话框　　图 4-77 选择保存类型

4.4.8 制作说明文档

说明文档用于对制作的作品进行主要内容等方面的简要说明，以便于浏览用户了解作品概要及团队间的学习交流。说明文档的要点参考模板请扫描上方的二维码进行阅览。

扫一扫看说明文档模板

4.5 项目评价

1. 评价指标

本项目的作品评价从创造性、科学性、艺术性、技术性等方面进行评价。本项目评价采用百分制计分，评价指标与权值请扫描上方的二维码进行阅览。

扫一扫看动画作品评价指标表

2. 评价方法

在组内自评的基础上，小组互评与教师总评在由各组指定代表演示作品完成过程时进行。小组将评价完成后的个人任务评价表交给教师，由教师填写任务的总体评价。个人任务评价表参考模板请扫描上方的二维码进行阅览。

扫一扫看动画作品个人任务评价表

4.6 项目总结

4.6.1 问题探究

1. Animator CC 2018 动画播放前通常要放置下载进度条，这样做有什么作用？

答：下载进度条是为了让浏览者看到动画加载完成前的等待时间，一般以已加载帧数的百分比来进行动态显示。

2. Animator CC 2018 中导入的背景图像超出舞台大小时，如何快速调整使图像和文档尺寸一致？

答：在 Animator CC 2018 中，超出舞台大小的部分在发布成 SWF 格式后是看不见的。快速调整的方法是将窗口右上角的舞台显示放大倍数值缩小，使舞台中的图像能全部显示后再使用变形工具调整图像的大小。

3. 怎样调节一个图形或图形元件实例的透明度？

答：选中图形，在"属性"面板中打开调色板，改变 Alpha 的值。Alpha 值从 100 至 0 透明度逐渐增加，值为 0 时为全透明。

4. 在 Animator CC 2018 中绘制一个圆，单击选中并移动时发现只能选中填充部分，如何同时选中整个较长的对象？

答：双击选中，或用鼠标拖动的方法在圆外拖出虚线框选中。

5. 如何绘制标准的正圆？

答：按住 Shift 键的同时配合鼠标进行绘制。

6. 当需要重复使用某个图形对象时，直接在主场景中复制与调用元件实例有什么区别？

答：通过复制而得的两份图形除内容相同外无关联，若要修改需分别单独修改。而元件与元件实例之间有关联，若修改了元件内容，则引用其的元件实例同步更新。而且重复使用元件，减小了 Animator 动画文件的体积，便于传输。

7. 创建传统补间动画时头尾关键帧之间的线条是虚线，且动画无法正常播放，其原因是什么？

答：如果传统补间动画的头尾两关键帧间未用实心带箭头的线相连，而是虚线，表示补间动画未创建成功。改正的方法是，先检查是哪种补间动画，若是动作补间动画，则需要头尾两关键帧都是元件；若是形状补间动画，则需要头尾两关键帧都是图形。再根据动画类型进行元件转换或打散为图形的操作。

8. 如何制作文字或图像的变形动画？

答：使用 Ctrl+B 组合键把动画的头和尾两帧内容打散。因为元件不能做变形动画，只能做动作动画。

9. 如何把动画输出为图像或其他的动画格式？

答：选择"文件"→"导出"选项，在其子菜单中选择图像或影片，在打开的"导出图像"或"导出影片"对话框中选择需要的保存类型。Animator CC 2018 支持 GIF、PNG、JPEG 等图像文件格式及 MOV、AVI 等影片文件格式。而且，可以将动画输出为一帧帧的图片。

10. 如何使声音无限循环？

答：在"属性"面板中的"重复"文本框中输入足够大的数值即可。

11. 如何使 Animator CC 2018 的影片和声音同步？

答：在声音"属性"面板中设置同步方式为数据流。

12. 图形元件、按钮元件、影片剪辑元件有何不同？

答：图形元件是指可以重复使用的静态图像，或连接到主影片时间轴上的可重复播放的动画片段。图形元件与影片的时间轴同步运行。影片剪辑元件可以理解为电影中的一小段视频，可以完全独立于主场景时间轴并且可以重复播放。按钮元件实际上是一个只有 4 帧的影片剪辑，但它的时间轴不能播放，只是根据鼠标指针的动作做出简单的响应，并转到相应的帧。通过给舞台上的按钮实例添加动作语句可实现 Animator CC 2018 影片强大的交互性。

三者的主要差别有以下几点。

（1）影片剪辑元件和按钮元件的实例上都可以加入代码，图形元件则不能。

（2）影片剪辑元件和按钮元件中都可以加入声音，图形元件则不能。

（3）影片剪辑元件的播放不受场景时间线长度的制约，它有元件自身的时间线；按钮元件独特的 4 帧时间线并不自动播放，而只是响应鼠标事件；图形元件的播放完全受制于场景时间线。

（4）影片剪辑元件在场景中按 Enter 键测试时看不到实际播放效果，只能在各自的编辑环境中观看效果，而图形元件在场景中即可实时观看，可以实现所见即所得的效果。

（5）影片剪辑中可以嵌套另一个影片剪辑，图形元件中也可以嵌套另一个图形元件，但是按钮元件中不能嵌套另一个按钮元件；3 种元件可以相互嵌套。

4.6.2 知识拓展

Animator CC 2018 的应用已涉及多媒体娱乐、教育、工业界面设计等多个领域，在网络上的应用最为广泛。Animator CC 2018 技术的典型应用有如下几种。

1. 动漫

将动画与漫画艺术结合，借助于 Animator 软件技术实现的动漫作品，是当前广大 Animator 软件爱好者十分感兴趣的一个领域，发展潜力很大。影响比较大的有雪村的动画作品、小小的动画作品、老蒋的动画作品等。如图 4-78 所示是老蒋的动画作品"笛莎娃娃——妈妈的生日"中的一个画面。

也有一些专业公司将 Animator 软件制作成精美的连续剧。

图 4-78 "笛莎娃娃——妈妈的生日"中的一个画面

2. MTV

将歌曲演绎为 Animator 软件动画作品，形成音乐电视，这是我们常说的 Animator 软件 MTV。这类作品重在歌词、音乐、画面三者的结合。在画面意境和故事情节的创作上，有写实、卡通、Q 版等不同风格。如图 4-79 所示是"感恩的心"MTV 的首页和某一内页。

图 4-79 "感恩的心"MTV 的首页和某一内页

3. 游戏

借助 Animator 软件的 ActionScript 可以实现交互游戏。利用 Animator 软件开发"迷你"小游戏，在国外一些大公司比较流行。他们把网络广告和网络游戏结合起来，让受众参与其中，大大增强广告效果。例如网络上有影响的三国游戏，如图 4-80 所示。

4. 商业广告

根据调查资料显示，国外的很多企业愿意采用 Animator 软件制作广告，因为它既可以在网络上发布，同时也可以存成

图 4-80 三国游戏

视频格式在传统的电视台播放。一次制作，多平台发布，所以已得到部分企业的青睐。例如 2019 年的蒙牛牛奶网络广告如图 4-81 所示。

图 4-81 蒙牛牛奶网络广告

5. 网站

Animator 软件在传统网站中的应用最初是作为一种动画元素出现的，用于制作网站片头、网站广告等内容。随着 Animator 软件的多媒体集成功能、ActionScript 脚本编写功能的不断完善，以及对 HTML/XML 等网页制作语言及数据库的支持，以 Animator 技术为主的

网站甚至全 Animator 软件网站逐渐兴起。这类网站重在突出网站的视觉动态效果，因此主要是一些个人网站或专题网站。如图 4-82 所示是某个人网站首页。

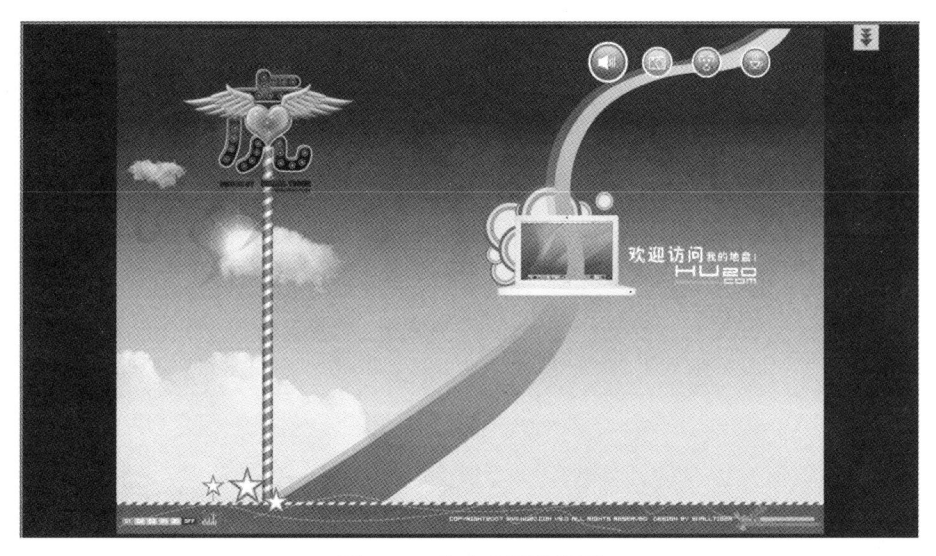

图 4-82　某个人网站首页

6. 教学课件

Animator 软件也可作为多媒体课件制作工具，其制作多媒体课件的优势在于：支持流媒体技术且生成的文件较小，方便网络发布和共享资源；利用丰富的多媒体集成功能，尤其是动画制作功能可以提高课件的生动性；利用强大的动作脚本可以提高课件的交互性。Animator 软件在课件中的应用比较典型的有网上虚拟实验、课堂教学动态演示片段等。如图 4-83 所示是电学虚拟实验课件。

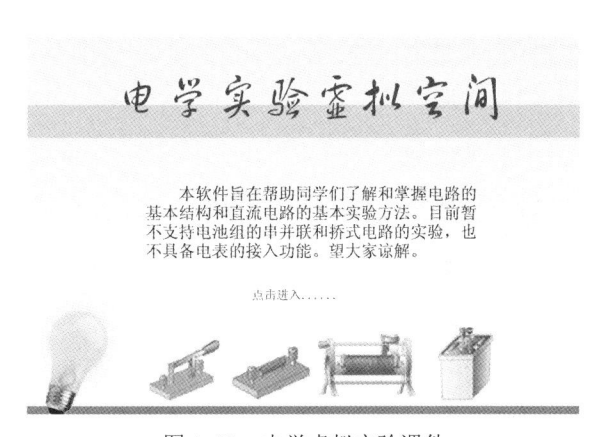

图 4-83　电学虚拟实验课件

4.6.3　技术提升

Animator CC 2018 制作的网络广告短小精悍，文字和动画内容都比较少，力求通过短时间的动画来吸引浏览者的注意。在 Animator CC 2018 网络广告中，经常会添加一个占据整个动画幅面的隐形按钮，用户任何时候单击动画都能方便地跳转到网站上。

创建隐形按钮的方法如下。

选择"插入"→"新建元件"选项，在打开的对话框中创建一个任意名称的按钮元件，完成后单击"确定"按钮进入按钮元件编辑界面。选中"点击"帧，按 F6 键插入关键帧，选择工具箱中的"矩形工具"，填充颜色可以任意设置，然后在绘图区绘制一个矩形，完成后的效果如图 4-84 所示。

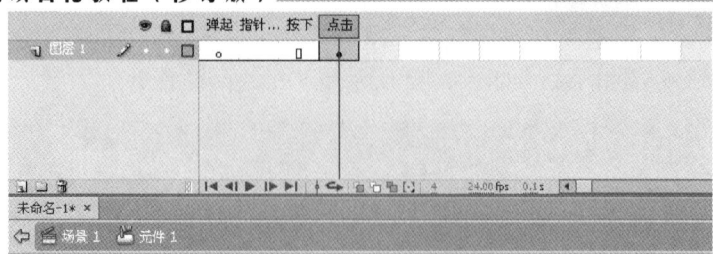

图 4-84　创建隐形按钮

将制作好的隐形按钮拖动到舞台中，可以看到，无论制作的隐形按钮是什么颜色，在舞台中显示时都是蓝色的。并且隐形按钮只在制作时显示，在输出为影片后，隐形按钮是不显示的。在实际制作网络广告的案例中，经常使用隐形按钮来链接网络广告的网址。

4.7　拓展训练

1．改进训练

1）训练内容

为"中秋网络广告"增加隐形按钮，使在任何时候单击动画都能链接到月饼销售公司的网站上。

2）训练要求

（1）使用隐形按钮的方式添加网站链接。

（2）任何时候单击动画，都能实现跳转。

3）重点提示

（1）创建与文档大小一致的隐形按钮并覆盖在动画上方。

（2）编写隐形按钮的链接代码。

2．创新训练

1）训练内容

运用 Animator CC 2018 制作音乐故事 MTV。

2）训练要求

（1）选择一首熟悉的歌曲，下载歌词与音乐，制作 Animator CC 2018 音乐 MTV。

（2）文本要求：根据主题要求，选择适合主题风格的外部字体。除字幕外，根据歌曲风格编写一个简单的故事，将故事文本插入画面适当的位置。

（3）动画要求：借助图形图像处理工具处理及绘制相应的图形或图像，要求画面美观、播放流畅。

（4）合成要求：音乐、字幕与动画内容保持同步。

（5）基本结构要求：包括片头动画、MTV 主体动画、片尾动画，其中片头、片尾部分包括制作信息、播放控制信息等。

3）重点提示

合理设计音乐故事 MTV 的色彩与风格，使其各模块的风格统一。

项目小结

本项目以策划、设计并制作一个"中秋月饼广告"Animator CC 2018 动画作品的学习任务为中心，详细介绍项目完成的过程。本项目旨在训练学生运用 Animator CC 2018 软件绘制矢量图形、制作二维交互动画，以及与声音、文本进行合成、形成广告动画作品的能力；运用动画制作的基本方法与技巧进行动画作品创作的能力；与人良好沟通、合作完成学习任务的能力。围绕项目的完成，本项目在项目分析的基础上提供了完成该项目需要的相关知识、详细的项目设计与制作过程、项目评价指标与方法、说明文档等，最后从问题探究、知识拓展、技术提升 3 个方面对项目进行了总结。在完成此项目示范训练的基础上，增加了改进型训练、创新型训练，以逐步提高学习者运用二维动画技术的综合职业能力。

练习题 4

扫一扫看练习题参考答案与解析

1. 理论知识题

（1）Animator CC 2018 软件中动画的基本单位是（　　）。

A．矢量图形　　　　B．图像　　　　C．帧　　　　D．秒

（2）下列不是 Animator CC 2018 元件的是（　　）。

A．图形　　　　B．按钮　　　　C．影片剪辑　　　　D．动画

（3）将 Animator CC 2018 元件转换为图形的快捷键是（　　）。

A．F8　　　　B．Ctrl+B　　　　C．Enter　　　　D．Ctrl+Enter

（4）将 Animator CC 2018 图形转换为元件的快捷键是（　　）。

A．F8　　　　B．Ctrl+B　　　　C．Enter　　　　D．Ctrl+Enter

（5）下列关于逐帧动画和传统补间动画的说法中，正确的是（　　）。

A．两种动画模式 Animator CC 2018 都必须记录完整的各帧信息

B．前者必须记录各帧的完整记录，而后者不用

C．前者不必记录各帧的完整记录，而后者必须记录完整的各帧记录

D．以上说法均不对

（6）下列关于使用元件的优点的叙述中，不正确的是（　　）。

A．使用元件可以使动画的编辑更加简单

B．使用元件可以使发布文件的大小显著地缩减

C．使用元件可以使动画的播放速度加快

D．使用元件可以使动画更加漂亮

（7）下列各种关于图形元件的叙述中，正确的是（　　）。

A．图形元件可以重复使用　　　　　B．图形元件不可以重复使用

C．可以在图形元件中使用声音　　　D．可以在图形元件中使用交互式控件

（8）动画是利用了人眼的（　　）特性形成的。

A．色彩感应　　　B．视觉暂留　　　C．视觉空间　　　D．视觉转移

（9）在 Animator CC 2018 中，帧频率表示（　　）。

A．每秒显示的帧数　　　　　　　　B．每帧显示的秒数

C．每分钟显示的帧数　　　　　　　D．动画的总时长

（10）下列关于矢量图形和位图图像的说法中，正确的是（　　）。

A．位图图像通过图形的轮廓及内部区域的形状和颜色信息来描述图形对象

B．矢量图形比位图图像优越

C．矢量图形适合表达具有丰富细节的内容

D．矢量图形具有放大仍然保持清晰的特性

2．技能操作题

（1）运用引导动画制作一个小球被平抛后的轨迹动画，画面尺寸为 550 像素×440 像素。

（2）运用遮罩动画制作屏保动画，图像素材自选，画面尺寸为 550 像素×440 像素。

（3）运用逐帧动画制作打字效果，画面尺寸为 550 像素×440 像素。

3．资源建设题

（1）每位同学上网搜索 3 个自己认为值得推荐的 Animator CC 2018 动画制作学习的网站，分别附一份推荐说明，包括网址、网站简介、网站特色，不超过 300 字，上传到资源网站互动平台上交流。

（2）上网搜索自己喜欢的 GIF 动画和 Animator CC 2018 动画，保存到自己的文件夹中，并注明下载的网址。教师注意提醒学生掌握 Animator CC 2018 动画的下载方法。

4．综合训练题

运用所学的 Animator CC 2018 动画制作技术为本学校制作一个招生宣传广告，尺寸自定。要求片头处有"播放"和"停止"按钮。同时，为广告的制作撰写一个不少于 300 字的制作说明，内容包括制作步骤、创意等。

项目 5

视频技术应用
——"星碧集团宣传片"设计与制作

知识目标

扫一扫下载视频技术应用教学课件

扫一扫下载星碧集团宣传片素材与成品

（1）熟悉数字视频的基本概念。
（2）掌握运用 Premiere 软件进行视频剪辑、字幕制作、声音导入、滤镜与转场效果添加、发布的方法。
（3）掌握企业宣传 DV 创作的基本过程。
（4）掌握运用 Premiere 软件制作短片后的不同视频格式的保存方法，以及在不同媒体平台发布的方法。

技能目标

（1）能策划、设计电视短片、撰写脚本、设计场景、拍摄制作，完成一部主题明确、题材新颖的影视作品。
（2）能正确使用视音频捕捉设备采集视频、音频，存储到计算机中以便后期编辑和回放。
（3）能运用 Premiere 软件编辑视频、制作特技效果和字幕，为视频加入合适的配乐，合成、发布主题视频作品。
（4）掌握 Premiere 软件的常用操作方法。

5.1 项目提出

随着计算机技术的发展，视频制作设备已经不再是电视台所独有，已经进入寻常百姓的家。多媒体制作技术也越来越被人们所熟悉，有一台 DV 摄像机或智能手机、一台计算机，就可以把你身边发生的故事记录下来，经过一定的加工成为一部视频作品。

本项目以校企合作单位星碧集团宣传片的策划、拍摄、制作为契机，培养学习者撰写文稿、构思场景、拍摄素材、采集视音频的能力，同时使其掌握使用 Premiere 软件编辑处理视频的方法。本项目的重点是学习运用 Premiere Pro CC 2018 进行视频剪辑、特效制作、字幕制作与声音合成等技术，其他版本的同类软件的操作方法与此相近。学习任务书如表 5-1 所示。

表 5-1 学习任务书

"星碧集团宣传片"设计与制作学习任务书
1．学习的主要内容及目标 本项目的学习任务是小组合作完成一部浙江星碧集团的企业形象宣传片。要求学习者从撰写文稿开始（可以由企业方提供帮助），根据文稿所要表达的内容进行场景策划、拍摄、素材采集、配音及发布等，完成浙江星碧集团的企业形象宣传片的创作；能运用 Premiere Pro CC 2018 软件进行视频剪辑、字幕与音频制作、声音录制与合成等；掌握 Premiere Pro CC 2018 软件编辑操作的基本方法与技巧；能与人良好沟通，合作完成学习任务。 **2．设计与制作基本要求** 1）总体要求 制作的宣传片主题突出，内容健康，具有良好视听觉效果。设计方案不得侵犯他人任何知识产权或专有权利，如出现权属问题，作品按不及格处理。 2）内容要求 内容包含片头、主题视频、字幕、配音等基本要素。 3）技术要求 根据主题要求进行拍摄，运用 GoldWave 等软件进行录音与编辑，运用 Premiere Pro CC 2018 编辑视频并添加图、文、声等特效，与视频进行合成，最终发布。 **3．上交要求** 作品存放在以学号和姓名命名的一个文件夹中，如"01 张三"。该文件夹中包含以下内容。 （1）原始素材文件夹：存放制作过程中使用的原始素材，如声音等。 （2）Prproj 文件。 （3）MP4 文件。 （4）设计说明文档：说明设计构思、创意和制作技术，800 字以内；撰写作品制作的详细步骤；命名为"说明文档.doc"。 **4．推荐的主要参考资料** （1）朱琦．Premiere Pro CC 2018 视频编辑基础教程[M]．北京：清华大学出版社，2018. （2）许洁．Premiere Pro CC 2018 从新手到高手[M]．北京：清华大学出版社，2018.

5.2 项目分析

拍摄制作企业宣传片的全过程是指从明确宣传主题、文稿撰写、场景设计、场景拍摄的策划拍摄开始，到后期的影视剪辑、配音、背景音乐制作，视频特技和添加字幕等制作成为一部宣传短片，最后根据发布要求生成一定格式的视频文件，或上传到企业网站的整个过程。宣传短片创作的基本过程如图 5-1 所示。

明确宣传主题 → 文稿撰写 → 场景设计 → 场景拍摄 → 后期制作 → 短片测试 → 发行发布

图 5-1 宣传短片创作的基本过程

本项目是一项系统工程，需要一个小团队来完成，一般是 3 人小组，一人负责与企业的联系、文稿撰写、资料收集、场景设计策划及作品的发布等工作；两人负责拍摄、补镜头、配音、背景音乐和后期的音视频制作等工作。

在实际创作过程中，可以根据小组成员的特长，省略或添加一些过程。

由于项目的接受者是一般 IT 类学生，对文稿的撰写、场景的策划、场景的拍摄知识掌握不多，为此文稿的撰写、场景的策划、场景的拍摄、相关图片资料的收集等可以在教师和企业人员的帮助下共同完成。学生参与的重点是视频的后期制作和发布任务，重点掌握 Premiere Pro CC 2018 的操作方法和技巧，为此本项目的重点放在如何使用 Premiere Pro CC 2018 制作企业宣传短片上。

5.3 相关知识

5.3.1 Premiere Pro CC 2018 的工作界面

Premiere Pro CC 2018 的工作界面主要由标题栏、菜单栏、素材源监视器面板、节目监视器面板、时间轴面板、项目面板、媒体浏览器面板、信息面板、效果面板等组成，如图 5-2 所示。

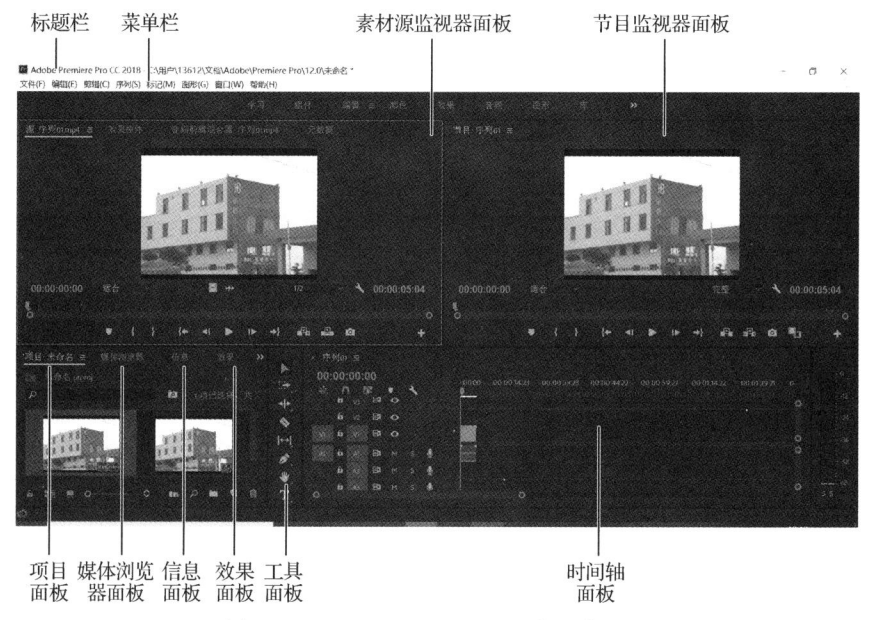

图 5-2 Premiere Pro CC 2018 的工作界面

1) 标题栏

标题栏位于窗口最上方，左侧显示文档路径等信息，右侧显示窗口最小化、最大化、关闭等按钮。

2) 菜单栏

菜单栏位于标题栏下方，主要包括文件、编辑、剪辑、序列、标记、图形、窗口、帮助 8 个子菜单，集中了 Premiere Pro CC 2018 中的主要命令。

3) 素材源监视器面板

素材源监视器面板位于菜单栏下方、屏幕左侧，用于裁剪和预览原始素材。在素材源监视器面板中可以设置素材的入点、出点，改变静止图像的持续时间、设立标记等。

4) 节目监视器面板

节目监视器面板位于素材源监视器面板的右侧，用于预览时间轴窗口中编辑的素材，也是最终输出视频效果的预览窗口。在节目监视器面板中可以设置素材的入点、出点，改变静止图像的持续时间、设立标记等。

5) 项目面板

项目面板是一个素材文件的管理器，进行编辑操作之前，要先将需要的素材导入其中，文件的详细信息就会显示在项目面板中。编辑影片所用的全部素材应事先存放在项目面板中，然后被调出使用。

注意：将素材导入项目面板中后，并没有将素材真正添加到这里，只是建立一个指针，一旦源素材被删除，在相应项目面板中也就无法正常显示。

6) 时间轴面板

时间轴面板位于窗口右下方，面板上方的时间显示区承担指示时间的任务，包括时间码、时间指示器和时间标尺。左侧时间码显示的是时间指示器所处的位置，单击时间码可以输入时间，使时间指示器自动停止到指定的时间位置，也可以单击时间指示器并水平拖动鼠标来改变时间。左侧时间码下方是轨道，轨道用于放置和编辑视频、音频素材，轨道区上半部分是 3 条视频轨，下半部分是 3 条音频轨。轨道可以添加或删除，还可以进行任意锁定、隐藏、扩展或收缩。

7) 工具面板

工具面板提供了编辑影片的常用工具，包括剃刀工具、选对象工具等。

8) 媒体浏览器面板

媒体浏览器面板用于浏览收藏夹、本地驱动器、网络驱动器等地存放的媒体资源。

9) 信息面板

信息面板中集中反映了当前窗口选中素材的相关信息，包括素材名称、类型、大小等信息。

10) 效果面板

效果面板提供了 Premiere 自带的各种视频、音频特效和过渡效果，可以方便地为时间线窗口中的各种素材片段添加特效。

11）历史记录面板

单击效果面板右侧的收缩按钮 ，可以看到历史记录面板。历史记录面板用于记录剪辑人员的每一步操作。在历史记录面板中单击要返回的操作，剪辑人员可以随时恢复到若干步前的操作。

5.3.2 Premiere 专业术语

1. 镜头

拍摄的视频素材从起拍到停止为一个镜头，一般有全景、中景、近景、特写、推、拉、摇、运动等镜头。

2. 帧

帧是视频的基本单位。每帧就是视频的一幅静止的画面。

3. 帧速率

帧速率也是描述视频信号的一个重要概念，对每秒扫描多少帧有一定的要求，这就是帧速率。对于 PAL（Phase Alternation Line）制式电视系统，帧速率为 25 帧/秒，而对于 NTSC（National Television System Committee）制式电视系统，帧速率为 30 帧/秒。虽然这些帧速率足以提供平滑的运动，但它们还没有高到足以使视频显示避免闪烁的程度。根据实验，人的眼睛可觉察到以低于 1/50 秒的速度刷新图像中的闪烁。然而，要使帧速率提高到这种程度，就需要显著增加系统的频带宽度，这是相当困难的。为了避免这样的情况，全部电视系统都采用了隔行扫描方法。

4. 剪辑

一部电影的原始素材，可以是一段电影、一幅静止的图像或一个声音文件。在 Premiere 软件中，一个剪辑就是一个指向硬盘文件的指针。

5. 时:分:秒:帧

以 Hours:Minutes:Seconds:Frames 描述剪辑持续时间的 SMPTE（Society of Motion Picture and Television Engineers，电影与电视工程师协会）时间代码标准。若时基设定为每秒 30 帧，则持续时间为 0:00:06:51:15 的剪辑表示它将播放 6 分 51.5 秒。

5.3.3 Premiere 常用快捷键

Premiere 常用快捷键如表 5-2 所示。

表 5-2 Premiere 常用快捷键

快捷键	功能含义	快捷键	功能含义
F5	捕捉	Shift+T	修剪编辑
F6	批量捕捉	Ctrl+Shift+D	应用音频过渡
Ctrl+G	编组	Ctrl+D	应用视频切换效果
Enter	渲染工作区域的效果	Ctrl+K	添加编辑
Ctrl+E	编辑原始素材	Shift+P	设置标志帧
Ctrl+I	导入素材	Ctrl+Shift+P	清除标志帧

5.4 项目实现

5.4.1 总体设计

视频主题作品的设计主要包括作品的结构、内容、风格等设计。本项目主要运用视频拍摄设备、GoldWave 与 Premiere Pro CC 2018 等软件设计与制作"星碧集团"视频作品，主要包括确定主题、撰写文稿、场景策划设计、拍摄镜头、录制解说配音、音视频采集、图片资料导入、插入背景音乐，使用 Premiere Pro CC 2018 软件进行音视频编辑、添加字幕、添加特效、添加背景音乐、合成并发布作品等操作。

1. 结构设计

"星碧集团"宣传片的基本结构主要包括片头、宣传片主体视频、片尾等内容，其中主体视频伴有声音、视频、字幕等内容。片头与片尾主要包括视频、背景音乐、字幕等内容，如图 5-3 所示。

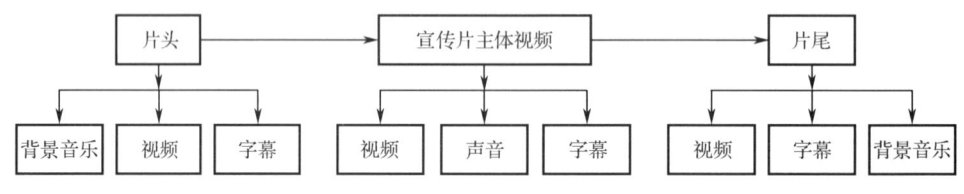

图 5-3 宣传片的基本结构

2. 风格设计

由于此短片用于宣传企业形象，为了体现企业蓬勃发展的生机与愿景，背景音乐选择较明快的曲调，话音语速中等，给听者较干练的感觉。

3. 内容设计

宣传片主要包括以下内容。

1）拍摄的视频素材

拍摄的视频素材在 Premiere 软件中进行剪辑与合成，在本项目中主要是一些 MP4 格式的视频片段，共 38 个片段，文件名分别为序列 01.mp4～序列 38.mp4。

2）配音及背景音乐

配音及背景音乐是 MP3、WAV 等文件格式，在本项目中主要是指根据解说词录制而成的"解说.wav"文件。

3）字幕文件

字幕文件是 PRTL 格式的文件。在本项目中字幕的内容包括片头中的标题、解说文字、片尾中的制作人员等。

其中，解说文稿如下。

星碧照明科技有限公司是星碧集团创建的科技型民营企业，位于浙江中部的浦江经济开发区。星碧照明科技有限公司在 LED 封装节能照明应用和研发、生产领域居国内领先水平，并跻身于国际领先行业。星碧照明科技有限公司先后被评为高新技术企业、浙江百强民营企业、中国光电中心示范企业，并为全世界环保照明产业节能化、市场化快速发展奠定了基础。通过不断研发、不断攻关，该公司掌握了较完整的 LED 核心技术，拥有自主知识产权 70 多项。其中，发现专利 5 项、实用型专利 40 多项，获得欧盟专利 60 多项，8 个系列、6 款产品已通过 CE 认证。该公司年产五万支高效节能 LED 照明灯项目被评为国家火炬计划项目之一，其技术同时被列入国家高技术产业发展技术。2008 年，其被评为十佳节能灯具企业，6 种产品被列入浙江省新产品试制计划，3 种产品被认定为高新技术产品。

LED 照明时代已经来临。作为星碧集团的领导人，董事长王远程先生对公司的未来充满了希望，社会的关注成就了星碧的今天。星碧人仍然走着探索中求生存、创新中求发展的道路。

21 世纪以来，全球气候变化无常，能源危机日益严重。伴随着 LED 的出现及其应用技术的日益成熟，人类又看到了光明的彼岸。星碧集团真诚欢迎各界人士莅临考察指导，我们将与您携手，创造更美好的生活！

5.4.2　运用数字摄像机拍摄视频素材

1. 数字摄像机简介

数字摄像机，也称 DV 机，是一种结合传统摄像机与网络技术所产生的新一代摄像机，它可以将影像通过网络传至地球另一端，且远端的浏览者不需要使用任何专业软件，只要标准的网络浏览器（如 Microsoft IE）即可浏览其影像。网络摄像机内置一个嵌入式芯片，采用嵌入式实时操作系统。将摄像机传送来的视频信号进行数字化后由高效压缩芯片压缩，通过网络总线传送到 Web 服务器。网络上的用户可以直接用浏览器观看 Web 服务器上的摄像机图像，授权用户还可以控制摄像机云台镜头的动作或对系统配置进行操作。数字摄像机如图 5-4 所示。

图 5-4　数字摄像机

2. 拍摄技巧

下面介绍固定镜头和运动镜头的拍摄技巧。

1）固定镜头

固定镜头是在拍摄一个镜头的过程中，摄影机机位、镜头光轴和焦距都固定不变，而被摄对象可以是静态的，也可以是动态的。它的核心点是画面所依附的框架不动。例如，当拍摄开笼放鸽时，使用固定镜头就更能表现鸽子争先恐后地飞出笼的情景。固定镜头的时间不能太长，一般是 7～10 秒。

2）运动镜头

运动镜头是在一个镜头中通过移动摄像机机位，或者改变镜头光轴，或者变化镜头焦距所进行的拍摄。通过这种拍摄方式所拍到的画面，称为运动画面，如由推、拉、摇、移、跟、升降摄像和综合运动摄像形成的推镜头、拉镜头、摇镜头、移镜头、跟镜头、升降镜头和综合运动镜头等。下面重点介绍在拍摄时用得比较多的推镜头、拉镜头、摇镜头、移镜头这几种方式。

（1）推镜头：摄像机向被摄主体方向推进，或者变动镜头焦距使画面框架由远而近向被摄主体不断接近的拍摄方法。使用这种方式拍摄的运动画面，称为推镜头。使用此拍摄方法时，要先用一个广角的、时间不超过 4 秒的固定镜头开始（称为起幅），然后慢慢地改变镜头焦距，由远及近地向被摄主体靠近，最后定在主体上 3 秒（称为落幅）。注意推进时速度要匀称，不能过快或过慢。

推镜头的目的是突出主体人物，突出重点形象，突出细节，突出重要的情节因素。例如，在鸽舍拍摄时，需要突出某一羽鸽子。方法是，先用一个广角固定镜头对整个鸽舍做描述画面，时间一般为 3~4 秒；然后对准主体鸽子，用推镜头改变镜头焦距，用均匀的速度向前推进，直至主体在画面中出现得较清楚；最后要定时 3 秒，关闭拍摄。这样就可以拍摄一个完整的画面，然后转拍其他画面。

（2）拉镜头：摄像机逐渐远离被拍摄主体，或变动镜头焦距使画面框架由近至远与主体拉开距离的拍摄方法。使用这种方法拍摄的电视画面称为拉镜头。拉镜头的拍摄方法及要求正好与推镜头相反，被拍摄物体由近及远，周围环境由小变大。此镜头在片尾使用居多，起到总结性的效果。

（3）摇镜头：当摄像机机位不动，借助于三脚架上的活动底盘或拍摄者自身的人体，变动摄像机光学镜头轴线的拍摄方法。使用摇摄的方式拍摄的电视画面称为摇镜头。一个完整的摇镜头包括起幅、摇动、落幅 3 个相互贯连的部分，在摇的过程中要保持速度的均匀。

使用摇镜头的目的是将几个主体之间联系起来，也便于表现运动主体的动态、动势、运动方向和运动轨迹，另外还有画面转场的效果。在使用此方法时，注意要稳定和均匀，而且幅度不要太大，一般不能超过 180°。

（4）移镜头：将摄像机架在活动物体上随之运动而进行的拍摄方法。使用移动摄像的方法拍摄的电视画面称为移动镜头，简称移镜头。移镜头的作用和表现力有以下几种：①通过摄像机的移动开拓了画面的造型空间，创造出独特的视觉艺术效果。②在表现大场面、大纵深、多景物、多层次的复杂场景时具有气势恢宏的造型效果。③可以表现某种主观倾向，通过有强烈主观色彩的镜头表现出更为自然生动的真实感和现场感。

3. 拍摄过程

针对"星碧集团宣传片"的需要，可以运用数字摄像机从公司现场实地、公司成果与展望等拍摄相关视频片段，将拍出来的片段复制到计算机中，进行浏览和选取。根据效果再进行适当的补拍。

注意：在实际情况中，除拍摄外，有时需要从一些已有的数字视频历史资料中搜集整理出有用的素材。

本项目根据需要，部分视频序列取材于该集团"星碧，让可能成为可以"历史资料片。

5.4.3 运用 Premiere 导入视频素材

扫一扫看导入视频素材微课视频

将搜集、拍摄好的视频素材进行选择、整理后，接下来将运用 Premiere Pro CC 2018 进行视频素材的导入与处理。在本项目中，根据解说内容的需要，通过 Windows Media Player 等播放软件进行播放后选择并整理序列文件，并将序列文件分别命名为序列 01.mp4～序列 38.mp4，以供剪辑、合成使用。

1. 新建项目

具体的操作步骤如下。

（1）打开 Premiere Pro CC 2018 软件。双击 Premiere Pro CC 2018 软件快捷图标，打开如图 5-5 所示的对话框，选择"新建项目"选项。

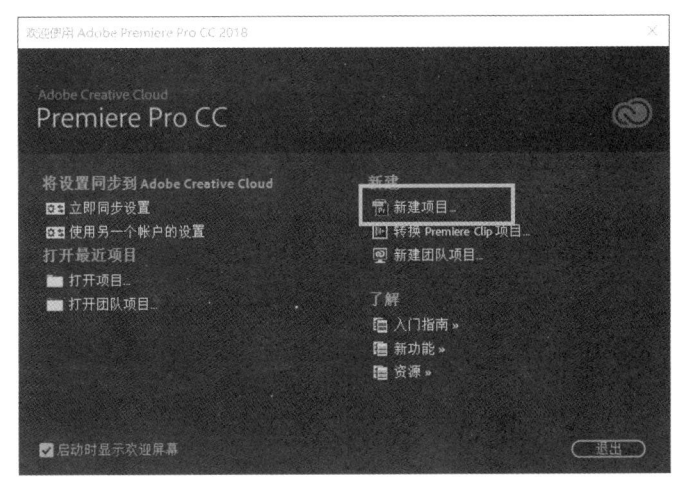

图 5-5　Premiere Pro CC 2018 新建项目窗口

（2）设置保存位置和名称。在打开的如图 5-6 所示的"新建项目"对话框中设置文件的保存位置和名称，然后单击"确定"按钮。

注意：新建项目文件后，会在所保存位置生成"星碧集团宣传片.prproj"的项目文件，还会生成用于保存临时文件的相关文件夹，如图 5-7 所示。

图 5-6　"新建项目"对话框

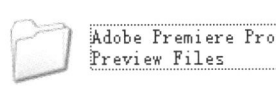

图 5-7　保存临时文件的文件夹

2. 导入视频素材

具体的操作步骤如下。

（1）选择"文件"→"导入"选项，如图 5-8 所示。

（2）导入视频素材。在打开的如图 5-9 所示的"导入"对话框中，选择要导入的视频素材文件或文件夹，然后单击"打开"或"导入文件夹"按钮，将保存在视频素材文件夹中项目所需要的所有视频素材文件导入。导入后可在"项目"面板中看到导入的视频素材。

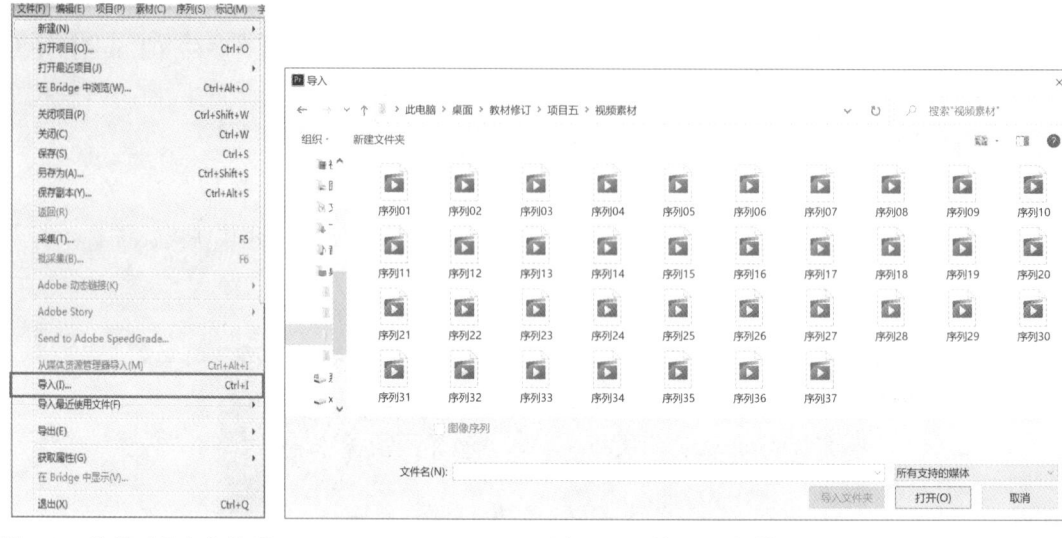

图 5-8　选择"导入"选项　　　　　图 5-9　"导入"对话框

注意：Premiere Pro CC 2018 中可以导入视频文件，也可以单击如图 5-9 所示的"导入文件夹"按钮，导入文件夹中的所有文件。

（3）浏览并选择导入的视频素材。在"项目"面板中双击要浏览的素材文件名，然后可以在"项目"面板和上方的素材源监视器面板中单击"播放"按钮▶浏览视频素材内容。以"序列 02.mp4"为例，如图 5-10 所示为浏览效果。

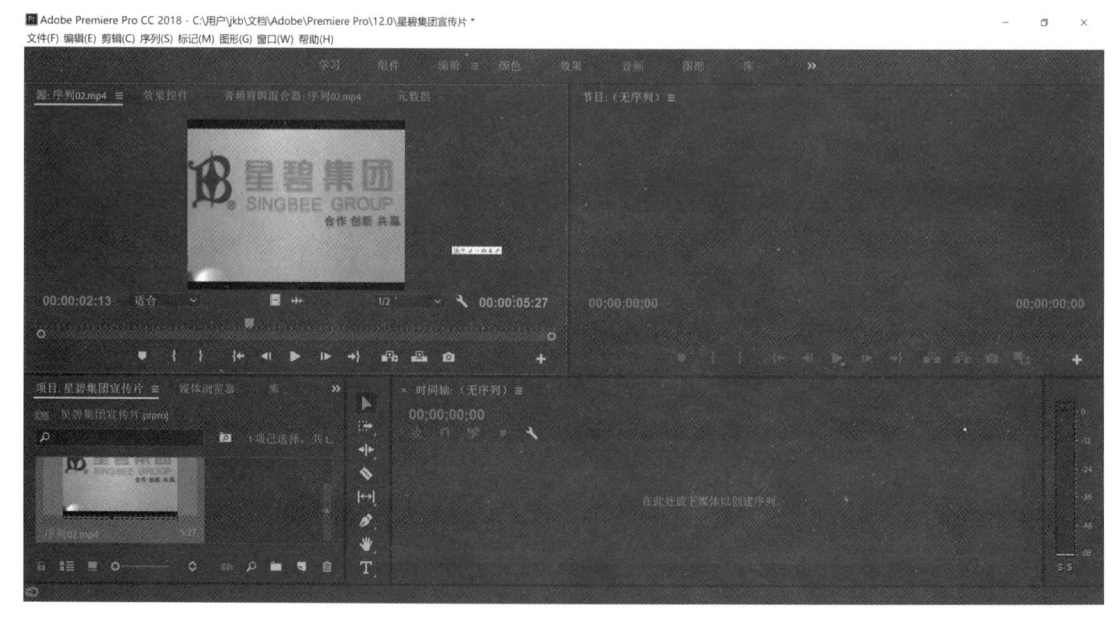

图 5-10　素材面板浏览效果

5.4.4　运用 Premiere 剪辑视频

前面已经完成了项目所需要的视频素材的导入，导入"项目"面板

扫一扫看剪辑视频微课视频

项目 5　视频技术应用

后，接下来可以根据解说的内容，选取所需要的片段，进行适当的剪辑，去除不需要的部分，并根据需要将所选取和剪辑完成的视频序列按时间进行排序。"序列 09.mp4"选自企业历史视频资料，下面以这一序列为例介绍去除"星碧让可能成为可以"部分视频的剪辑操作。具体的操作步骤如下。

（1）视频素材的选择与预览。选择"项目"面板中要剪辑的视频素材"序列 09.mp4"，则素材画面显示在源素材面板中，单击"播放"按钮 ▶ 进行浏览，如图 5-11 所示。

图 5-11　浏览素材

（2）将视频素材拖至"视频 1"视轨的时间线上。选择"项目"面板中的视频素材"序列 09.mp4"，将其拖动至"视频 1"视轨的时间线上，由于此段视频时间较短，所以在视轨上宽度较窄，可以借助窗口右下角"工具"面板中的"缩放"工具 🔍 在本时间线本片段位置单击数次进行放大显示。放大后的效果如图 5-12 所示。

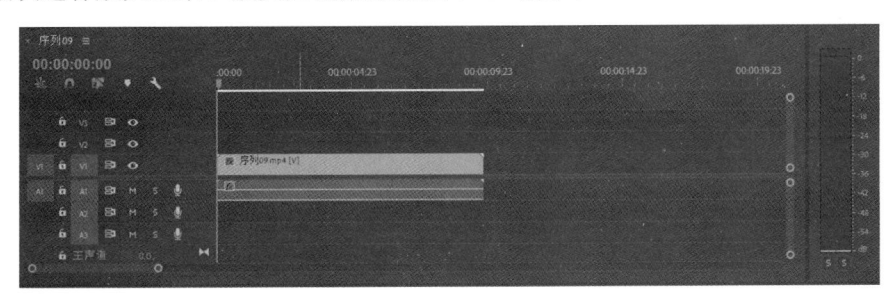

图 5-12　将视频素材拖至视频时间线

（3）对视频素材进行剪辑。在时间线上选择要剪辑的视频片段"序列 09.mp4"，在监视器面板中单击"播放"按钮进行视频播放及监视，播放到接近需要剪辑的部分时，单击 ◀ 或 ▶ 按钮进行逐帧播放，准确定位到要刚出现"星碧让可能成为可以"文字位置时暂停，此时时间线播放头定位于此帧。选择窗口右侧"工具"面板中的剃刀工具 ◆，单击时间轴上要切割的入点，则视频被切割为两段，如图 5-13 所示。播放后一段视频，使用同样的方法，在"星碧让可能成为可以"文字刚消失的那一帧处作为片段切割的出点，使用剃刀工具进行切割，则"序列 09.mp4"又在此处被切割为两段，如图 5-14 所示。选择"工具"面板中的选择工具 ▶，单击视频中需要删除的中间段视频，按 Delete 键进行删除，并拖动前后两段，使其前后紧密相连，如图 5-15 所示。

143

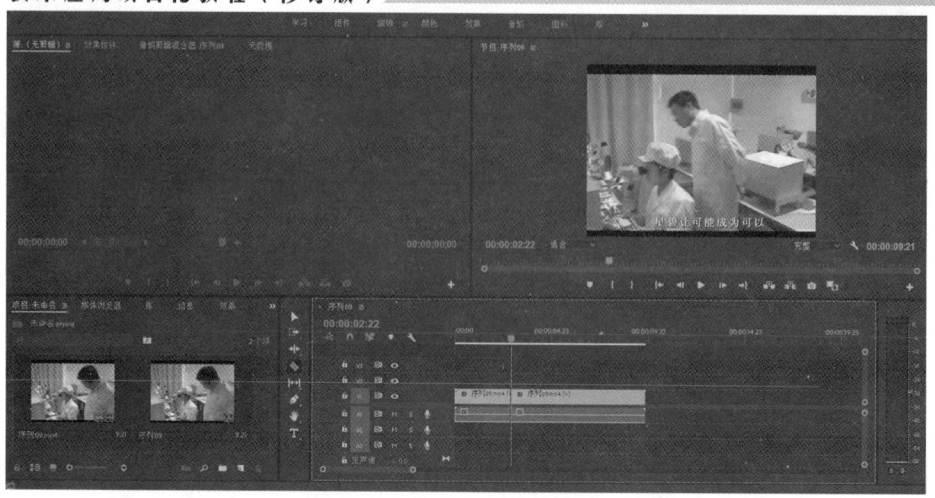

图 5-13 设置视频素材剪辑入点

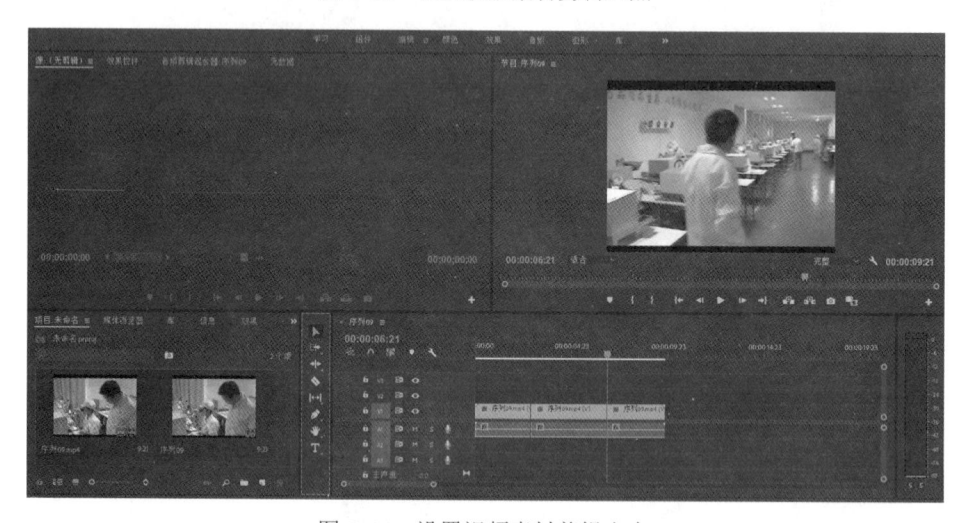

图 5-14 设置视频素材剪辑出点

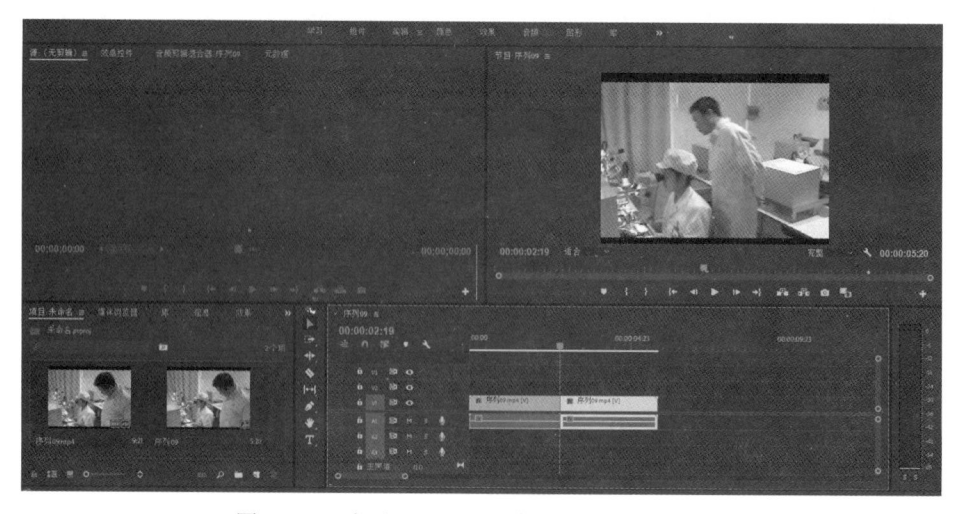

图 5-15 "序列 09.mp4"视频素材剪辑后的片段

小技巧：为了准确定位剪辑的入点与出点，可以通过边缓慢拖动视轨上的播放头边查看节目监视器中的播放情况进行确定。

（4）浏览剪辑后的视频素材。在节目监视器面板上浏览切割后的视频片段，单击"播放"按钮 ▶ 即可浏览视频。

其他视频序列的剪辑方法与上述相似，这里不再赘述。

考虑与解说所表述的内容相吻合，将选取并剪辑完成的视频序列进行按时间顺序排列。本项目中选取了 28 个视频序列，依次选取并在视频 1 轨道排列的视频序列文件从左至右分别为序列 01.mp4～序列 06.mp4、序列 08.mp4、剪辑后的两段序列 09.mp4、序列 10.mp4～序列 14.mp4、序列 20.mp4、序列 23.mp4～序列 27.mp4、序列 29.mp4～序列 32.mp4、序列 34.mp4～序列 37.mp4、序列 33.mp4 共 29 段视频序列，剪辑后的部分视频序列排序如图 5-16 所示。

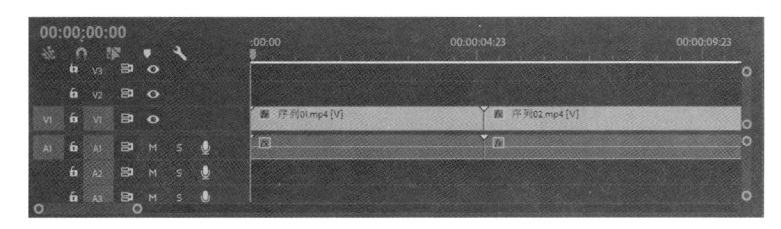

图 5-16　剪辑后的部分视频序列排序

扫一扫看制作视频特效微课视频 1

5.4.5　运用 Premiere 制作视频特效

在电影中，我们经常看到各种视频特效，丰富了视频的动态效果。Premiere Pro CC 2018 是目前主流的非线性编辑软件，可以制作很多特效，主要包括关键帧特效、视频特效和视频切换特效等类型。"效果"面板如图 5-17 所示。由于本项目中的视频片段较多，下面分别选取片头部分的"序列 01.mp4"模糊特效、"序列 03.mp4"光照效果特效及"序列 02.mp4"与"序列 03.mp4"之间的百叶窗切换效果介绍制作方法。

图 5-17　"效果"面板

1. 为片头的部分关键帧添加快速模糊特效

在 Premiere Pro CC 2018 中，可以在使用特效的片段中增加关键帧，也可以移动或删除关键帧，这样就能精确地控制特效的效果。为了给片头的"序列 01.mp4"文件制作由模糊到清晰的渐变过程，此处为片头的 2 个关键帧添加快速模糊特效。具体的操作步骤如下：

（1）选择要添加特效的视频。在视轨中选择要添加特效的视频片段，如图 5-18 所示。

（2）添加模糊特效。在"效果"面板中选择"视频效果"→"Obsolete"→"快速模糊"选项，将快速模糊特效拖动到时间线的视频上，时间线的视频片段"序列 01.mp4"左侧黑色的"fx"变为紫色显示，如图 5-19 所示。

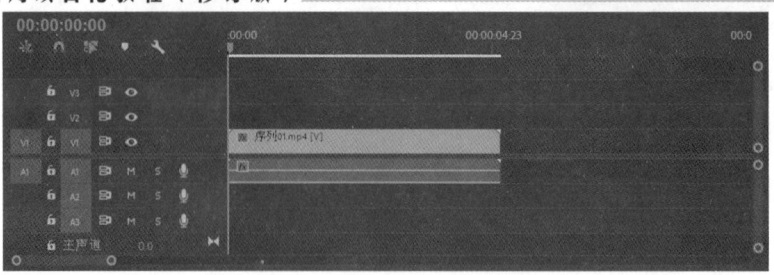

图 5-18 选择要添加特效的视频

图 5-19 添加快速模糊特效

（3）编辑模糊特效。在"效果"面板的视频效果子面板中会自动添加快速模糊特效，如图 5-20 所示。

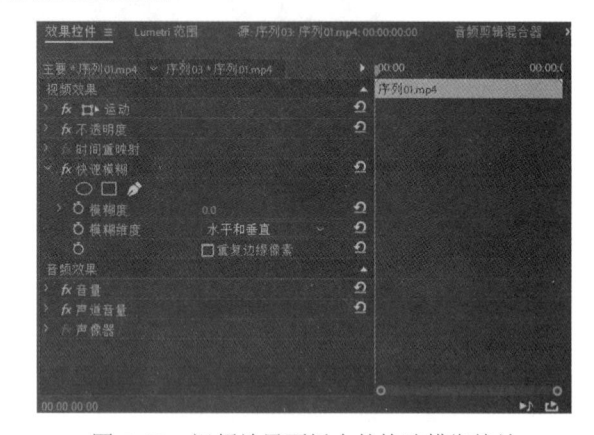

将右侧的播放头定位在视频的第 1 帧。单击"效果控件"面板中的"快速模糊"左侧的三角形，在展开的模糊度命令左侧单击小菱形，即可在右侧上添加一个关键帧。双击"模糊度"右侧的文本框，设置参数为 45.0，如图 5-21 所示。

（4）编辑第 2 个关键帧模糊特效。使用同样的方法，在视频的任意时间点上添加一个关键帧，将模糊度设置为 0.0，如图 5-22 所示，定位在 2 秒的位置。

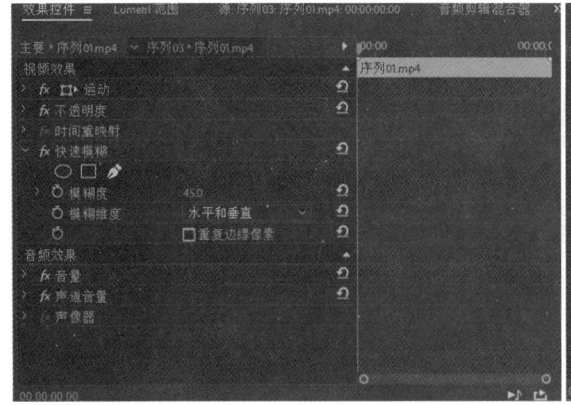

图 5-20 视频效果面板中的快速模糊特效

图 5-21 关键帧调整及模糊效果编辑 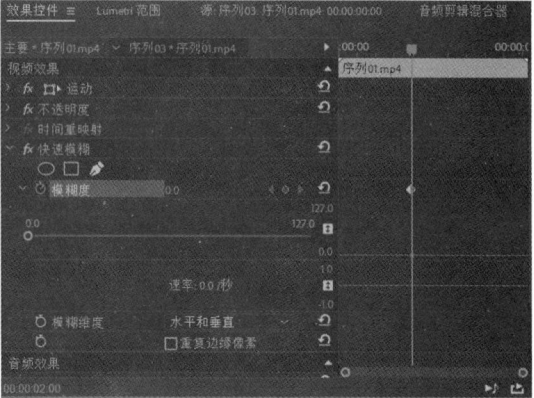　　图 5-22 第 2 个关键帧调整及模糊效果编辑

（5）浏览效果。将播放头定位在片段起始处，在监视器中播放，即可查看整个片头从模糊到清晰的效果，如图 5-23 和图 5-24 所示。

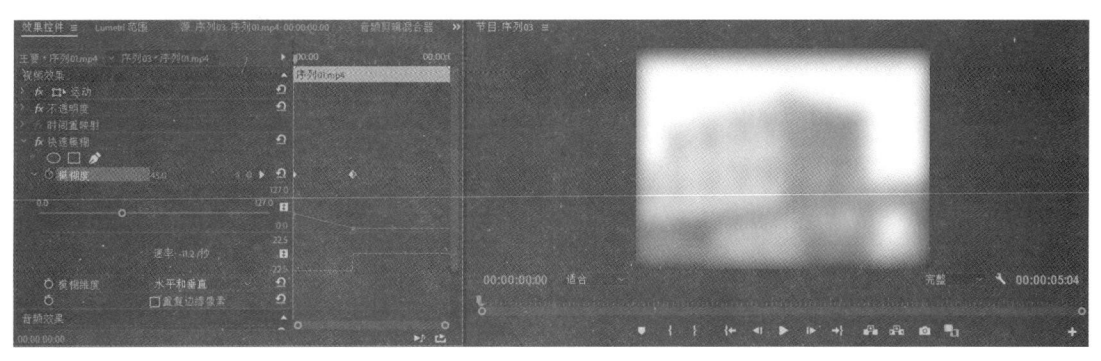

图 5-23　快速模糊效果应用后的模糊片段

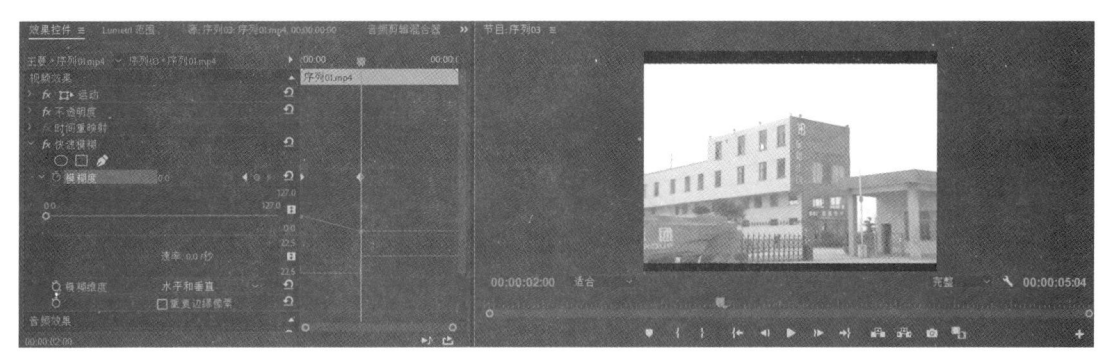

图 5-24　快速模糊效果应用前的清晰片段

2. 为片中视频添加光照效果特效

下面以"序列 03.mp4"视频片段为例介绍添加光照效果的方法，具体的操作步骤如下。

（1）选择要添加光照效果特效的视频。在视轨中选择"序列 03.mp4"，如图 5-25 所示。

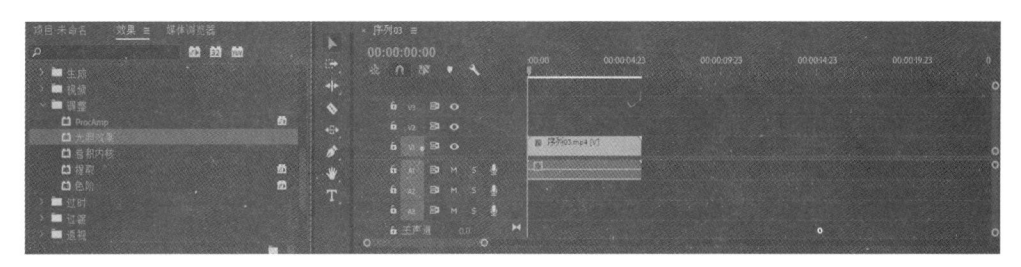

图 5-25　选择要添加效果的视频

（2）添加光照效果特效。在"效果"面板中选择"视频效果"→"调节"→"光照效果"选项，将光照效果特效拖动到时间线的视频上，则视频片段上方出现紫色的横线，如图 5-26 所示。

（3）编辑光照效果特效。通过步骤（2），在"效果控件"面板的"视频效果"面板中会自动添加光照效果特效，如图 5-27 所示。

（4）单击"效果控件"面板中的"光照效果"左侧的三角形，然后单击"光照 1"左侧的三角形，在展开的列表中设置参数，如图 5-28 所示。

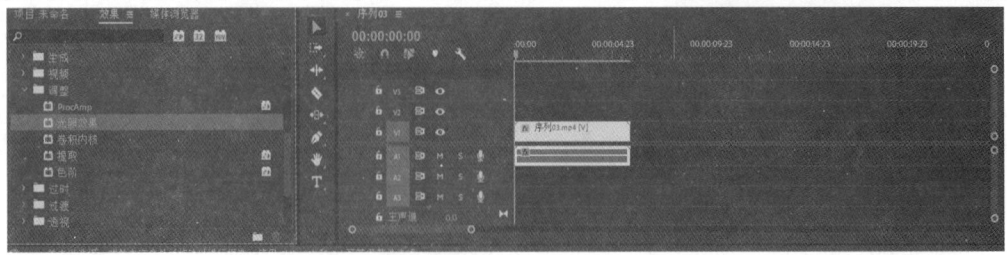

图 5-26　添加光照效果特效

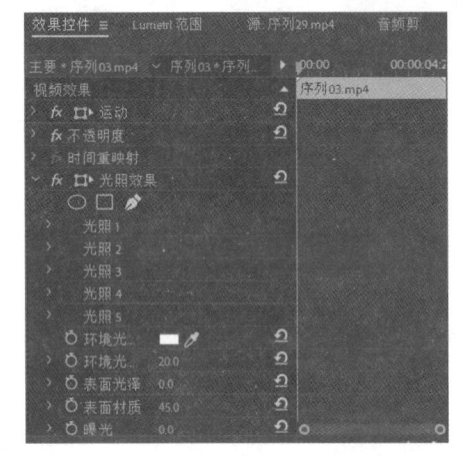

图 5-27　"视频效果"面板中的光照效果　　　　图 5-28　设置视频光照特效

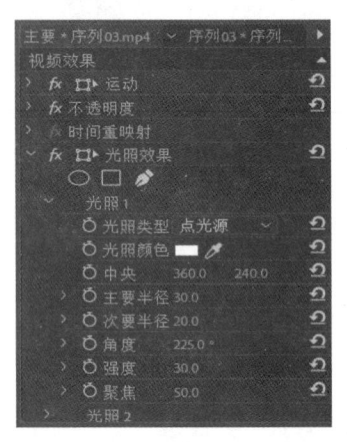

（5）预览效果。在监视器面板中播放视频，即可看到参数设置后整体变亮的画面效果，如图 5-29 和图 5-30 所示为应用光照效果特效前后的对比图。

图 5-29　应用光照效果特效前暗的效果

图 5-30　应用光照效果特效后亮的效果

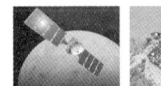

3. 制作百叶窗切换效果

扫一扫看制作视频特效微课视频2

在视频素材编辑中，不同片段间的切换效果起着美化作用。它使视频素材连接更加和谐，过渡更加自然，画面更加美观。如果说编辑是主体，那么转场与特效就是一个很好的装饰，如果缺少则会显得缺乏生机与活力。人们看到的电视节目，普遍使用了切换效果。下面以从"序列 02.mp4"视频片段过渡到"序列 03.mp4"的百叶窗切换效果制作为例，介绍切换效果的制作方法。

具体的操作步骤如下。

（1）导入视频片段。将剪辑好的"序列 02.mp4"视频片段和"序列 03.mp4"视频片段并排放到时间线上，如图 5-31 所示。

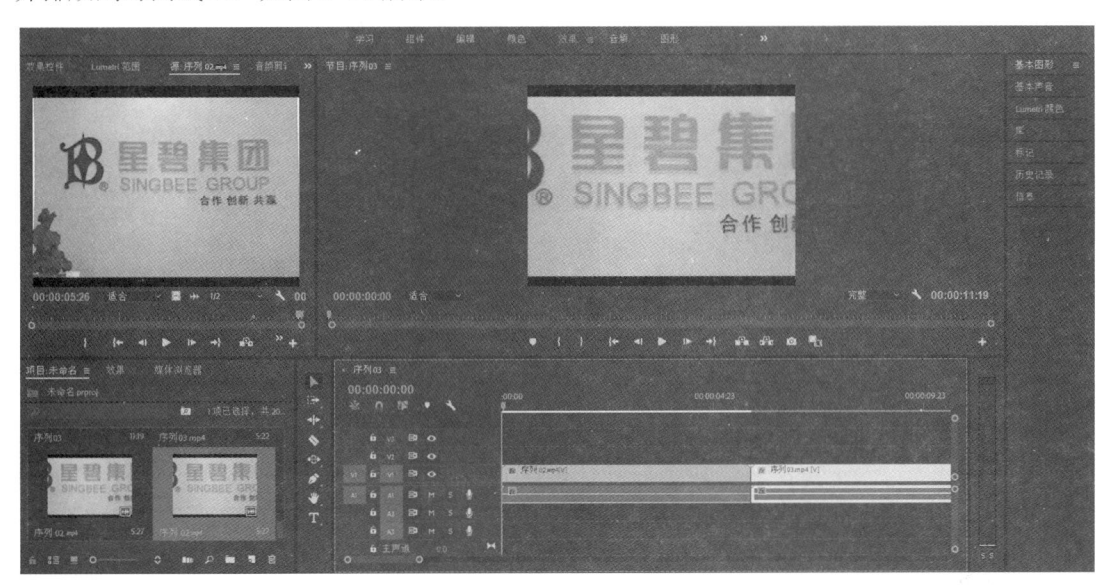

图 5-31 在时间线上添加切换效果前的两段视频

（2）添加百叶窗切换效果。在"效果"面板中选择"视频过渡效果"→"擦除"→"百叶窗"选项，将其拖动到时间线的"序列 03.mp4"起始位置，则在该片段前添加了百叶窗切换效果，如图 5-32 所示。

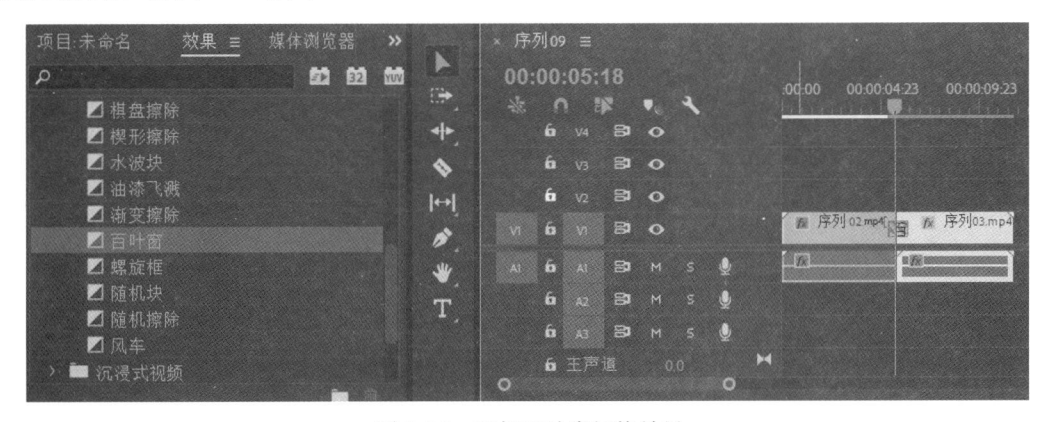

图 5-32 添加百叶窗切换效果

（3）编辑百叶窗切换效果。单击时间线中的百叶窗切换效果文字显示区域，则在"效果控件"面板中显示百叶窗切换效果的可编辑信息，可对持续时间、对齐等进行设置。双击"持续时间"右侧的文本，设置持续时间为 2 秒，如图 5-33 所示。

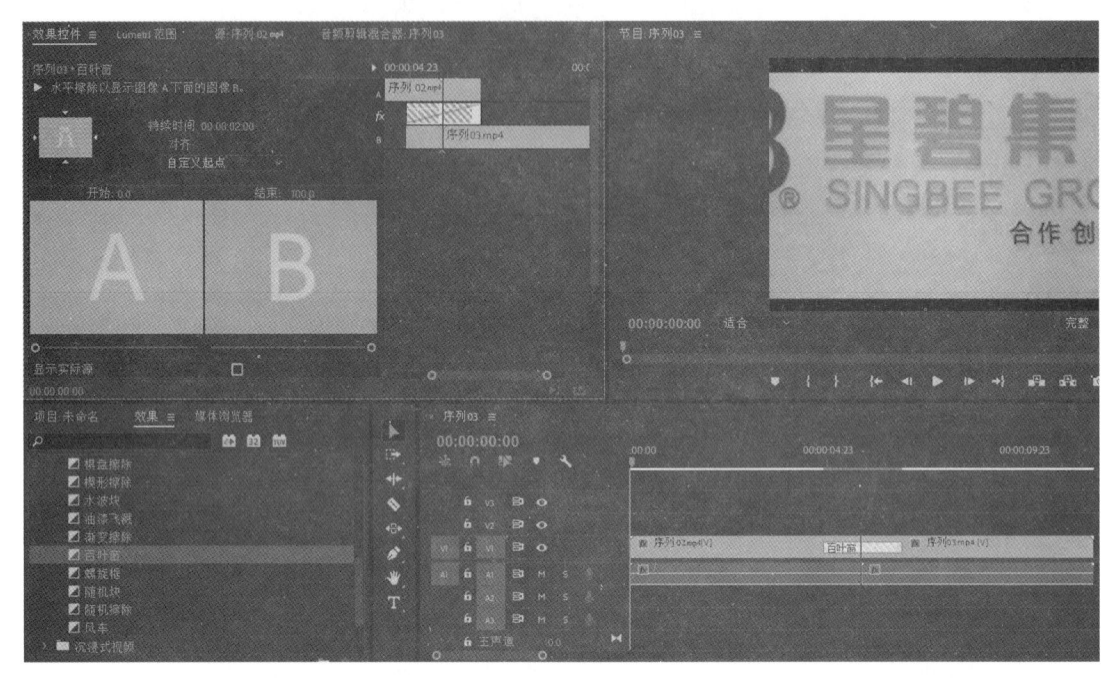

图 5-33 编辑百叶窗切换效果

（4）预览效果。将播放头定位在前一片段的起始处，在监视器面板中播放视频，即可看到百叶窗切换的预览效果，如图 5-34 所示。

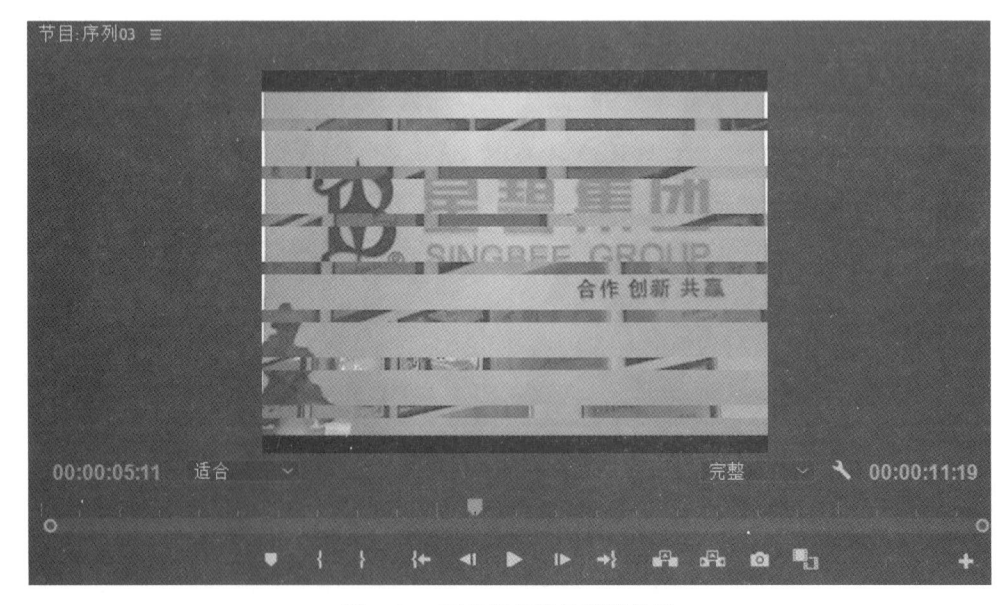

图 5-34 百叶窗切换的预览效果

在本项目中，各视频片段之间的切换效果如表 5-3 所示。

表 5-3 各视频片段间的切换效果

序号	左侧视频片段	右侧视频片段	切换效果
1	序列 01.mp4	序列 02.mp4	渐变擦除
2	序列 02.mp4	序列 03.mp4	百叶窗
3	序列 03.mp4	序列 04.mp4	交接伸展
4	序列 04.mp4	序列 05.mp4	交接伸展
5	序列 05.mp4	序列 06.mp4	Z 形划片
6	序列 06.mp4	序列 08.mp4	涂料飞溅
7	序列 08.mp4	序列 09.mp4	纸风车
8	序列 09.mp4	序列 09.mp4	菱形划像
9	序列 10.mp4	序列 11.mp4	交接伸展
10	序列 11.mp4	序列 12.mp4	百叶窗
11	序列 12.mp4	序列 13.mp4	百叶窗
12	序列 13.mp4	序列 14.mp4	翻转卷页
13	序列 14.mp4	序列 20.mp4	滚离
14	序列 20.mp4	序列 23.mp4	百叶窗
15	序列 23.mp4	序列 24.mp4	插入
16	序列 24.mp4	序列 25.mp4	螺旋盒
17	序列 25.mp4	序列 26.mp4	摆出
18	序列 26.mp4	序列 27.mp4	上折叠
19	序列 27.mp4	序列 29.mp4	卷页
20	序列 29.mp4	序列 30.mp4	立方旋转
21	序列 30.mp4	序列 31.mp4	门
22	序列 32.mp4	序列 34.mp4	中心卷页
23	序列 35.mp4	序列 36.mp4	球状
24	序列 36.mp4	序列 37.mp4	页面滚动

5.4.6 运用录音设备与 GoldWave 录制语音

除视频外，音频是宣传片不可缺少的一部分，视频搭配和谐的音频能起到锦上添花的作用。一般而言，音频分为背景音乐和解说两部分。

背景音乐一般根据专题片的需要进行选择，通过 GoldWave 等软件进行编辑而成。可以根据需要确定是否需要背景音乐。

下面以 GoldWave 软件为例，介绍解说部分的制作过程。在录制之前，先准备好传声器等设备，然后与计算机连接，并将音量调整到合适的大小。具体的操作步骤如下。

（1）打开 GoldWave 软件。GoldWave 主窗口中集成了音频文件制作、编辑、美化、裁剪等功能，在 GoldWave 控制器窗口中有控制播放和播放速度、音量调节、音效平衡和录音的按钮，如图 5-35 所示。

（2）语音录制。单击播放控制器中的 ● 按钮，进行录制。

（3）录音文件保存与效果播放。将文件保存为"解说"，类型为 WAV 格式。单击播放控制器中的 ▶ 按钮进行播放，如 5-36 所示。

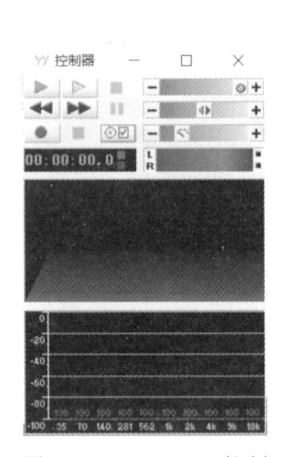

图 5-35　GoldWave 控制器窗口

图 5-36　解说音频文件的播放效果

至此，完成了语音的录制。

5.4.7　运用 Premiere 剪辑音频

扫一扫看剪辑音频微课视频

下面介绍如何将外部的音频文件导入 Premiere Pro CC 2018 中并进行剪辑，使之与前面的视频片段匹配。

在 Premiere Pro CC 2018 中，音频的剪辑方法与视频的剪辑方法类似，也可以通过"效果"面板添加音频特效。但本项目对音频的编辑较简单，主要是将外部的"解说.wav"文件导入，并拖动到"音频 1"轨道中。边在监视器面板中播放，边听音频，使用剃刀工具将解说剪辑为一句句单独的话，并放置于相应的视频片段下方，以便进行下一步的字幕制作。

"解说.wav"音频剪辑完成后与视频片段的合成效果如图 5-37 所示。

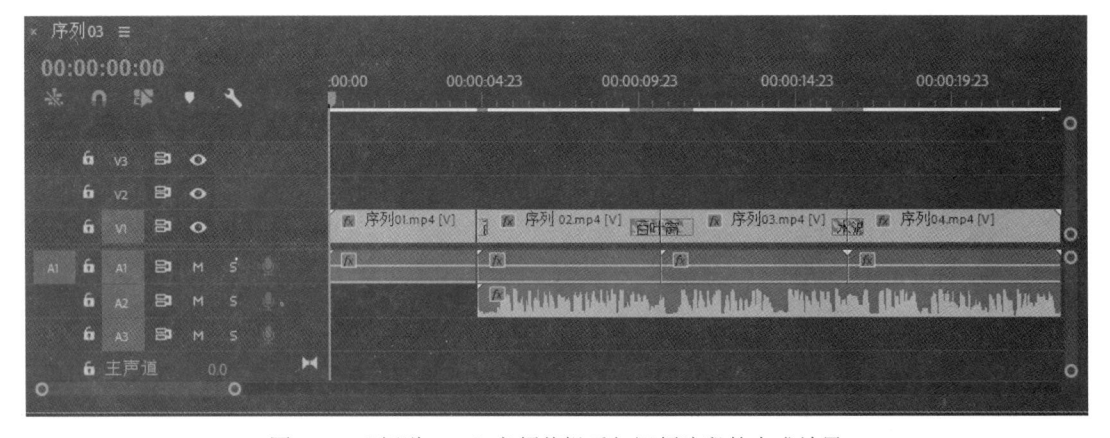

图 5-37　"解说.wav"音频剪辑后与视频片段的合成效果

5.4.8 运用 Premiere 制作字幕

字幕是专题片中不可缺少的一部分，可以用于对视频画面进行说明，也可以在解说的同时显示解说词。由于字幕主要是添加在视频画面中的，所以添加字幕时一般先显示视频，以方便看到视频画面的同时添加字幕。在 Premiere 软件中，有专门添加字幕的工具，添加的字幕类型可以静态字幕，也可以是滚动字幕。

在本项目中，字幕的制作包括片头字幕的制作、片中字幕的制作和片尾字幕的制作。其中，片中字幕的制作主要是根据每句话的音频序列制作时间上同步显示与消失的字幕。

1. 制作片头字幕

具体的操作步骤如下。

（1）定位视频片段。将播放头定位在片头视频"序列 01.mp4"的位置。

（2）新建字幕。选择"文件"→"新建"→"字幕"选项，如图 5-38 所示，在打开的"新建字幕"对话框中输入"片头字幕"字幕名称，如图 5-39 所示，然后单击"确定"按钮。

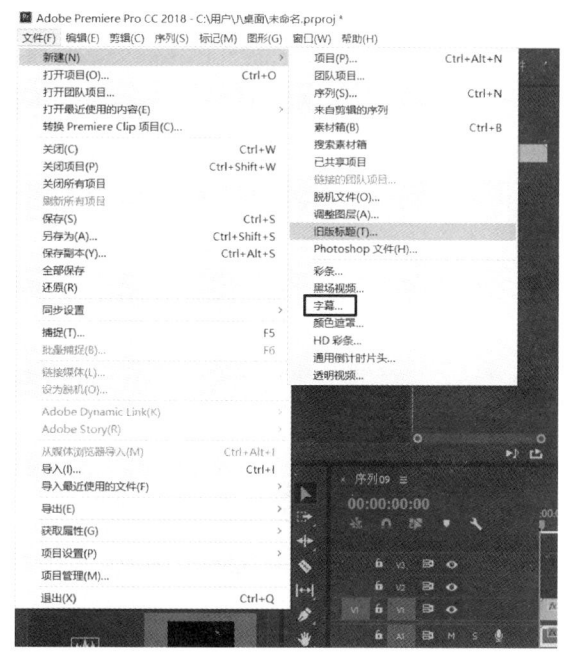

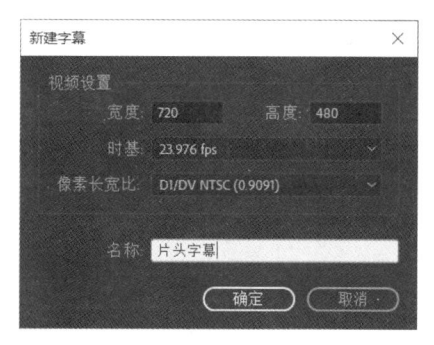

图 5-38　新建字幕　　　　图 5-39　"新建字幕"对话框

（3）输入文字。打开字幕窗口，选择工具栏中的文字工具，在窗口中间区域单击确定输入字幕的初始位置，分两行输入"星碧集团——宣传片"。

（4）设置字幕样式。选择合适的字幕样式和颜色，设置字体为黑体、字体样式为 Regular、字体大小为 54.3、行距为 33.0，字幕效果如图 5-40 所示。然后关闭字幕窗口。

（5）将字幕素材拖入视轨。至此，将在"项目"面板中生成"片头字幕"字幕素材，效果如图 5-41 所示。将此素材拖入"视频 2"轨道中"序列 01.mp4"视频片段的上方。

（6）预览字幕。在监视器面板进行预览并调整字幕的时间长度，效果如图 5-42 所示。

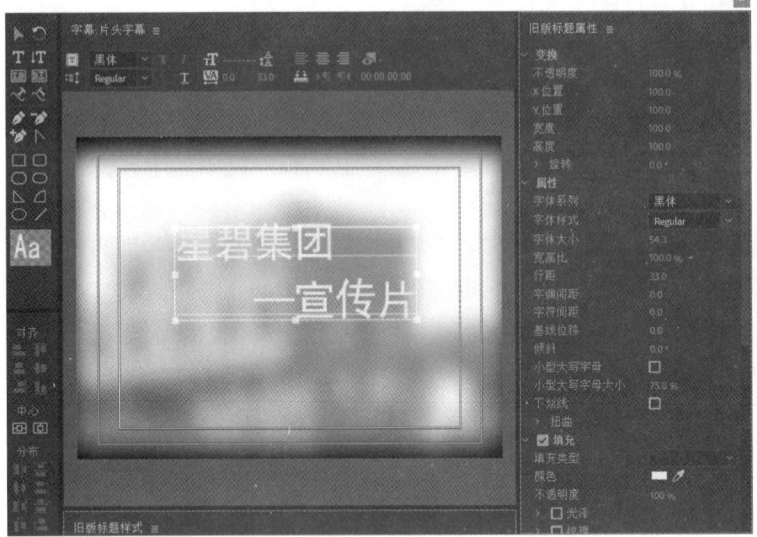

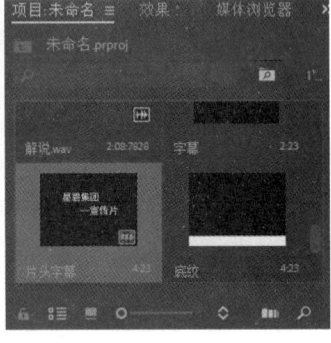

图 5-40　片头字幕效果

图 5-41　"项目"面板中的"片头字幕"素材

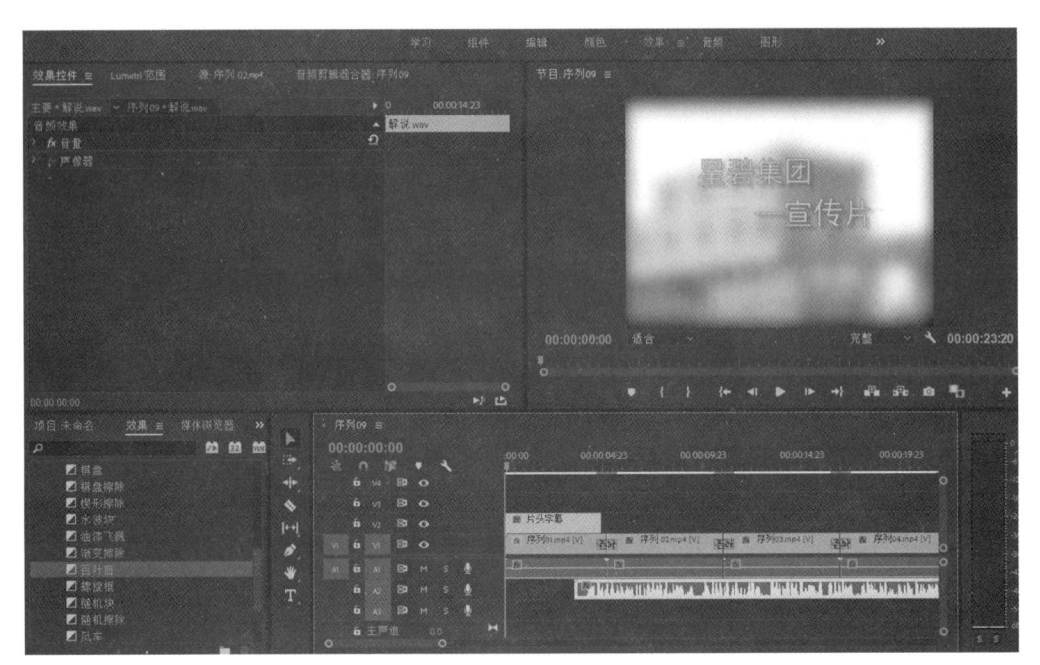

图 5-42　在"视频 2"轨道中的片头处放置"片头字幕"片段

2. 制作片中字幕

以第一句解说词为例，介绍制作方法，具体的操作步骤如下。

（1）制作矩形"底纹"字幕层。将播放头定位于"序列 02.mp4"，新建"底纹"字幕层。通过字幕窗口在视频素材底部使用矩形工具绘制一个矩形，基本参数设置如图 5-43 所示，底纹效果如图 5-44 所示。关闭字幕窗口，将"项目"面板中的"底纹"字幕素材拖入"视频 2"轨道，并调整长度，使其作为片中所有字幕的底图，如图 5-45 所示。

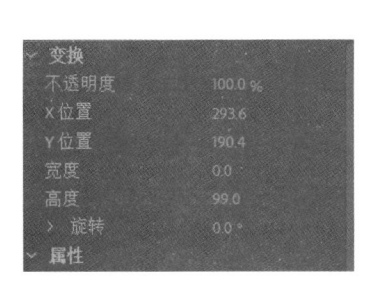

图 5-43　矩形底纹在字幕窗口的基本属性　　　图 5-44　矩形底纹在字幕窗口的效果

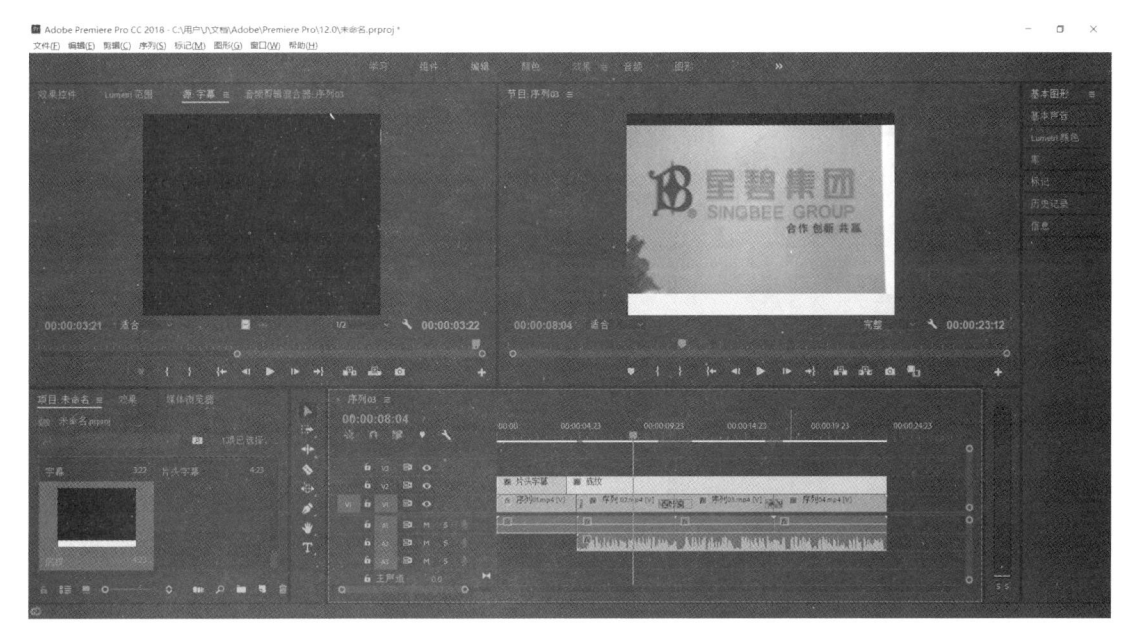

图 5-45　"视频 2"轨道中的"底纹"字幕及预览效果

（2）制作"字幕 1"字幕层。将播放头定位于"序列 02.mp4"，新建"字幕 1"字幕层。通过字幕窗口在底纹上方输入"星碧照明科技有限公司是星碧集团创建的科技型民营企业。"，基本参数设置与效果如图 5-46 所示。关闭字幕窗口，将"项目"面板中的"字幕 1"字幕素材拖入"视频 3"轨道，并调整长度，使其在竖直方向与解说的第 1 个序列素材起始位置相同，以确保解说与字幕同步。最终效果如图 5-47 所示。

使用相同的方法制作片中的其余字幕，注意每句字幕应与对应的解说同步。添加片中字幕后的时间线序列如图 5-48 所示。

图 5-46 "字幕 1"的字幕效果

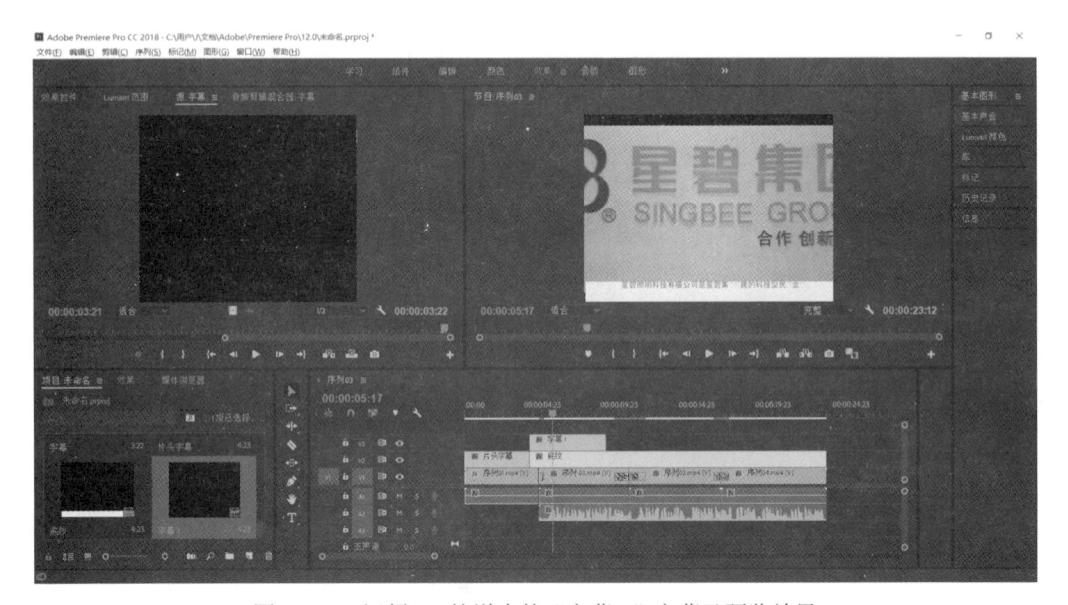

图 5-47 "视频 3"轨道中的"字幕 1"字幕及预览效果

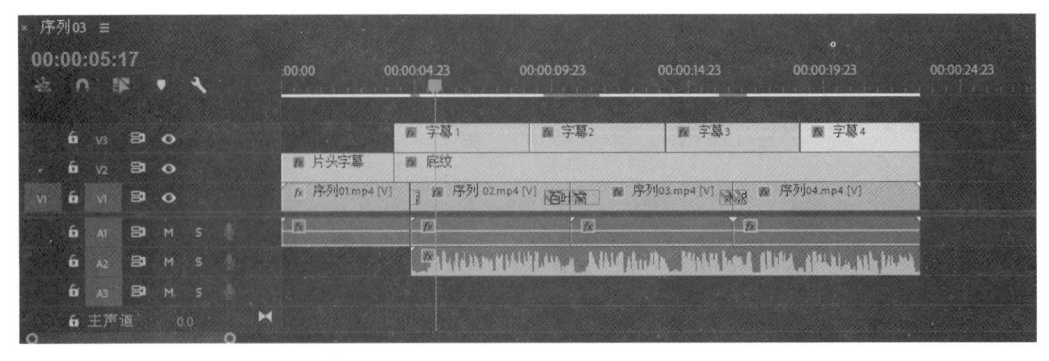

图 5-48 添加片中字幕后的时间线序列

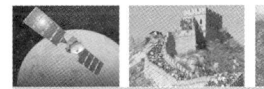

3. 制作片尾字幕

片尾字幕一般放置版权等制作信息。本项目中的片尾字幕的具体制作步骤如下。

（1）定位视频片段。将播放头定位于片尾视频"序列 33.mp4"。

（2）新建字幕。新建"片尾"字幕，在字幕窗口输入制作信息，并设置相关参数，参数及效果如图 5-49 所示。设置滚动字幕效果：在字幕编辑窗口中单击 图标，在打开的"滚动/游动选项"对话框中进行如图 5-50 所示的设置。然后关闭字幕编辑窗口。

（3）制作"片尾字幕"字幕层。将"片尾字幕"序列从"项目"面板中拖入"视频 3"轨道相应的位置。然后进行播放浏览，效果如图 5-51 所示。

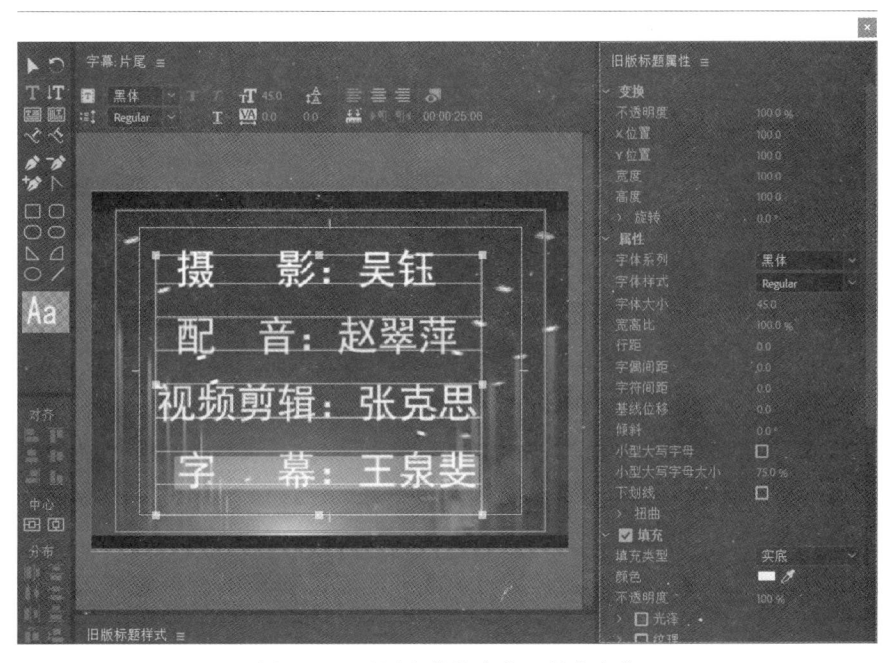

图 5-49 片尾字幕的内容及基本参数

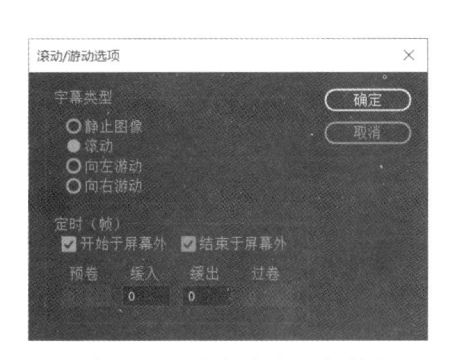

图 5-50 "滚动/游动"对话框

图 5-51 片尾字幕播放的效果

进行最后的保存，至此，宣传片制作完成。

注意："项目"面板中的字幕素材可以通过选择"文件"→"输出"→"字幕"选项分别导出为外部的字幕文件，格式可选择 PRTL 格式。在本项目中未进行字幕文件的输出。

5.4.9 测试与发布

扫一扫看测试与发布微课视频

在 Premiere Pro CC 2018 环境中，可以通过监视器窗口进行预览，观察是否能流畅清晰地播放，字幕等内容有没有错别字，录音和字幕能不能同时出现、同时消失等。

在测试并修改完成后，可以将文件导出，使用主流播放器播放短片，再次观察效果是否达到要求。

导出文件的具体操作步骤如下。

（1）选择"文件"→"导出"→"媒体"选项，导出文件，如图 5-52 所示。

（2）在打开的"导出设置"对话框中进行导出设置，如图 5-53 所示，然后单击"导出"按钮。

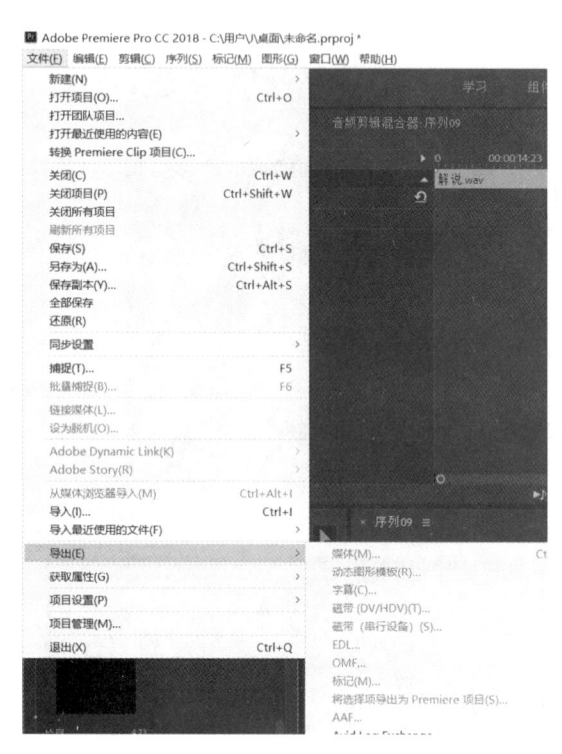

图 5-52 导出文件

图 5-53 导出设置

提示：合成以后保存该项目以便再次修改短片的内容，注意不要轻易将本项目所用的所有文件删除或转移至其他路径，导致再次使用本项目时出现乱码。

5.4.10 制作说明文档

扫一扫看说明文档模板

说明文档用于对制作的作品进行主要内容等方面的简要说明，以便于浏览用户了解作品概要及团队间的学习交流。说明文档的要点参考模板请扫描上方的二维码进行阅览。

5.5 项目评价

1. 评价指标

本项目的作品评价从创造性、科学性、艺术性、技术性、总体效果等方面进行评价。本项目评价采用百分制计分，评价指标与权值请扫描上方的二维码进行阅览。

扫一扫看视频作品评价指标表

2. 评价方法

在组内自评的基础上，小组互评与教师总评在由各组指定代表演示作品完成过程时进行。小组将评价完成后的个人任务评价表交给教师，由教师填写任务的总体评价。个人任务评价表参考模板请扫描上方的二维码进行阅览。

扫一扫看视频作品个人任务评价表

5.6 项目总结

5.6.1 问题探究

1. 为什么编辑输出的 AVI 格式视频有时画面质量不好，有马赛克出现？

答：主要的原因是输出时选用的压缩编码不当，一个好的压缩编码对视频的输出质量有很大的影响。在 Windows 10 下可以选择 MPEG4 的编码。选择一个好的编码器不仅影响视频的输出质量，还关系到生成文件的大小、输出的速度等重要的环节。

2. 在 Premiere Pro CC 2018 的视频轨道中，某视频片段中间有条紫色的线代表什么？

答：表示这个视频片段添加了视频特效。

3. 时间轴的时间标尺上方有一条黄线或红线表示什么含义？

答：黄线表示工作范围，红线表示这段素材不能实时显示，尚未经过渲染。

4. Premiere Pro CC 2018 生成的 AVI 格式文件通常较大，如果考虑网络发布，有哪些常用的转换软件可以转换为文件较小的格式？

答：常用的转换软件有 Windows Movie Maker、超级转换秀、MP4/RM 转换专家、绘声绘影等。

5. 有时需要使用 Premiere Pro CC 2018 的某一帧图像，如何解决？

答：可以在导出时选择导出"单帧"。

6. 怎样将素材倒放？

答：在时间线上右击素材，在弹出的快捷菜单中选择"速度"→"持续时间"选项，在打开的对话框中将播放速度设置为"-100%"。

7. 在 Premiere Pro CC 2018 中有什么办法将一串文字排列成圆圈形状？

答：可以使用字幕工具中的路径输入工具 先定义并编辑成圆形路径，然后使用文本

工具输入文字即可。

8. 在 Premiere Pro CC 2018 中可以制作哪些移动类型的字幕？

答：在 Premiere Pro CC 2018 的字幕编辑窗口，单击"滚动/游动"图标，在弹出的下拉列表中可以选择滚动、向左游动、向右游动等类型的移动字幕。

9. 生成的.prproj 文件被移动到其他路径后，原来的视频、音频、字幕素材是否丢失？

答：打开.prproj 文件时，根据出现的提示，重新在原来的保存位置导入视频素材文件、成品文件、音频文件即可。字幕素材若未输出成单独文件，因原有的字幕内容已存在于时间线上，不影响正常显示，只是"项目"面板中将不显示字幕素材序列。

5.6.2 知识拓展

Premiere Pro CC 2018 是一款适用于制作影片的应用软件，能产生动态影像、为视频配音、进行特殊效果制作，可广泛应用于电视节目编辑、多媒体光盘制作、计算机游戏开发、商业广告制作、MTV、网络视频制作、精品课程制作、传播视频、电影后期制作及计算机动画合成制作等领域。

1. 数字电影、电视剧制作

使用 Premiere Pro CC 2018 进行数字电影制作是非常方便的。使用它可以对音频、视频进行反复编辑、修改、剪切、添加视频特效，而保持素材质量不变，并且可以输出成光盘进行保存，这在传统的使用录像带进行线性影视制作系统中是无法实现的。并且电视剧中的片头和片尾字幕，也可以使用 Premiere Pro CC 2018 制作，如图 5-54 所示。

2. DVD 制作

在毕业典礼录像、生日录像、婚礼录像、聚会庆典录像等制作方面，Premiere Pro CC 2018 也大有用武之地。它可以方便地给录像添加字幕，配出优美动听的音乐，制作出高水平的 DVD 作品。如图 5-55 所示，这是在金华职业技术学院拍摄的学校介绍视频影像。

图 5-54　影视制作应用　　　　　　　　图 5-55　DVD 制作应用

3. 商业广告制作

在信息时代，企业都使用大量的广告来推广自己的产品，而使用 Premiere Pro CC 2018 可以在电视、流动媒体上制作出精美的广告，如图 5-56 所示。

图 5-56　广告制作应用

5.6.3　技术提升

Premiere Pro CC 2018 是影视后期编辑合成软件，它将视频特效合成上升到了新的高度，是后期合成的佼佼者。若它能与 Photoshop 图片处理软件、After Effects 影视特效合成软件及 3ds Max 三维动画制作软件结合使用，将能制作出业界高标准的动画及视觉效果。

Photoshop 是用于图形图像处理的软件，可以为视频的编辑提供良好的图片处理基础，制作出精美的视频图片。

After Effects 是用于后期制作的软件，可以高效且精确地创建多种引人注目的动态图形和震撼人心的视觉效果。利用该软件紧密集成和高度灵活的 2D 和 3D 合成，以及数百种预设的效果和动画，可以为电影、视频、DVD 和 Adobe Animator 作品增添令人耳目一新的效果。

3ds Max 是用于制作三维动画的专业软件。利用该软件可以实现虚拟场景现实化，制作出现实中的实体效果，将其应用到视频中，可以制作出令人震撼的效果。

5.7　拓展训练

1. 改进训练

1）训练内容

为前面制作的企业宣传片的片尾添加背景音乐。

2）训练要求

（1）根据宣传片视频的画面风格，选择合适的背景音乐。

（2）对背景音乐进行剪辑与视频合成。

3）重点提示

背景音乐可以选择多段进行剪辑。

2. 创新训练

1）训练内容

选择一首喜爱的歌曲，利用视频拍摄工具及 Premiere、GoldWave 等软件制作歌曲 MTV。

2）训练要求

（1）歌曲要求：选择合适的歌曲，进行剪辑。

（2）视频要求：根据歌曲拍摄视频素材，运用 Premiere 进行视频剪辑，并添加特效。

（3）字幕要求：添加合适字幕，制作字幕特效。

（4）合成要求：在 Premiere 软件中将字幕与视频、歌曲进行合成。

（5）结构要求：片头、中间片段、片尾。

3）重点提示

拍摄画面的动作与歌曲配乐协调。

项目小结

本项目以策划、设计并制作一个企业宣传片的学习任务为中心，详细介绍项目完成的过程。本项目旨在训练学生设计宣传片，运用 Premiere 软件进行音视频剪辑、字幕制作与合成的能力；运用视频制作的基本方法与技巧进行视频作品创作的能力；与人良好沟通、合作完成学习项目的能力。围绕项目的完成，本项目在项目分析的基础上提供了完成该项目需要的相关知识、详细的项目设计与制作过程、项目评价指标与方法、说明文档等，最后从问题探究、知识拓展、技术提升 3 个方面对项目进行了总结。在完成此项目示范训练的基础上，增加了改进型训练、创新型训练，以逐步提高学习者运用视频技术的综合职业能力。

练习题 5

1. 理论知识题

（1）下列关于 Premiere 软件的描述中，不正确的是（　　）。

A．Premiere 软件与 Photoshop 软件是一家公司的产品

B．Premiere 软件可以将多种媒体数据综合集成一个视频文件

C．Premiere 软件具有多种活动图像的特技处理功能

D．Premiere 是一款专业化的动画制作软件

（2）下列关于 Premiere 软件中过渡效果的叙述中，正确的是（　　）。

① 过渡效果是实现视频片段间转换的专场效果的方法

② 过渡是指两个视频道上的视频片段有重叠时，从一个片段平滑、连续地变化到另一个片段的过程

③ 两个视频片段之间只能有一种过渡效果

④ 视频过渡也是一个视频片段

A．①③④　　　　　B．①②④　　　　　C．①②③　　　　　D．全部

（3）下列（　　）是进入 Premiere 软件视频编辑环境后会出现的窗口。

① Project 窗口　　　　　　　　　② Trimming 窗口

③ Transitions 窗口　　　　　　　④ Preview 窗口

A．①③　　　　　　B．②③　　　　　　C．①②③　　　　　D．全部

（4）Premiere 软件编辑的最小时间单位是（　　）。

A．帧　　　　　　　B．秒　　　　　　　C．毫秒　　　　　　D．分钟

（5）国际上常用的视频制式有（　　）。
① PAL 制　　　　　　　　　　② NTSC 制
③ SECAM 制　　　　　　　　　④ HDTV
A．①　　　　B．①②　　　　C．①②③　　　　D．全部
（6）下列视频文件格式中，不是视频文件格式的是（　　）。
A．WAV　　　B．AVI　　　C．MOV　　　D．MPEG
（7）动态图像压缩编码的国际标准是（　　）。
A．TIFF　　　B．JPEG　　　C．MPEG　　　D．BMP
（8）下列参数中，是在创建 Premiere 软件项目时需要设置的参数的是（　　）。
① 编辑方式　　　② 时间显示　　　③ 帧大小　　　④ 帧速度
A．①③　　　B．②④　　　C．②③　　　D．全部
（9）下列软件中不具备屏幕捕捉功能的是（　　）。
A．SnagIt　　　　　　　　　　　B．Lotous Screencam
C．HyperSnap-DX　　　　　　　　D．NetAnts
（10）下列媒体播放器中，属于视频播放软件的是（　　）。
A．Winamp　　　B．RealPlayer　　　C．Flash View　　　D．D-Player

2. **技能操作题**

（1）运用 Premiere 软件制作倒计时效果。提示：在屏幕的中央出现先后"5，4，3，2，1"字样。

（2）运用 Premiere 软件在提供的两段素材中加入运动、透明效果，最后输出成一段影视品。

（3）运用 Premiere 软件在提供的两段素材中加入切换效果、滤镜，最后输出成一段影视品。

（4）利用企业宣传片提供的素材，练习制作半分钟以内，包含切换、特技、字幕和配音的简短影片。

3. **资源建设题**

（1）每位同学下载 3 个自己认为值得推荐的视频制作学习的网站，附一份推荐说明，包括网址、网站简介、网站特色，不超过 300 字，上传到资源网站互动平台上交流。

（2）上网搜索自己喜欢的视频动画，保存到自己的文件夹，并注明下载的网址。教师注意提醒学生掌握视频的下载方法。

4. **综合训练题**

（1）运用 Premiere 软件中的制作技术制作歌曲 MTV，发送给朋友，尺寸自定。要求片头处有播放和停止按钮。为 MTV 的制作撰写一个不少于 300 字的制作说明，内容包括制作步骤、创意等。

（2）运用所学的知识，制作一个自己的电子视频相册，视频内容不限，要求片内必须出现自己的场景，影片总时间不少于 3 分钟。

项目 6

多媒体综合应用一
——"科顺建筑防水公司"网站设计与制作

知识目标

（1）了解多媒体网页的基本概念。
（2）熟悉 Dreamweaver CC 2018 软件界面与基本工具。
（3）了解 HTML 5 语言、DIV 及 CSS3 基本知识。
（4）掌握运用 Dreamweaver 软件制作和发布网站的基本方法。

技能目标

（1）能根据需求分析确定网站主题及风格、规划网站结构并进行页面版式设计。
（2）能进行网站的总体设计、界面设计、制作各页面并将各页进行有效整合。
（3）能运用 Dreamweaver 软件设计、制作、测试、发布网站。
（4）能编写网站设计说明书。

6.1 项目提出

网站是指在 Internet 上，根据一定的规则，使用 HTML 5 等工具制作的用于展示特定内容的相关网页的集合。用户可以通过网页浏览器来访问网站，获取自己需要的资讯或享受网络服务。

本项目以"科顺建筑防水公司"网站的设计和制作为例，培养学习者网页的设计思想与制作方法，从网站规划、网页版面设计入手，逐步展开实际制作网页与网站的全过程。重点学习使用 Dreamweaver CC 2018 进行页面布局、设置样式、插入图片等技术。学习任务书如表 6-1 所示。

表 6-1 学习任务书

"科顺建筑防水公司"网站设计与制作学习任务书
1．学习的主要内容及目标 本项目的学习任务是小组合作完成"科顺建筑防水公司"网站的设计与制作、发布等工作。能搜索、整理所需要的多媒体素材；能运用 Dreamweaver CC 2018 设计与制作"科顺建筑防水公司"网站；能与人良好沟通，合作完成学习任务。 **2．设计与开发基本要求** 1）总体要求 制作的网站主题明确、内容健康，各页面的内容能够清晰地表达主题；版面结构合理，页面能方便实现链接；色彩搭配协调、美观。设计方案不得侵犯他人知识产权，如出现权属问题，作品按不及格处理。 2）网页尺寸要求 网页宽度约为 1002 像素。 3）内容要求 内容包含首页（一级页面）、二级页面和三级页面。一级页面包含文字、图形图像等要素。 4）技术要求 运用 Dreamweaver CC 2018 制作网页，运用 DIV+CSS 进行布局。 **3．上交要求** 作品存放在以学号和姓名命名的文件夹中，如"01 张三"。该文件夹中包含以下内容。 （1）网页文件：HTML 文件。 （2）图形图像文件：JPEG 文件、GIF 文件、PNG 文件等。 （3）说明文档：使用简练的文字说明制作关键技术及作品制作步骤，800 字以内；命名为"说明文档.doc"。 **4．推荐的主要资源** （1）网站设计软件 Adobe Dreamweaver 官网。 （2）菜鸟教程网站。 （3）未来科技. HTML5+CSS3+JavaScript 从入门到精通（标准版）[M]. 北京：水利水电出版社，2017. （4）明日科技. HTML5 从入门到精通 （第 2 版）[M]. 北京：清华大学出版社 2017.

6.2 项目分析

网站设计与制作的全过程，是指从网站需求分析开始，到完成发布的整个过程。如果是小规模项目，可以一个人承担并完成多项任务，但通常情况是 3～4 名开发者（设计师、程序员等）组成一个小组来完成项目。网站设计与制作的基本流程如图 6-1 所示。

网站需求分析 → 规划网站结构 → 素材准备 → 设计与制作网页 → 网站测试与发布

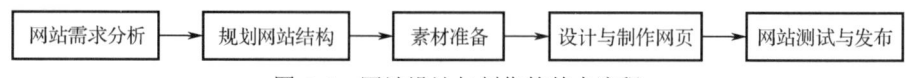

图 6-1 网站设计与制作的基本流程

网站需求分析阶段的主要任务是明确目标，确定客户群体及交付平台。规划网站结构阶段的主要任务是将网站上所有的文件组织成合理的文件目录结构。素材准备阶段的主要任务是收集和处理文本、图形图像、视频、音频等素材。设计与制作网页阶段的主要任务是布局和制作网页，即在网页中进行合理布局，并输入文本、插入图片等，以丰富网页的内容。网站测试与发布阶段的主要任务是通过系统测试发现网站中的错误，验证网站是否达到了预定目标，主要测试页面的 HTML 语法合法性、页面浏览的兼容性和链接是否正常等。

上述过程在实际操作中，出于系统规模等因素考虑，可以将流程中的某些步骤的顺序进行调换，或省略某些次要步骤。

1. 关于项目主题

本项目的任务是完成"科顺建筑防水公司"网站的设计与制作，包括"科顺建筑防水公司"网站的首页及各级页面的设计与制作。通过"科顺建筑防水公司"网站的建构，集成了工程案例、业务范围、客户服务、关于我们等一级模块，每个模块包含企业的各类具体内容。

由于本项目的内容以网站的形式进行架构，所以可以进行网络发布，以达到与客户、供应商、公众和其他一切对该企业感兴趣的人进行信息交互的目的，帮助企业提升外部形象，增加信息发布渠道，形成一个统一的企业信息门户。

2. 项目用户分析

清楚定位网站用户群体，是"科顺建筑防水公司"网站是否成功的前提条件。一般可以将用户分为 3 类：企业项目合作者、已成熟客户和产品潜在客户。企业项目合作者可以通过网站侧面了解企业实力；已成熟客户可以通过网站了解最新信息；而访问者即产品潜在客户，可以通过网站了解企业整体形象及产品的详细信息。

6.3 相关知识

6.3.1 Dreamweaver CC 2018 的工作界面

Dreamweaver CC 2018 的工作界面主要由菜单栏、文档窗口、面板组等组成，如图 6-2 所示。

1. 菜单栏

菜单栏中包含 9 类主菜单，它涵盖了软件的绝大部分功能。各菜单的主要功能如下。

（1）"文件"菜单：用于管理文件，包括对文件的基本操作，如新建、打开、关闭和保存文件，以及在浏览器中浏览等命令。

（2）"编辑"菜单：用于编辑网页内容，如剪切、复制、粘贴、查找网页内容等。

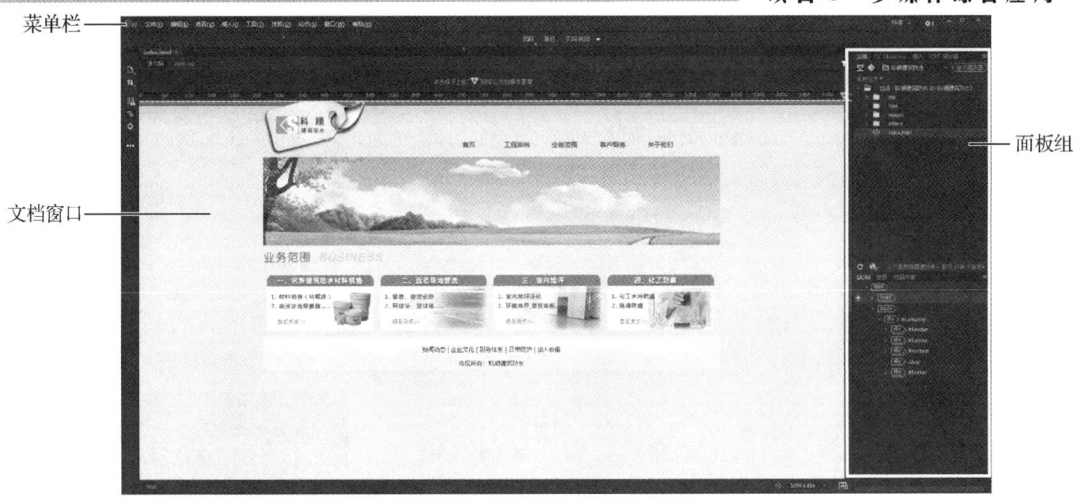

项目 6　多媒体综合应用一

菜单栏

文档窗口

面板组

图 6-2　Dreamweaver CC 2018 工作界面

（3）"查看"菜单：用于切换视图模式及显示或隐藏标尺、网格线等辅助视图工具。

（4）"插入"菜单：用于插入各种网页元素，如图片、媒体、表格、表单等。

（5）"工具"菜单：用于清理 HTML、拼写检查、管理字体、应用更新模板和库、附加样式表等。

（6）"查找"菜单：用于各项查找或替换。

（7）"站点"菜单：用于创建和管理站点。

（8）"窗口"菜单：用于显示/隐藏控制面板及切换文档窗口。

（9）"帮助"菜单：用于实现联机帮助功能。

本项目中主要用到的"文件"菜单、"插入"菜单、"站点"菜单如图 6-3～图 6-5 所示。

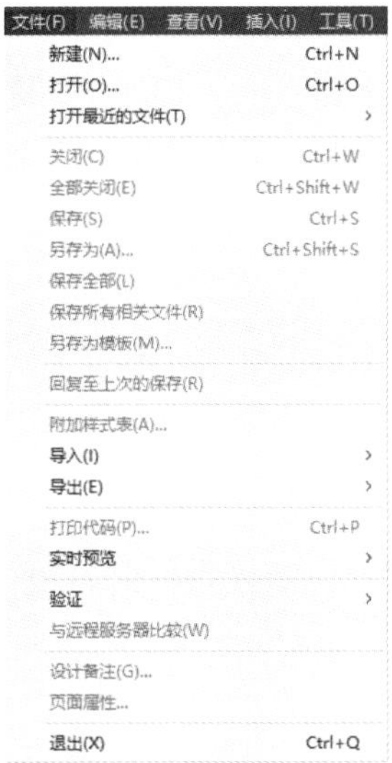

图 6-3　"文件"菜单 　　　　图 6-4　"插入"菜单 　　　　图 6-5　"站点"菜单

167

2. 文档窗口

文档窗口是网页设计区，在这个区域可以编辑并显示设计的网页或代码。在文档打开时可以通过文档工具栏（图 6-6）在代码视图、拆分视图、设计视图和实时视图等不同视图中切换并查看文档。

图 6-6　文档工具栏

3. 面板组

面板组是将许多常用的功能进行了适当的分类，并以面板叠加的形式放置于窗口的右侧，单击可以展开相应的面板，包括"插入""CSS 设计器""文件"等面板。其中，"文件"面板用于对组成网站的网页、图像和程序等文件进行管理。"CSS 设计器"面板用于查看、创建、编辑和删除 CSS 样式，并且可以将外部样式表附加到文档。

其中，"插入"面板包含 HTML、表单、模板、Bootstrap 组件、jQuery Mobile、jQuery UI、收藏夹等 7 类对象，各类对象以小图标的形式排列。其中的 HTML 是与本项目相关的主要面板。

HTML 面板用于插入超链接、图像、DIV 等常用对象，如图 6-7 所示。

（1）Hyperlink 超链接：超链接是网站的灵魂。通过超链接，可以由一个网页出发，链接到本网站的其他网页，也可以链接到 Internet 中的任何一个网页。

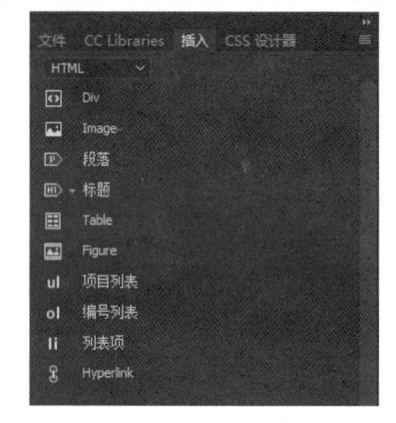

图 6-7　HTML 面板

（2）Image 图像：插入图像的格式有 JPEG、GIF、PNG 等。

（3）Div 插入 DIV 标签：通过设置参数插入固定 DIV 标签，使用 CSS 样式来控制布局。

6.3.2　Dreamweaver 专业术语

在网页设计过程中常常会遇到一些专业术语，如站点、域名、发布、URL、导航条、超链接及表格等。为了便于理解这些术语的含义，并为以后制作网页做好准备，下面对这些术语逐一进行解释。

1. 站点

站点可大可小，大到一个网站，小到一个网页。简单地说，将多个网页连接起来就构成了站点，站点就是一个管理网页文档的场所。

2. 域名

域名是由一串用点分隔的名称组成的 Internet 上某一台计算机或计算机组的名称，用于在数据传输时标示计算机的电子方位（有时也指地理位置）。

3. 发布

发布是将制作好的网页上传到 Internet 上的过程。只有发布后的网页才能在 Internet 上浏览。

4. URL

URL（Uniform Resource Locator，全球资源定位器），用于指明通信协议和地址的方式。其功能是提供一种在 Internet 上查找任何信息的标准方法。

5. 导航条

导航条好比网站的路标，它指引用户毫不费力地找到信息，让用户在浏览网站的过程中不迷失。简洁、直观、明确的导航条可以将网站信息有效地传递给用户。

6. HTML

HTML（Hypertext Markup Language，超文本标记语言）是目前网络上应用最为广泛的语言，也是构成网页文档的主要语言。HTML 文本是由 HTML 命令组成的描述性文本，HTML 命令可以说明文字、图形、动画、声音、表格、链接等。HTML 的结构包括头部"Head"、主体"Body"两大部分，其中头部描述浏览器所需要的信息，而主体则包含页面中所要说明的具体内容。HTML 提供了一些新的元素和属性，如<nav>（网站导航块）和<footer>。这种标签将有利于搜索引擎的索引整理，同时更好地帮助小屏幕装置和视障人士使用，除此之外，还为其他浏览要素提供了新的功能，如<audio>和<video>标签。

7. 超链接

通过超链接，实现不同页面间的链接，根据链接路径的不同，网页中的超链接分为内部链接、锚点链接和外部链接 3 种类型。

8. 表格

表格是网页中常用的信息展示方式，是以往网页制作实现网页布局结构极为有用的设计工具。但随着 Web 标准的推进，表格的布局作用逐步被弃用，只用于格式化地显示数据。

9. 框架

在网页上使用框架可以将网页划分为不同的区域，并在不同的区域中载入不同的页面。框架集定义一组框架的布局和属性，包括框架的数目、框架的大小和位置，以及在每个框架中初始显示的页面的 URL。

10. 列表

列表是一种非常实用的数据排列方式，它以行列式的模式来显示数据，可以帮助访问者方便地找到所需要的信息，并引起访问者对重要信息的注意，包括编号列表（有序列表）<ol>和项目列表（无序列表）<ul>。

11. DIV

DIV 元素是用来为 HTML 文档内大块的内容提供结构和背景的元素。DIV 的起始标签和结束标签之间的所有内容都是用来构成这个块的，其中所包含元素的特性由 DIV 标签的属性来控制，或者是通过使用样式表格式化这个块来进行控制。

12. 层叠样式表 CSS

CSS 是一系列格式组成的规则，可用于控制网页中各对象的外观，可以统一控制网页的特定字体和字号、文本颜色和背景颜色等。除此之外，还可以确保浏览器以一致的方式处理页面布局和外观。

CSS 格式设置规则由两部分组成：选择器和声明。选择器是标示已设置格式元素的术语（如 p、h1、类名称或 ID），而声明块则用于定义样式属性。选择器的类型包括类、标签和 ID 等。

1）类选择器

类选择器根据类名来选择，前面以"."来标示，如：

```
.demoDiv{
color:#FF0000;
}
```

2）标签选择器

一个完整的 HTML 页面由很多不同的标签组成，而标签选择器，则决定哪些标签采用相应的 CSS 样式。HTML 中的所有标签都可以作为标签选择器，如对 p 标签样式的声明如下。

```
p{
font-size:12px;
background:#900;
color:#090;
}
```

3）ID 选择器

在 HTML 页面中，ID 参数指定了某个单一元素，ID 选择器用来对这个单一元素定义单独的样式，具有唯一性。

ID 选择器前面以"#"号来标示，在样式中可以这样定义：

```
#demoDiv{
color:#FF0000;
}
```

13. CSS 盒模型

盒模型是从 CSS 诞生之时便产生的一个概念，是关系到设计中排版定位的关键问题，任何一个选择器都遵循盒模型。所谓盒模型，就是把每个 HTML 元素看作装了东西的盒子，盒子里面的内容到盒子的边框之间的距离即为内边距（padding），盒子本身有边框（border），而盒子边框外和其他盒子之间的距离即为外边距（margin），如图 6-8 所示。一个元素的实际宽度=宽度+左右内边距之和+左右边框宽度之和+左右外边距之和。

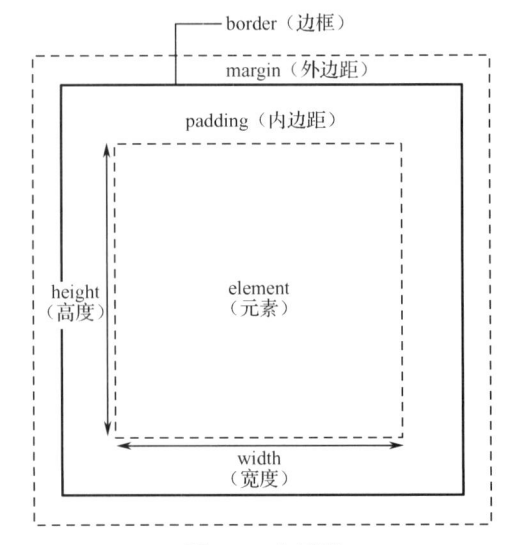

图 6-8　盒模型

14. DIV+CSS 布局

DIV+CSS 是一种全新的理念，它首先将页面在整体上进行<DIV>标记的分块，然后对各块进行 CSS 定位，最后在各块中添加相应的内容。其优点是结构化 HTML，结构清晰，表现和内容相分离，能更好地控制页面布局，提高页面浏览速度，容易被搜索引擎搜索到。DIV+CSS 是目前网页设计的主流布局方式。

6.3.3 Dreamweaver 常用快捷键

Dreamweaver 常用快捷键如表 6-2 所示。

表 6-2 Dreamweaver 常用快捷键

操作命令	功能含义	操作命令	功能含义
Ctrl+Alt+I	插入图像	Shift+Return	插入换行符
Ctrl+Alt+T	插入表格	Ctrl+Shift+Space	插入不换行空格
Ctrl+=	放大（设计视图和实时视图）	Ctrl+-	缩小（设计视图和实时视图）
F12	在主浏览器中实时预览	Ctrl+Shift+N	新建文件
Ctrl+F	在当前文档中查找	Ctrl+Alt+S	添加 CSS 选择器
Ctrl+Alt+P	添加 CSS 属性	F8	文件面板显示/隐藏

6.4 项目实现

6.4.1 总体设计

1. 网站结构设计

网站的页面基本结构包括主页面、二级页面等。在实际建设网站过程中，可根据实际需求，适当调整页面的级数。例如，有的网站在首页之前添加了引导页面。本网站的基本结构包括首页、二级页面和三级页面，如图 6-9 所示。

图 6-9 "科顺建筑防水公司"网站页面基本结构

2. 网页版面布局、风格与色彩设计

网页的版面布局是指网页中各元素在页面中的位置与尺寸编排。布局常用的方法有表格和 DIV+CSS 两种，本项目主要选用 DIV+CSS 布局。网站背景颜色以灰色为主，设计风格大众化。为了提高浏览速度，尽量减少图片的使用。网页结构清晰明了，导航简单方便，浏览者能快速、准确地找到所需要的信息，方便浏览。本网站首页与二级页面的布局如图 6-10 和图 6-11 所示。

3. 网站内容设计

"科顺建筑防水公司"网站从为客户提供企业信息出发，设计了首页、二级页面和三级页面。为了对网页制作中使用的素材进行分类管理，建立了 images 与 others 等素材文件夹，用于放置各类多媒体素材。index.html 是首页文件，也称主页、起始页，它是一个网站的门面，是用户打开浏览器时自动打开的一个网页。大多数作为首页的文件名是 index、default、main 或 portal 加上扩展名。网站的主要栏目结构如表 6-3 所示。

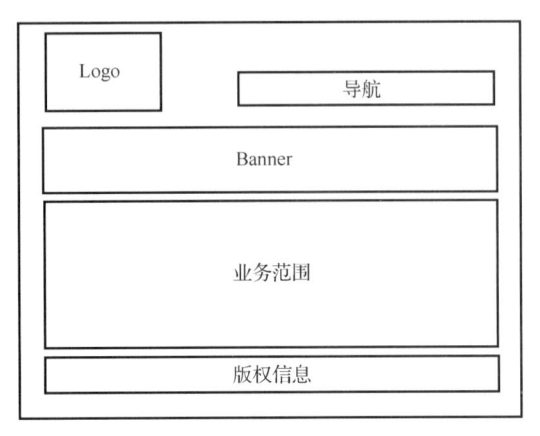

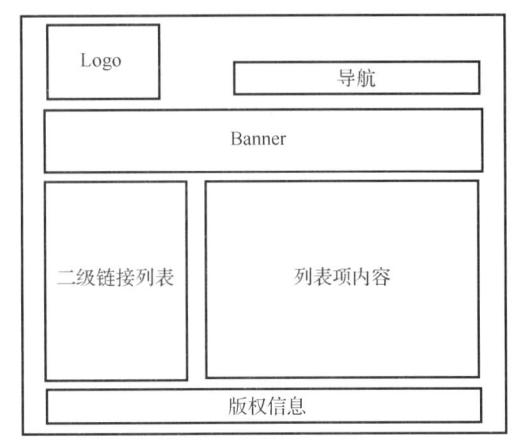

图 6-10　首页版面布局　　　　　　　图 6-11　二级页面版面布局

表 6-3　网站的主要栏目结构

一级页面	二级页面	二级页面栏目
首页	工程案例	防水工程案例、运动场地案例、室内地坪案例
	业务范围	防水材料销售、运动场地营造、室内地坪、化工防腐
	客户服务	服务体系、日常防护、留言反馈
	关于我们	关于我们、企业文化、新闻动态、联系我们

扫一扫看新建站点与首页模块化布局微课视频

6.4.2　运用 Dreamweaver 制作首页

本小节主要介绍运用 Dreamweaver CC 2018 制作网站首页的方法，主要包括新建站点、首页模块化布局、制作首页顶部、制作首页主体和制作首页底部等。网站首页效果如图 6-12 所示。

图 6-12　网站首页效果

1. 新建站点

在 Dreamweaver CC 2018 中创建网站，首要条件就是必须定义一个本地站点，以方便对站点进行测试和预览。具体的操作步骤如下。

（1）创建站点文件夹。新建一个文件夹"科顺建筑防水公司网站"，再在此文件夹中新建 4 个子文件夹"html""images""css""others"，分别用于存放网页文件、图像文件、CSS 样式表文件和其他文件。

（2）定义站点。启动 Dreamweaver CC 2018 后，选择"站点"→"新建站点"选项，打开相应的站点设置对象对话框。在"站点名称"文本框中输入"科顺建筑防水公司"，然后单击"本地站点文件夹"文本框右侧的"浏览文件夹"按钮，在打开的"选择"对话框中选择新建的文件夹"科顺建筑防水公司网站"，如图 6-13 所示，然后单击"保存"按钮即可。

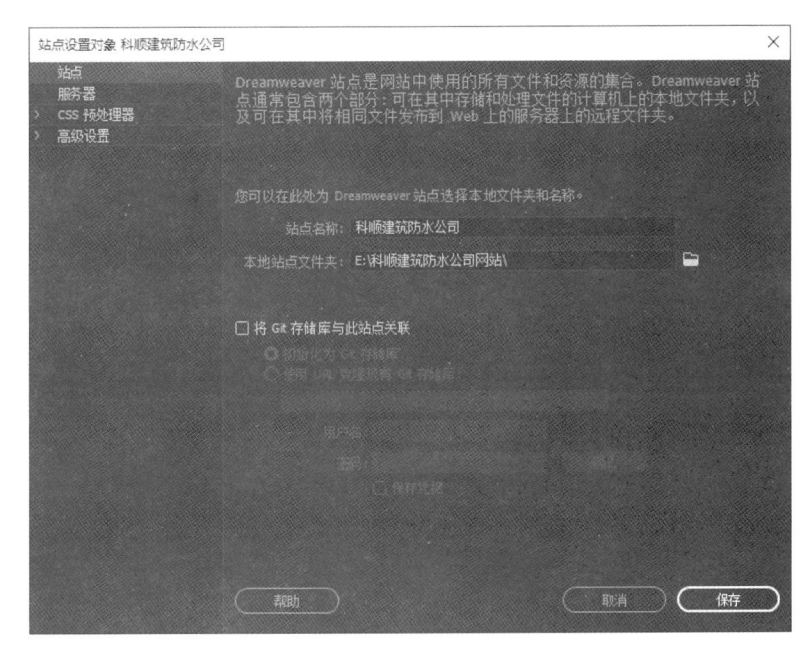

图 6-13　站点设置

站点定义完成后，在 Dreamweaver CC 2018 右侧的"文件"面板中就出现了刚创建的"科顺建筑防水公司"站点的文件夹，如图 6-14 所示。

至此，已经成功创建了一个名为"科顺建筑防水公司"的新站点。

2. 首页模块化布局

根据效果图分析，网页的顶部用于显示网站 Logo 和导航信息，中间用于显示网站的主要内容，底部用于显示版权信息。根据设计要求，将网站从上至下分为 4 个 DIV 区域，即#header、#banner、#content 和#footer，如图 6-15 所示。具体的操作步骤如下。

（1）新建文档。选择"文件"→"新建"选项，在打开的"新建文档"对话框中选择"HTML"，标题为"科顺建筑防水"，文档类型选择"HTML5"，如图 6-16 所示，然后单击"创建"按钮。

图 6-14 "文件"面板中的站点文件夹

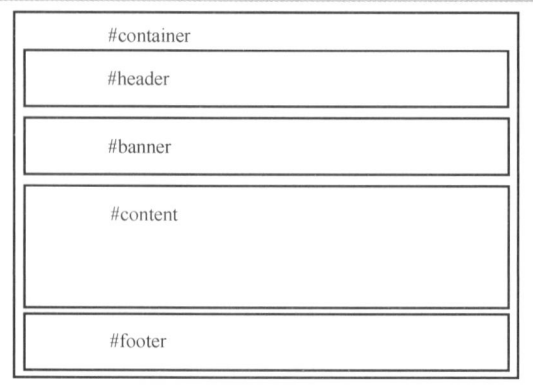

图 6-15 首页布局分析图

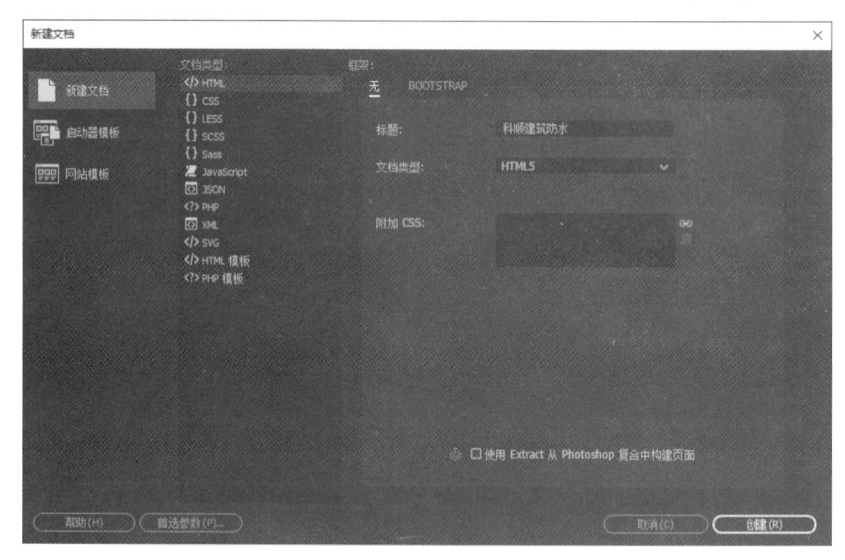

图 6-16 新建文档

（2）保存文档。选择"文件"→"保存"选项，在打开的"另存为"对话框中选择保存在站点文件夹，文件名为 index，如图 6-17 所示，然后单击"保存"按钮。

（3）设置页面初始化 CSS 样式。选择"文件"→"新建"选项，在打开的"新建文档"对话框中选择"CSS"，然后单击"创建"按钮。选择"文件"→"保存"选项，在打开的"另存为"对话框中选择保存在站点文件夹的 css 文件夹中，文件名为 style，然后单击"保存"按钮。

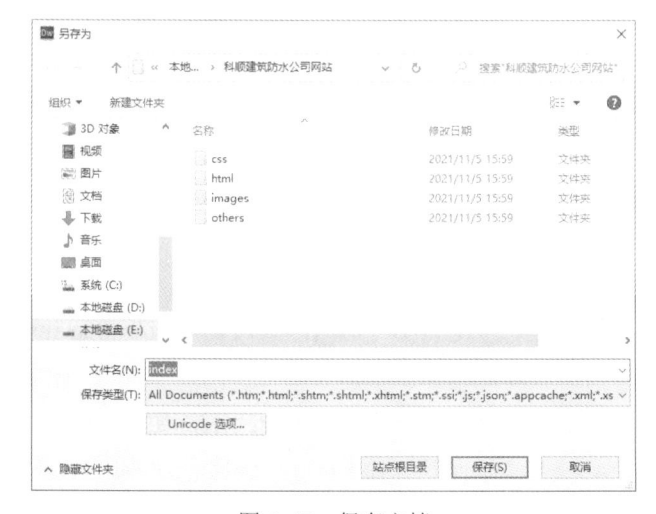

图 6-17 保存文档

回到 index.html 文档窗口，单击"CSS 设计器"面板左上角的"+"号，在弹出的下拉列表中选择"附加现有的 CSS 文件"选项，如图 6-18 所示。

在打开的"使用现有的 CSS 文件"对话框中，单击"文件/URL"文本框右侧的"浏览"按钮，在打开的对话框中选择站点文件夹的 css 文件夹中的 style.css 文件，设置"添加为"为"链接"，如图 6-19 所示，然后单击"确定"按钮。

图 6-18　附加样式表　　　　图 6-19　链接样式表

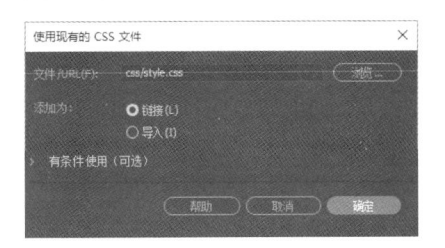

单击"CSS 设计器"面板中的"选择器"左侧的"+"号，添加"body"的 CSS 规则，如图 6-20 所示。

选择"body"选择器，取消选中下方"属性"面板中的"显示集"复选框，面板上会显示所有的 CSS 属性，如图 6-21 所示。

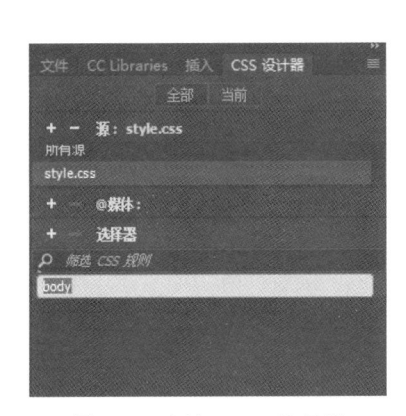

图 6-20　添加 body 选择器　　　　图 6-21　CSS 属性

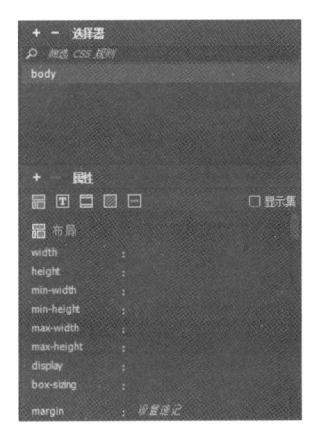

选择"文本"选项，在设置具体样式属性时，单击属性名右侧会弹出下拉列表，再选择其中相应的属性值，或者双击后手动输入属性值，设置字体类型 font-family 为"微软雅黑"，字体大小 font-size 为"13 px"，如图 6-22 所示。

选择"背景"选项，设置背景颜色 background-color 为"#E5E5E5"，背景图像 background-image 为"bg1.jpg"，重复 background-repeat 为"repeat-x"，如图 6-23 所示。

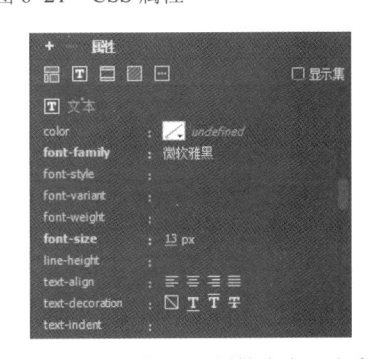

图 6-22　body 的 CSS 属性定义（文本）

选择"布局"选项，设置外边距 margin 上、下、左、右都为"0 px"，内边距 padding 上、下、左、右都为"0 px"，如图 6-24 所示。

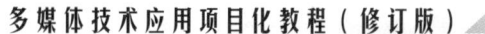

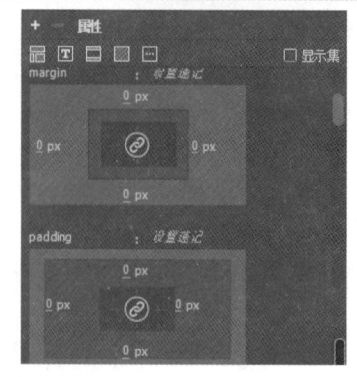

图 6-23　body 的 CSS 属性定义（背景）　　图 6-24　body 的 CSS 属性定义（布局）

至此完成 CSS 样式的设置，按 F12 键预览效果，如图 6-25 所示。

图 6-25　页面 CSS 样式的预览效果

（4）插入和设置 DIV 标签 container。选择"插入"→"Div"选项或单击"插入"面板中的"Div"按钮，打开"插入 Div"对话框。在"ID"文本框中输入"container"，如图 6-26 所示。单击"新建 CSS 规则"按钮，打开"新建 CSS 规则"对话框，设置"规则定义"为"style.css"，如图 6-27 所示。

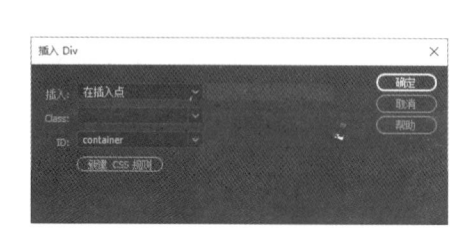

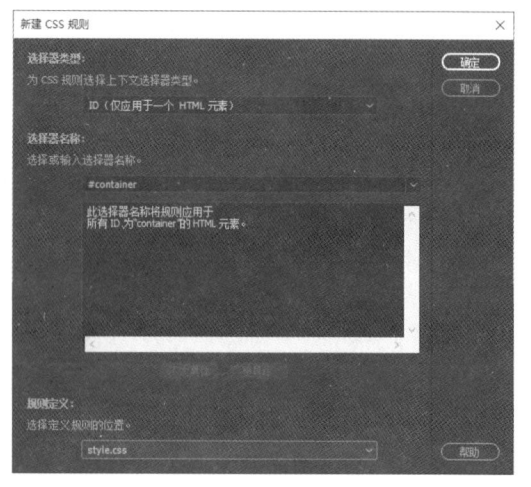

图 6-26　插入 DIV 标签　　图 6-27　设置 container 标签的 CSS 样式

单击"确定"按钮，打开"#container 的 CSS 规则定义（在 style.css 中）"对话框，设置"分类"为方框，设置"Width"为 1002 px、"Padding"都为 0 px，设置"Margin"选

项组中的"Top"和"Bottom"为 0 px、"Right"和"Left"为 auto，如图 6-28 所示。

注意： ①DIV 标签在网页中是以一个水平方向的容器呈现的，只需对容器设定宽度属性，并将"Margin"选项组中的"Right"和"Left"设置为 auto，就可以让它在屏幕中保持水平居中。②如果单击"Div"按钮没有打开对话框，可以选择"编辑"→"首选项"选项，在打开的对话框中的"常规"选项卡中，选中"插入对象时显示对话框"复选框即可。

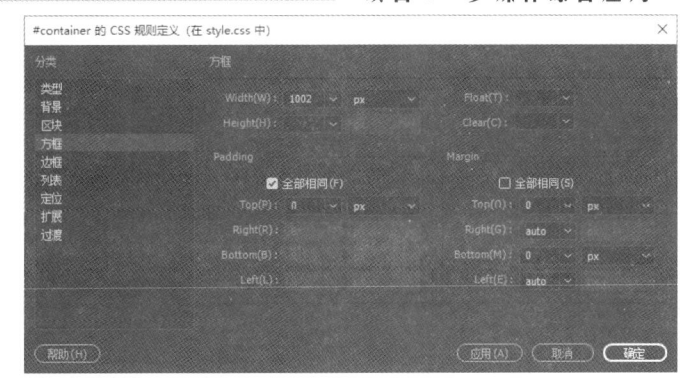

图 6-28　设置 container 标签的 CSS 样式（方框）

单击"确定"按钮，效果如图 6-29 所示。

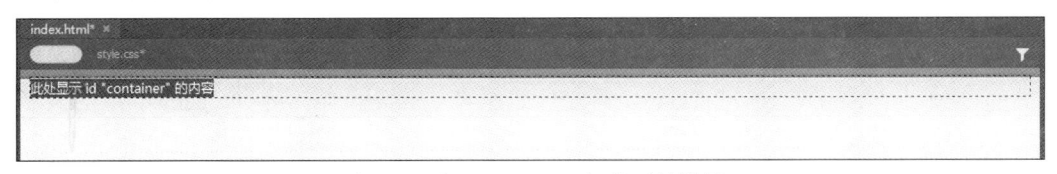

图 6-29　插入 container 标签后的效果

（5）插入 DIV 标签 header。将光标定位在 container 标签中，单击"插入"面板中的"Div"按钮，在打开的"插入 Div"对话框中插入"ID"为"header"的标签；或者单击"插入"面板中的"Header"按钮，直接插入 header 标签。插入 header 标签后的效果如图 6-30 所示。

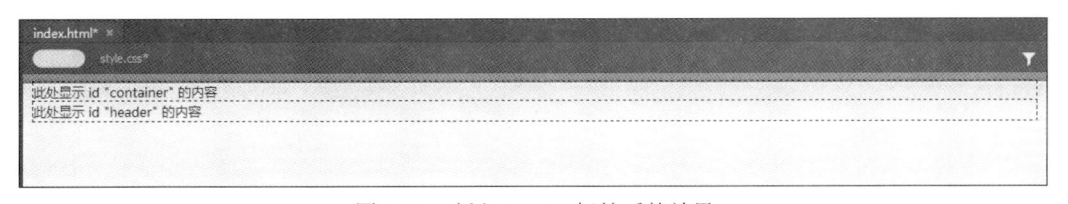

图 6-30　插入 header 标签后的效果

（6）插入和设置 DIV 标签 banner。将光标定位在 container 标签中 header 标签的后面，单击"插入"面板中的"Div"按钮，在打开的"插入 Div"对话框中插入"ID"为"banner"的标签。然后在"#banner 的 CSS 规则定义（在 style.css 中）"对话框中设置 CSS 样式，设置"分类"为方框，设置"Margin"选项组中的"Bottom"为 10 px，如图 6-31 所示。插入 banner 标签后的效果如图 6-32 所示。

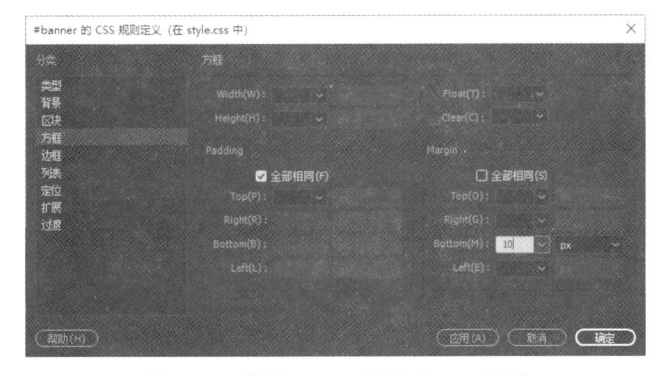

图 6-31　设置 banner 标签的 CSS 样式

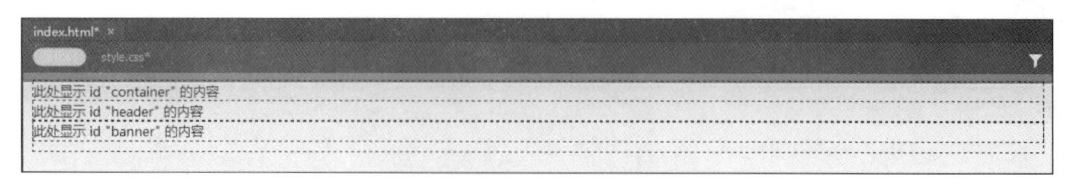

图 6-32 插入 banner 标签后的效果

（7）插入 DIV 标签 content。将光标定位在 container 标签中 banner 标签的后面，单击"插入"面板中的"Div"按钮，在打开的"插入 Div"对话框中插入"ID"为"content"的标签。插入 content 标签后的效果如图 6-33 所示。

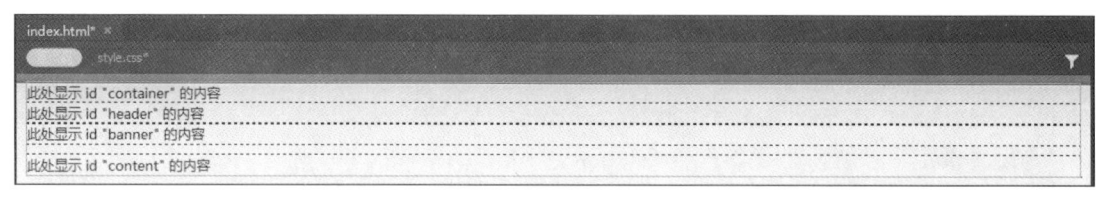

图 6-33 插入 content 标签后的效果

（8）插入和设置 DIV 标签 footer。将光标定位在 container 标签中 content 标签的后面，单击"插入"面板中的"Div"按钮，在打开的"插入 Div"对话框中插入"ID"为"footer"的标签；或者单击"插入"面板中的"Footer"按钮，直接插入 footer 标签。在"#footer 的 CSS 规则定义（在 style.css 中）"对话框中设置 CSS 样式，设置"背景"中的"Background-image"为 footer_bg.jpg，"Background-repeat"为"repeat-x"，如图 6-34 所示。设置"区块"中的"Text-align"为 center，如图 6-35 所示。设置"方框"中的"Width"为 100%、"Height"为 70 px，设置"Padding"选项组中的"Top"为 5 px，如图 6-36 所示。插入 footer 标签后的效果如图 6-37 所示。

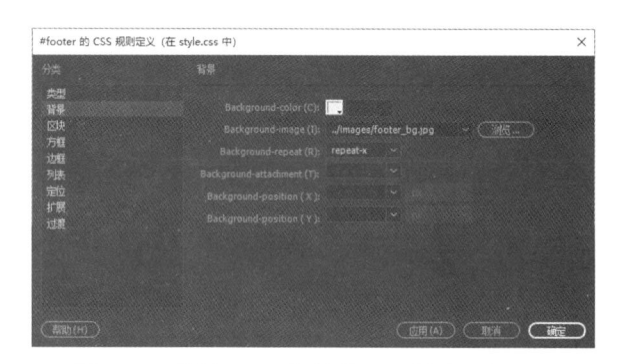

图 6-34 设置 footer 标签的 CSS 样式（背景）

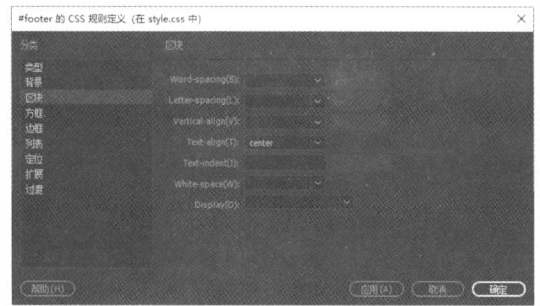

图 6-35 设置 footer 标签的 CSS 样式（区块）

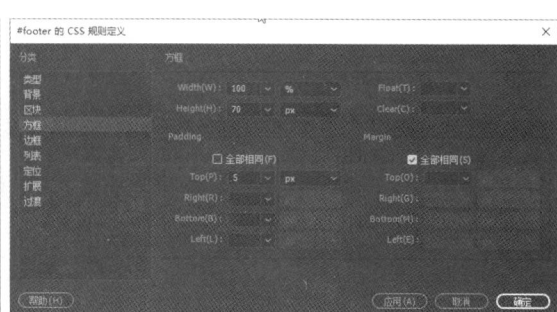

图 6-36 设置 footer 标签的 CSS 样式（方框）

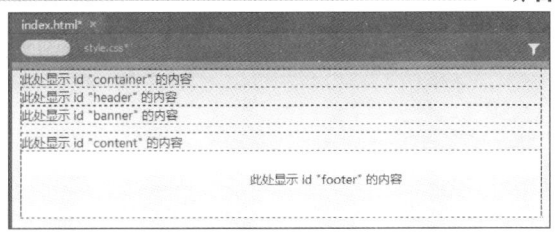

图 6-37 插入 footer 标签后的效果

至此，首页模块化布局完成，预览效果如图 6-38 所示。

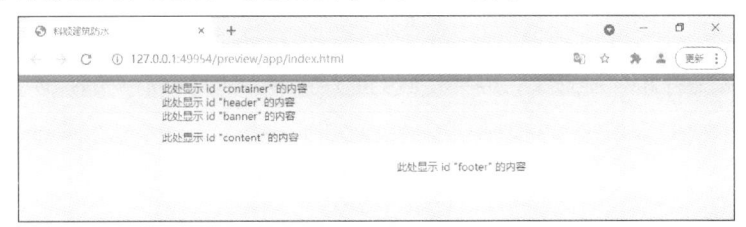

图 6-38 首页模块化布局的预览效果

扫一扫看制作首页顶部微课视频

3. 制作首页顶部

首页顶部主要包括 header 和 banner 两个标签。header 标签中包括网站 Logo 和导航。Logo 靠左侧显示，导航靠右侧显示，布局时需要插入两个 DIV，并且设置两个 DIV 都向左浮动。对于网页导航，在 DIV+CSS 中一般使用 ul、li 列表标签来完成。banner 标签中是一个动画图片。

具体的操作步骤如下。

（1）插入和设置 DIV 标签 logo。将光标定位在 header 标签中，单击"插入"面板中的"Div"按钮，在打开的"插入 Div"对话框中插入"ID"为"logo"的标签。在"#logo 的 CSS 规则定义（在 style.css 中）"对话框中设置 CSS 样式，设置"方框"中的"Width"为 222 px、"Float"为 left，如图 6-39 所示。

（2）插入图像。将光标定位在 logo 标签中，选择"插入"→"Image"选项或单击"插入"面板中的"Image"按钮，在打开的对话框中插入图像文件"logo.jpg"。

（3）插入和设置 DIV 标签 nav。将光标定位在 header 标签中 logo 标签的后面，单击"插入"面板中的"Div"按钮，在打开的"插入 Div"对话框中插入"ID"为"nav"的标签。在"#nav 的 CSS 规则定义（在 style.css 中）"对话框中设置 CSS 样式，设置"方框"中的"Width"为 580 px、"Float"为 left，设置"Margin"选项组中的"Top"为 80 px、"Left"为 180 px，如图 6-40 所示。插入 nav 标签后的效果如图 6-41 所示。

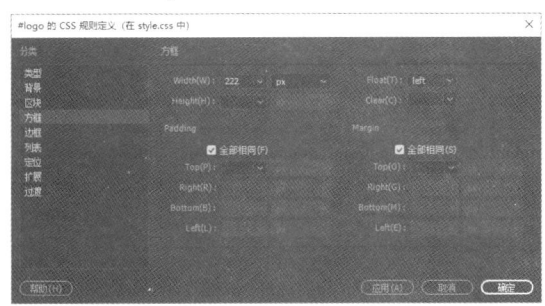

图 6-39 设置 logo 标签的 CSS 样式 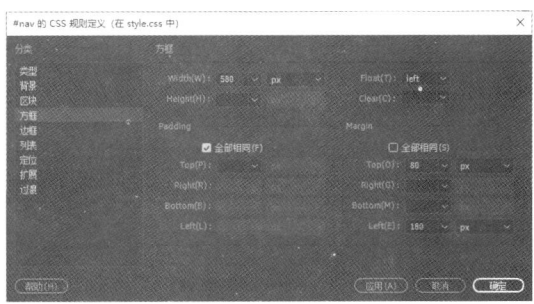　　　　图 6-40 设置 nav 标签的 CSS 样式

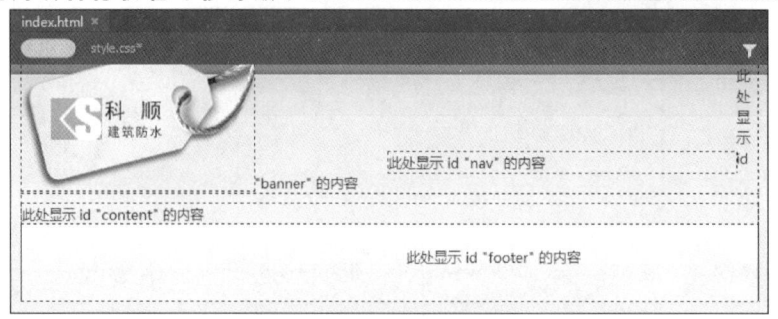

图 6-41 插入 nav 标签后的效果

（4）插入和设置 DIV 标签 clear。将光标定位在 header 标签中 nav 标签的后面，单击"插入"面板中的"Div"按钮，在打开的"插入 Div"对话框中插入"Class"为"clear"的标签，如图 6-42 所示。在".clear 的 CSS 规则定义（在 style.css 中）"对话框中设置 CSS 样式，设置"方框"中的"Height"为 0 px、"Clear"为 both，设置"Padding"都为 0 px、"Margin"都为 0 px，如图 6-43 所示。插入 clear 标签后的效果如图 6-44 所示。

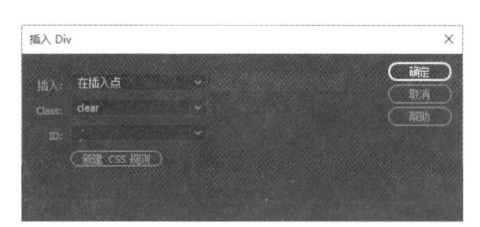

图 6-42　插入 clear 标签 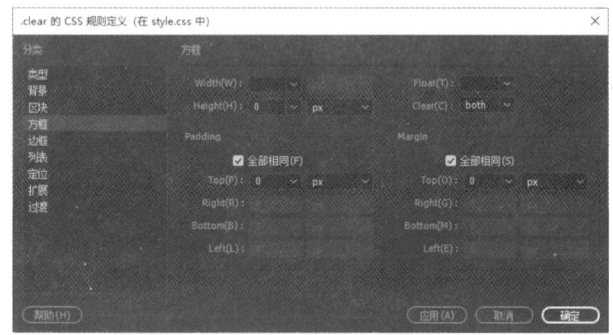　　　　　图 6-43　设置 clear 标签的 CSS 样式

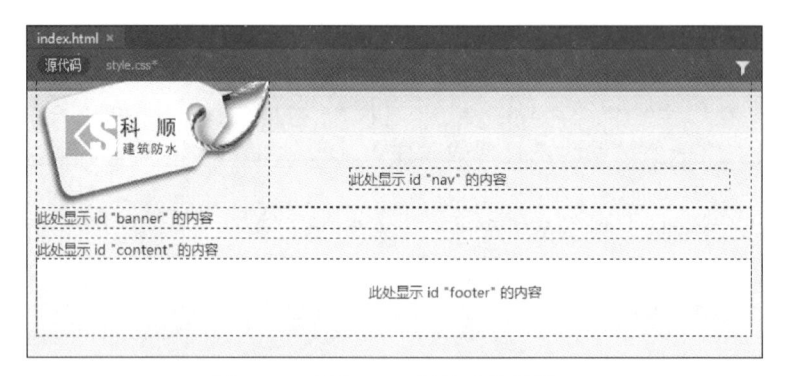

图 6-44　插入 clear 标签后的效果 1

注意：在图 6-41 中会发现，banner 标签会向上提，出现在 nav 标签后面。这是由于设计网页中设置了多个 DIV 并列排列，并使用左右浮动来实现导致的，所以需要使用 clear（清除）属性来解决这一问题。

（5）输入文字。将光标定位在 nav 标签中，输入文字"首页"，按 Enter 键后输入"工程案例"，按照此方法输入"业务范围"、"客户服务"和"关于我们"，效果如图 6-45 所示。

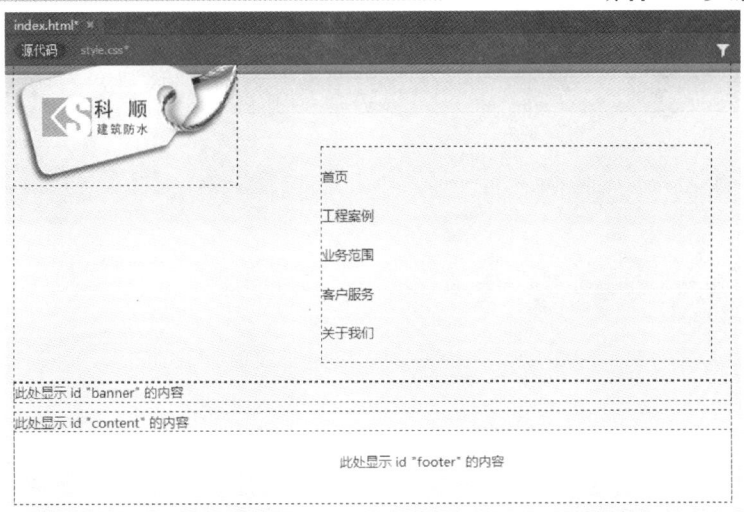

图 6-45　文字的输入效果

（6）设置项目列表。选中输入的文字，单击"插入"面板中的"项目列表"按钮，结果如图 6-46 所示。

图 6-46　文字列表效果

（7）设置列表通用属性。选中列表，单击"CSS 设计器"面板中"选择器"左侧的"+"号，添加"ul"的 CSS 规则，如图 6-47 所示。

在下方"属性"面板中选择"布局"选项 ，设置"margin"全部为 0 px、"padding"全部为 0 px。选择"文本"选项 ，设置"list-style-type"为 none，如图 6-48 所示。

（8）设置文字列表属性。选中列表，单击"CSS 设计器"面板中"选择器"左侧的"+"号，添加"#nav ul li" CSS 样式，如图 6-49 所示。

在下方"属性"面板中选择"文本"选项 ，设置"font-size"为 14 px、"font-weight"为 bold、"line-height"为 26 px、"text-align"为 center，如图 6-50 所示。选择"布局"选项 ，设置"width"为 90 px、"float"为 left，设置"margin"选项组中的右为 10 px、左为 5 px，如图 6-51 所示。

图 6-47 添加列表 ul 样式

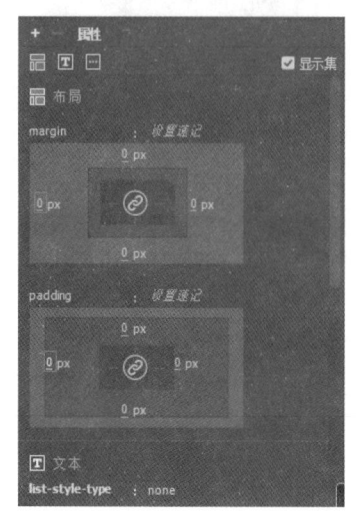

图 6-48 设置列表 ul 样式

图 6-49 添加 "#nav ul li" CSS 样式

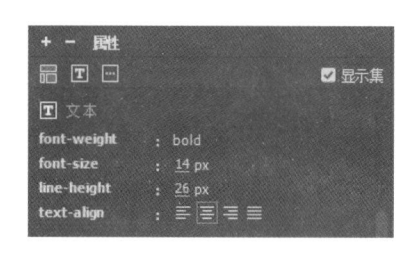

图 6-50 设置列表 CSS 样式（文本）

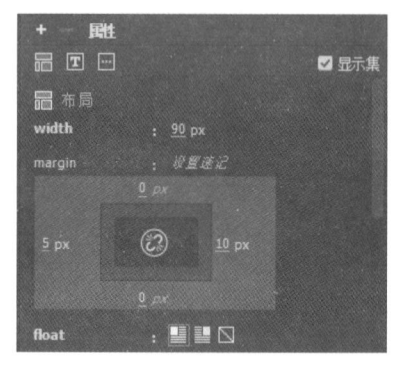

图 6-51 设置列表 CSS 样式（布局）

样式设置完成后，列表效果如图 6-52 所示。

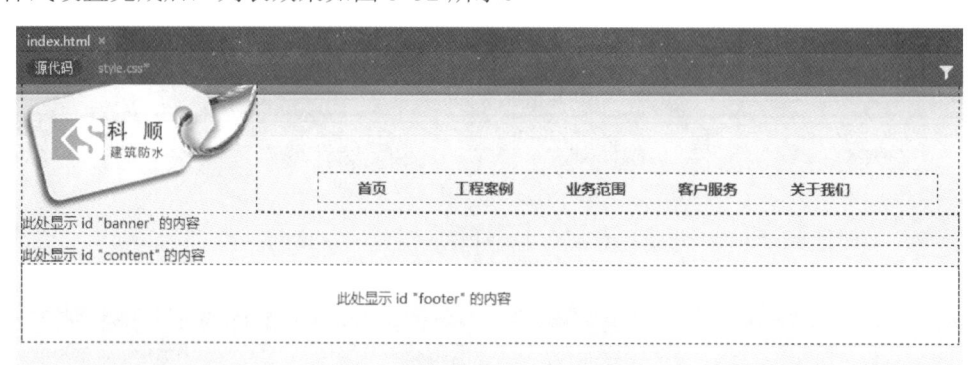

图 6-52 列表 CSS 样式的效果

（9）添加空链接并设置链接属性。选中文字"首页"，单击"插入"面板中的"Hyperlink"按钮，在打开的"Hyperlink"对话框中的"链接"文本框中输入"#"，如图 6-53 所示，然后单击"确定"按钮。其他文字也进行相同的操作。选中链接文本，单击"CSS 设计器"面板中"选择器"左侧的"+"号，添加"#nav ul li a"CSS 样式，如图 6-54 所示。

在下方"属性"面板中选择"文本"选项，设置"color"为#3E7007、"text-decoration"为none，如图 6-55 所示。

再次选中链接，单击"CSS 设计器"面板中"选择器"左侧的"+"号，添加"#nav ul li a:hover"CSS 样式，设置鼠标指针移到链接文字上的样式。

在下方"属性"面板中选择"文本"选项，设置"color"为#ffffff。选择"背景"选项，设置"background-image"为 li_bg.jpg、"background-repeat"为 no-repeat。选择"布局"选项，设置"width"为 90 px、"height"为 26 px、"display"为 block。设置完成后的预览效果如图 6-56 所示。

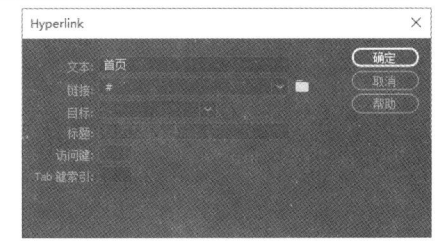

图 6-53　给文字添加空链接

图 6-54　添加链接 CSS 样式　　　图 6-55　设置链接样式

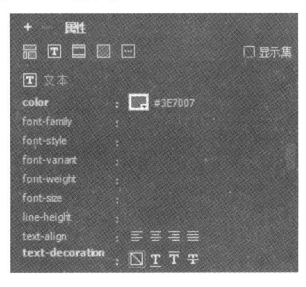

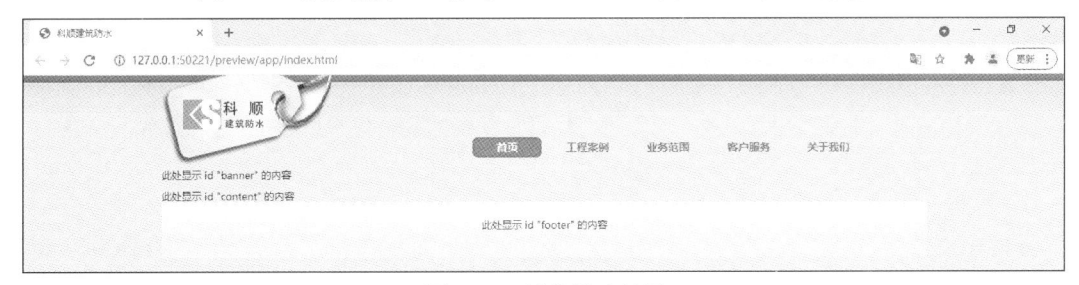

图 6-56　链接样式效果

（10）插入图像。将光标定位在 banner 标签中，选择"插入"→"Image"选项或单击"插入"面板中的"Image"按钮，在打开的对话框中插入图像文件"banner.gif"。插入图像后的效果如图 6-57 所示。

图 6-57　插入图像后的效果 1

至此，首页顶部内容制作完成。

4. 制作首页主体

首页主体部分主要是图像，布局时需要插入两个 DIV，上面的图像单独放在一个 DIV 中，下面的 3 幅图像以列表的形式进行排列。具体的操作步骤如下。

（1）插入 DIV 标签 content_top。将光标定位在"content"标签中，单击"插入"面板中的"Div"按钮，在打开的"插入 Div"对话框中插入"ID"为"content_top"的标签。

（2）插入图像。将光标定位在"content_top"标签中，单击"插入"面板中的"Image"按钮，插入图像文件"title1.gif"，效果如图 6-58 所示。

图 6-58　插入图像后的效果 2

（3）插入 DIV 标签 boxul。将光标定位在"content"标签中"content_top"标签的后面，单击"插入"面板中的"Div"按钮，在打开的"插入 Div"对话框中插入"Class"为"boxul"的标签。

（4）插入图像，设置列表。将光标定位在"boxul"标签中，以段落的形式插入图像文件"index_1.jpg"、"index_2.jpg"、"index_3.jpg"和"index_4.jpg"，选中所有图片，单击"插入"面板中的"项目列表"按钮将其设置为列表，效果如图 6-59 所示。

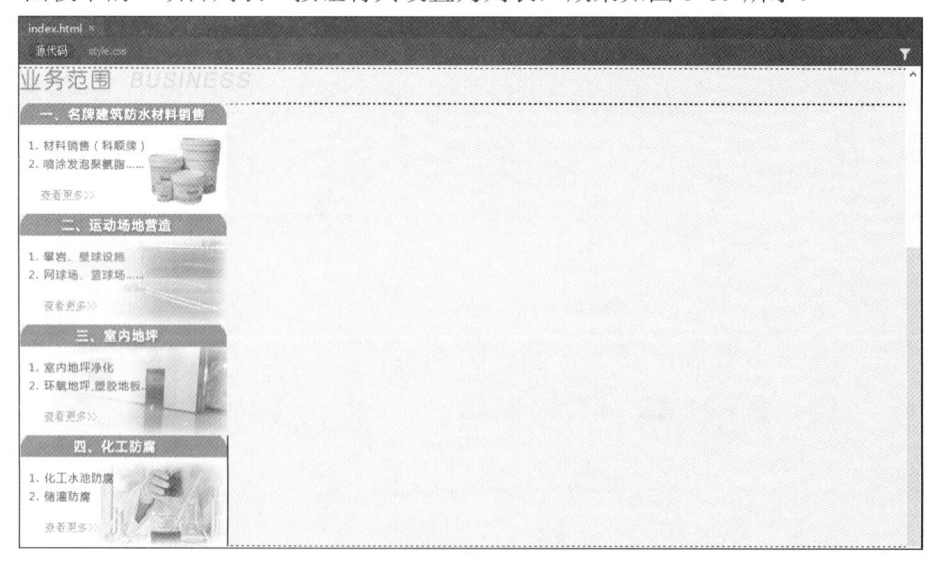

图 6-59　图像列表效果

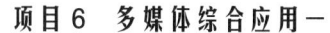

（5）设置图像列表 CSS 样式。选中图像列表，单击"CSS 设计器"面板中"选择器"左侧的"+"号，添加".boxul ul li" CSS 样式。

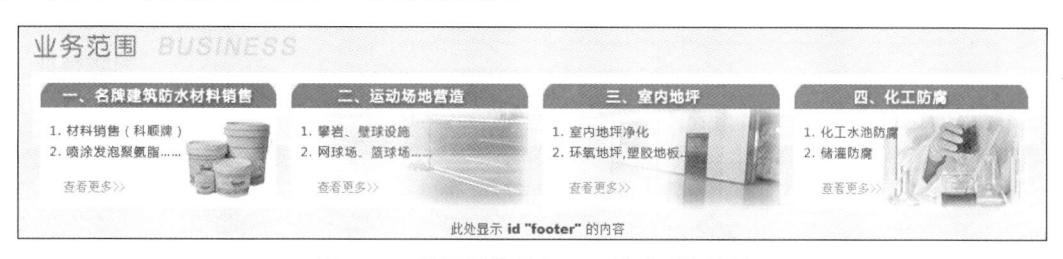

在下方"属性"面板中选择"布局"选项，设置"width"为 235 px、"float"为 left，设置"margin"选项组中的上、下为 10 px，左、右为 7 px，预览效果如图 6-60 所示。在图中可以发现"footer"标签会上移。

图 6-60　设置图像列表 CSS 样式后的效果

（6）插入 DIV 标签 clear。将光标定位在"content"标签外，单击"插入"面板中的"Div"按钮，在打开的"插入 Div"对话框中插入"Class"为"clear"的标签。插入 clear 标签后的效果如图 6-61 所示。

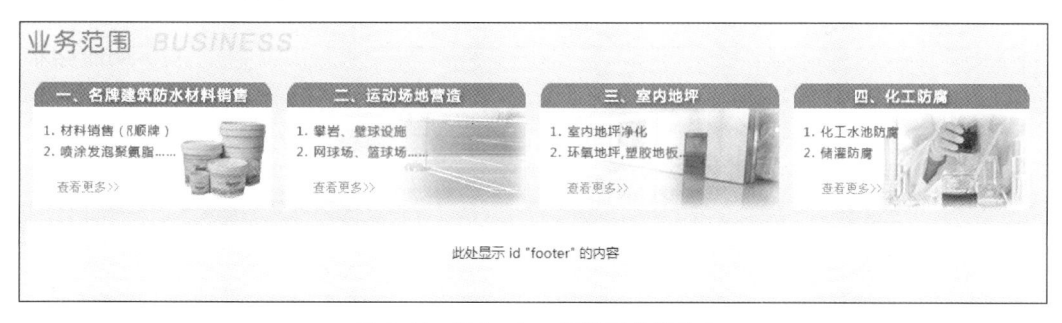

图 6-61　插入 clear 标签后的效果 2

至此，首页主体部分制作完成，页面效果如图 6-62 所示。

图 6-62　首页主体部分的页面效果

5. 制作首页底部

首页底部主要是超链接和版权信息。制作首页底部的具体操作步骤如下。

（1）输入文字。将光标定位在"footer"标签中，输入文字"新闻动态 | 企业文化 | 服务体系 | 日常防护 | 加入收藏"，按 Enter 键，再输入文字"版权所有：科顺建筑防水"，效果如图 6-63 所示。

图 6-63　输入文字后的效果

（2）为文本设置超链接。分别选中文字"新闻动态"、"企业文化"、"服务体系"、"日常防护"和"加入收藏"，设置超链接。

（3）设置超链接属性。单击"CSS 设计器"面板中"选择器"左侧的"+"号，添加"a"CSS 样式。

在下方"属性"面板中选择"文本"选项，设置"color"为#000000、"text-decoration"为 none。

至此，首页制作完成，最终效果如图 6-64 所示。

图 6-64　首页的最终效果

6.4.3　运用 Dreamweaver 制作二级页面

本小节介绍网站二级页面的制作方法，主要内容包括二级页面模块化布局、制作二级链接列表、制作列表项内容等。整个网站的二级页面布局基本一致，只是内容有所变化，下面以"工程案例"页面为例说明制作步骤。"工程案例"页面的效果图如图 6-65 所示。

1. 二级页面模块化布局

根据效果图分析，二级页面的布局基本与首页布局一致，网页顶部用于显示网站 Logo 和导航信息，中间用于显示网站的主要内容，底部用于显示版权信息，只是中间部分分为左右两列。根据设计要求，将网站从上至下分为 5 个 DIV 区域，即

扫一扫看二级页面模块化布局微课视频

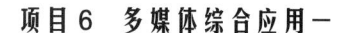

"#header"、"#banner"、"#title"、"#cont"和"#footer",如图6-66所示。具体的操作步骤如下。

图6-65 "工程案例"页面的效果图

（1）新建文档。打开首页"index.html"，选择"文件"→"另存为"选项，在打开的"另存为"对话框中选择保存在站点文件夹的"html"文件夹中，设置文件名为"case.html"，然后单击"保存"按钮。弹出提示框提示"要更新链接吗？"，单击"是"按钮，即可新建一个文档。

（2）删除首页 content 标签。将光标定位在首页主体部分，在 DOM 状态栏中单击"<div# content>"选中 DIV 标签"content"，按 Delete 键删除这部分内容。删除后的效果如图 6-67 所示。

图6-66 二级页面的布局分析

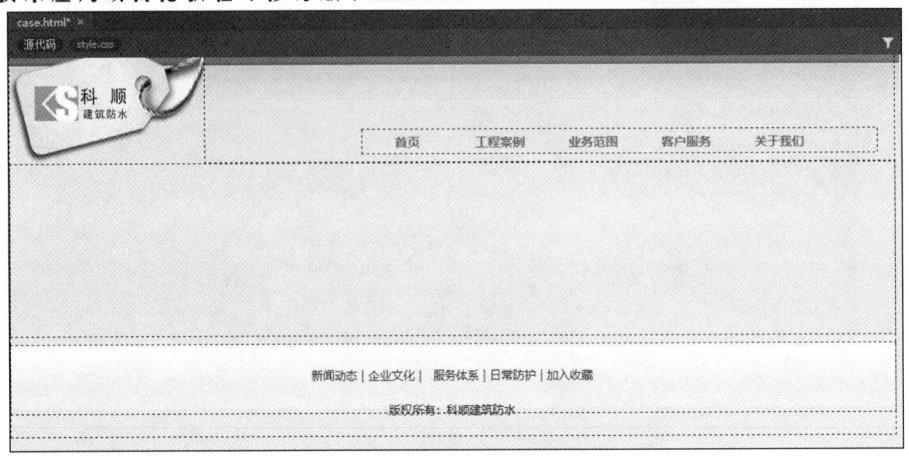

图 6-67　删除后的效果

（3）插入和设置 DIV 标签 title。将光标定位在"container"标签中"banner"标签的后面，单击"插入"面板中的"Div"按钮，在打开的"插入 Div"对话框中插入"ID"为"title"的标签（注意单击"新建 CSS 规则"按钮，在打开的"新建 CSS 规则"对话框中选择规则定义的位置仍为"style.css"）。在"#title 的 CSS 规则定义（在 style.css 中）"对话框中设置 CSS 样式，设置"背景"中的"Background-image"为 title_bg.jpg、"Background-repeat"为 no-repeat。设置"方框"中的"Height"为 46 px，设置"Padding"选项组中的"Top"为 10 px，"Left"为 48 px。插入 title 标签后的效果如图 6-68 所示。

图 6-68　插入 title 标签后的效果

（4）插入和设置 DIV 标签 cont。将光标定位在"container"标签中"title"标签的后面，单击"插入"面板中的"Div"按钮，在打开的"插入 Div"对话框中插入"ID"为"cont"的标签。在"#cont 的 CSS 规则定义（在 style.css 中）"对话框中设置 CSS 样式，设置"类型"中的"Line-height"为 180%；设置"背景"中的"Background-color"为#ffffff；设置"方框"中的"Padding"选项组中的"Right"为 5 px、"Bottom"为 10 px、"Left"为"5 px"；设置"定位"中的"Overflow"为 hidden。插入 cont 标签后的效果如图 6-69 所示。

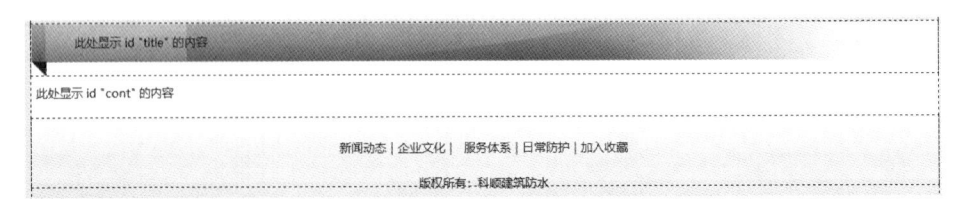

图 6-69　插入 cont 标签后的效果

（5）插入和设置 DIV 标签 left。将光标定位在"cont"标签中，单击"插入"面板中的"Div"按钮，在打开的"插入 Div"对话框中插入"ID"为"left"的标签。在"#left 的 css

规则定义（在 style.css 中）"对话框中设置 CSS 样式，设置"背景"中的"Background-image"为 bj01.jpg、"Background-repeat"为 no-repeat；设置"方框"中的"Width"为 215 px、"Height"为 500 px、"Float"为 left，设置"Margin"选项组中的"Left"和"Right"都为 5 px。插入 left 标签后的效果如图 6-70 所示。

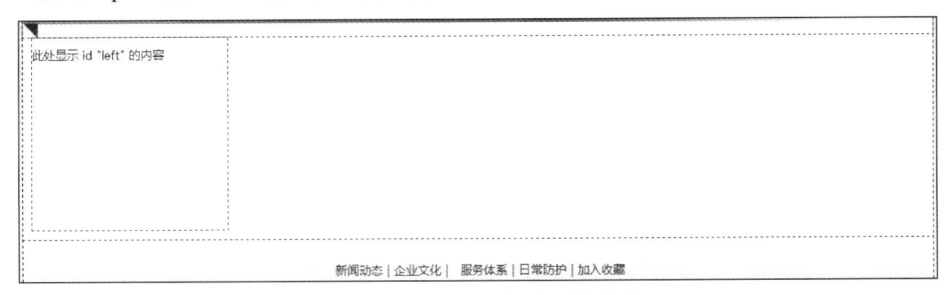

图 6-70　插入 left 标签后的效果

（6）插入和设置 DIV 标签 right。将光标定位在"cont"标签中"left"标签的后面，单击"插入"面板中的"Div"按钮，在打开的"插入 Div"对话框中插入"ID"为"right"的标签。在"#right 的 CSS 规则定义（在 style.css 中）"对话框中设置 CSS 样式，设置"方框"中的"Width"为 760 px、"Float"为 left。插入 right 标签后的效果如图 6-71 所示。

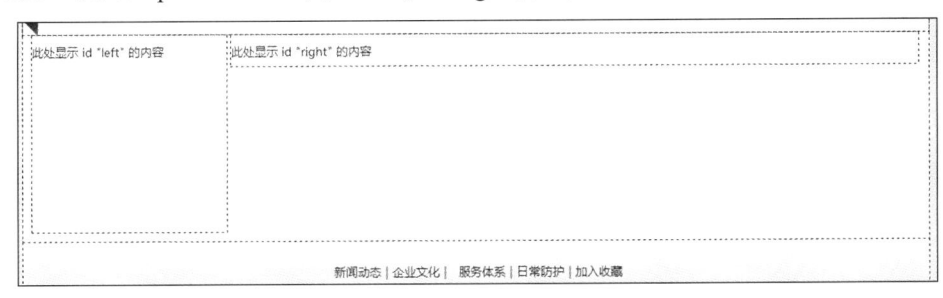

图 6-71　插入 right 标签后的效果

至此，二级页面模块化布局完成，预览效果如图 6-72 所示。

图 6-72　二级页面模块化布局的预览效果

2. 制作二级链接列表

二级页面中左侧的链接列表效果如图 6-73 所示。制作二级链接列表的具体操作步骤如下。

（1）插入 DIV 标签 left_title。将光标定位在"left"标签中，单击"插入"面板中的"插 Div"按钮，在打开的"插入 Div"对话框中插入"ID"为"left_title"的标签。

（2）插入图像。将光标定位在"left_title"标签中，单击"插入"面板中的"Image"按钮，插入图像文件"ltt01.jpg"。

（3）输入文字，设置项目列表。将光标定位在"left"标签中"left_title"标签的后面，以段落的形式分别输入文字"防水工程案例"、"运动场地案例"和"室内地坪案例"。选中所有输入的文字，单击"插入"面板中的"项目列表"按钮，效果如图 6-74 所示。

图 6-73　二级链接列表效果　　　　图 6-74　设置项目列表后的效果

（4）设置列表样式。选中列表，单击"CSS 设计器"面板中"选择器"左侧的"+"号，添加"#left ul li"CSS 样式。

在下方"属性"面板中选择"文本"选项，设置"line-height"为 35 px；选择"背景"选项，设置"background-image"为 bj03.jpg，设置"background-repeat"为 no-repeat；选择"布局"选项，设置"margin"选项组中的左为 15 px，设置"padding"选项组中的左为 30 px，效果如图 6-75 所示。

（5）插入图像，输入联系信息。将光标定位在列表下方，单击"插入"面板中的"Image"按钮，插入图像文件"ltt02.jpg"。再以段落形式输入文字"地　址：************"、"电　话：**** - ********"、"邮　编：******"和"邮　箱：********@qq.com"，效果如图 6-76 所示。

至此，二级链接列表制作完成。

3. 制作列表项内容

二级页面中右侧的列表项内容效果如图 6-77 所示。制作列表项内容的具体操作步骤如下。

图 6-75　设置列表 CSS 样式后的效果 　　图 6-76　联系信息效果

图 6-77　列表项内容效果

（1）插入和设置 DIV 标签 float_img。将光标定位在 right 标签中，单击"插入"面板中的"Div"按钮，在打开的"插入 Div"对话框中插入"Class"为"float_img"的标签。在"#float_img 的 CSS 规则定义（在 style.css 中）"对话框中设置 CSS 样式，设置"方框"中的"Width"为 245 px、"Float"为 left，设置"Margin"全部相同，都为 5 px。

（2）插入图像。光标定位在"float_img"标签中，单击"插入"面板中的"Image"按钮，插入图像文件"case1.jpg"。插入图像后的效果如图 6-78 所示。

图 6-78 插入图像后的效果 3

（3）插入和设置 DIV 标签 float_text。将光标定位在"right"标签中"float_img"标签的后面，单击"插入"面板中的"Div"按钮，在打开的"插入 Div"对话框中插入"Class"为"float_text"的标签。在"#float_text 的 CSS 规则定义（在 style.css 中）"对话框中设置 CSS 样式，设置"方框"中的"Width"为 500 px、"Float"为"left"，设置"Padding"选项组中的"Top"为 5 px，效果如图 6-79 所示。

图 6-79 插入 float_text 标签后的效果

（4）输入文字。将光标定位在"float_text"标签中，复制并粘贴文字素材中的文字，效果如图 6-80 所示。

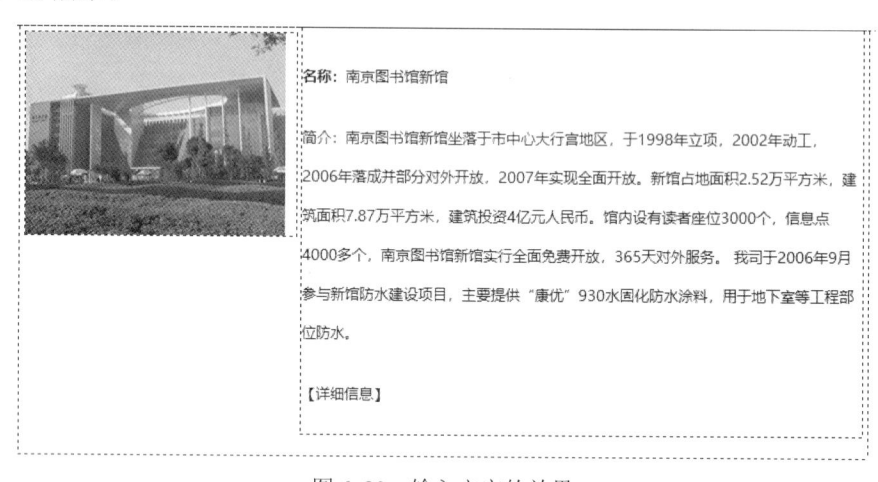

图 6-80 输入文字的效果

（5）设置文字 CSS 样式。选择"窗口"→"属性"选项，打开"属性"面板，分别选中文字"名称："和"简介："，单击"属性"面板左侧的 CSS 按钮切换到 CSS 设置，在"字体"右侧的"字体粗细"选项中选择"bold"，设置文本加粗。选中文字"【详细信息】"，再单击 CSS 设置中"字体"右侧的 按钮，设置文本右对齐。对文字"【详细信息】"添加空链接，并在"CSS 设计器"面板中单击"选择器"左侧的"+"号，添加".float_text p a" CSS 样式，设置"color"为红色#ff0000，效果如图 6-81 所示。

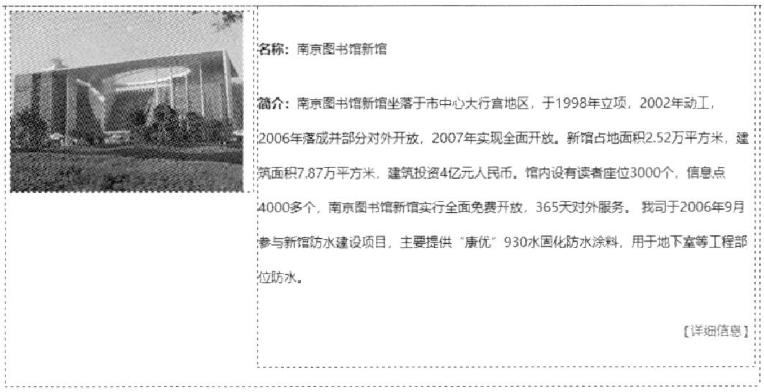

图 6-81　设置文字的效果

（6）复制 DIV 标签 float_img 和 float_text。选中 float_img 和 float_text 标签的所有内容并复制，将光标定位在"right"标签中"float_text"标签的后面，使用 Ctrl+V 组合键粘贴两次，以此方法来套用图片文字的样式效果，效果如图 6-82 所示。

图 6-82　复制文字的效果

（7）替换图像和文字内容。单击需要替换的图像，单击图像左上角的 ≡ 按钮编辑 HTML 属性，并分别在"src"属性中更改图像源文件为"case2.jpg"和"case3.jpg"。分别选中需要替换的文字，并粘贴文字内容，效果如图 6-83 所示。

图 6-83　修改图像和文字后的效果

至此，二级页面"工程案例"制作完成，其他页面的制作方法与此类似，这里不再赘述。

6.4.4　网站测试与发布

1．测试网站

针对本项目的网站，主要进行的测试包括多媒体等元素是否显示正常、超链接是否正常等。用户可以选择"站点"→"站点选项"→"检查站点范围的链接"选项，即可打开"链接检查器"面板，检查是否存在断链、孤立文件等。链接检查无误后，可以在浏览器中浏览各页面，检查文字、图片、链接是否有误；是否会出现乱码，网页原色定位是否准确，浏览速度和视觉效果是否满意等。经过测试、修改，再测试、再修改，反复修改，直到各方面都合格后方可发布到网站。

较复杂的动态网站在发布前还需要进行服务器配置、本机配置等。由于本网站主要是 HTML 页面，所以主要在前面所述的新建站点时进行本机配置。

2. 网站发布

网站发布是指将网页文件上传至 Web 服务器。在网站发布前一般先申请一个域名空间。若空间已申请成功，则可以先与远程 Web 服务器进行连接，连接成功后，单击"文件"面板中的"定义服务器"按钮，先进行远程服务器定义（图 6-84），然后选择"站点"→"上传"选项，根据提示向远程服务器上传本地站点。上传成功后，就可以在浏览器中输入正确的网址访问此网站内容。

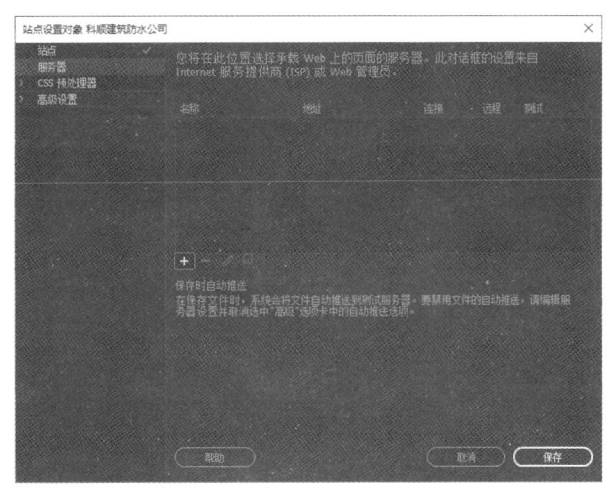

图 6-84 远程服务器定义

6.4.5 制作说明文档

说明文档用于对制作的作品进行主要内容等方面的简要说明，以便于用户了解作品概要及团队间的学习交流。说明文档的要点参考模板请扫描上方的二维码进行阅览。

扫一扫看说明文档模板

6.5 项目评价

1. 评价指标

从创造性、艺术性、科学性、技术性 4 个方面，对站点的目录结构、各页面的布局结构、颜色搭配、文字、图像、动画设置是否合理，网页间的链接是否顺畅，网页制作技术的应用及网站的整体浏览效果等方面进行综合评分。本项目评价采用百分制计分，评价指标与权值请扫描上方的二维码进行阅览。

扫一扫看网站作品评价指标表

2. 评价方法

在组内自评的基础上，小组互评、教师总评在由各组指定代表演示作品完成过程时进行。小组将完成后的个人任务评价表交给教师，由教师填写任务的总体评价。个人任务评价表参考模板请扫描上方的二维码进行阅览。

扫一扫看网站作品个人任务评价表

6.6 项目总结

6.6.1 问题探究

1. 为什么网站的首页主文件名一般命名为 index？

答：网站的首页主文件名为"index"，这是一种网站首页命名规范。如果网站是静态的，那么扩展名是.html；若网站是动态的，则扩展名要看使用的程序语言。例如，ASP 的扩展名是.asp，PHP 的扩展名是.php，.net 的扩展名是.aspx。在浏览器地址栏中输入网址，即使不输入"index.htm"或"index.asp"等，浏览器也能正确找到该文件并正确显示出来，因为 Web 服务器默认的首页文件名是"index.htm"或"index.asp"等。

2. 如何在网页中插入多个空格？

答：在制作网页时，有时需要输入多个连续的空格，但在有些时候却无法输入，解决的方法有以下几种。

（1）按 Ctrl+Shift+Space 组合键。

（2）将输入法切换至中文全角状态，然后按 Space 键即可。

（3）切换到代码视图，在需要添加空格的位置，输入代码 ，输入几次代码就会出现几个空格。

（4）单击"插入"面板中的"不换行空格"按钮，即可直接输入空格。

（5）选择"编辑"→"首选项"选项，在打开的"首选项"对话框的"常规"分类中选中"允许多个连续的空格"复选框，单击"确定"按钮，即可按 Space 键在网页中插入空格。

3. 为什么在 Dreamweaver CC 2018 中按 Enter 键换行时，与上一行的距离很大？

答：在 Dreamweaver CC 2018 中按 Enter 键换行时，默认的是一个段落，而不是一般的单纯换行。段落与段落之间会产生空行，因此若要换行但不产生空行，按 Shift+Enter 组合键即可。

4. 如何让网页紧贴顶部和左部？

答：单击页面上的任意空白区域，然后选择"窗口"→"属性"选项，打开"属性"面板。在"属性"面板中单击"页面属性"按钮，在打开的"页面属性"对话框中设置左边距和上边距为 0 即可。

5. 如何制作"空链接"？

答：空链接也就是没有链接对象的链接。在制作链接时，在"属性"面板的"链接"文本框中输入"#"标记即可。

6. 网页制作中有哪几种 CSS 样式设置方法？

答：网页制作中有内联式样式设置、直接嵌入式样式设置和外部链接式样式设置 3 种方式。

（1）内联式样式设置：直接在要设置样式的各标记元素中修改 style 属性，适用于网页中个别需要修改的元素的样式定义。

（2）直接嵌入式样式设置：在 HTML 文档的<head></head>之间添加<style></style>定义，<style></style>部分是所有需要设置样式的元素的属性定义，适用于单独网页的样式定义。

（3）外部链接式样式设置：把所有样式定义放在一个独立的文件中，凡是需要使用该文件中规定样式的网页，只要在其<head>与</head>之间添加一个对该样式文件的链接：<link type="text/css" href="MyStyle1.css" rel="Stylesheet"/>即可，适用于需要统一显示样式的网站建设。

7. 用户自定义的类"Class"和 ID 在定义和使用时有什么区别？

答：定义时，类以英文形式的句点"."为起始标志，ID 以"#"为起始标志。使用时，类可以在一个页面中被多个不同的元素引用，而 ID 在一个页面中只能被引用一次。

8. 如何利用 Dreamweaver CC 2018 徒手编辑网页代码？

答：在 Dreamweaver CC 2018 中，切换到代码视图就可以对网页代码进行编辑。

9. 如何搜寻网页并替换内容？

答：选择"查找"→"在文件中查找和替换"选项，在打开的"查找和替换"对话框中的"查找"文本框中指定搜寻的目标，在"替换"文本框中输入替换的内容，单击"替换"或"替换全部"按钮即可。

6.6.2 知识拓展

1. HTML 标签

HTML 标签，即 HTML 网页标签，是网页浏览器识别符。在网页程序中不同的标签有着不同的意义，也代表不同功能和样式。在一个常见 HTML 网页中有很多不同的标签。

例如，HTML 网页标签以一对"<>"代表开始与结束，如<html></html>是一对超文本开始与结束标签；<head></head>是一对头部声明标签；<title></title>是标题标签，其内容在浏览器标题栏上显示；<body></body>是一对内容标签，即要在网页中显示的内容都放入此标签中；<p></p> 是一对段落标签。

在 Dreamweaver CC 2018 中的文档工具栏中，切换到"拆分"或"代码"视图均能看到代码中的 HTML 标签。

2. HTML 5

HTML 5 是构建 Web 内容的一种语言描述方式，是互联网的下一代标准，是构建及呈现互联网内容的一种语言方式。HTML 5 被认为是互联网的核心技术之一。

HTML 5 技术结合了 HTML 4.01 的相关标准并革新，符合现代网络发展要求，在 2008 年正式发布。HTML 5 由不同的技术构成，在互联网中得到了非常广泛的应用，提供更多增强网络应用的标准机制。与传统的技术相比，HTML 5 的语法特征更加明显，并且结合了 SVG 的内容。这些内容在网页中使用可以更加便捷地处理多媒体内容，而且 HTML 5 中还结合了其他元素，对原有的功能进行调整和修改，进行标准化工作。HTML 5 将 Web 带入一个成熟的应用平台，在这个平台上，视频、音频、图像、动画及与设备的交互都进行了规范。

3. CSS 3

CSS 3 是 CSS（层叠样式表）技术的升级版本，主要包括盒子模型、列表模块、超链接方式、语言模块、背景和边框、文字特效、多栏布局等模块。它允许使用者在标签中指定特定的 HTML 元素而不必使用多余的 class、ID 或 JavaScript。CSS 3 的新特征有很多，如圆角效果、图形化边界、块阴影与文字阴影、使用 RGBA 实现透明效果、渐变效果、使用 @Font-Face 实现定制字体、多背景图、文字或图像的变形处理（旋转、缩放、倾斜、移动）、多栏布局、媒体查询等。

4. JavaScript 脚本

JavaScript 是一种脚本语言，一般用在客户端，它可以增强静态的 Web 应用的功能，从而为 Web 页面提供动态的、个性化的内容，通过 JavaScript 还可以与用户进行交互。JavaScript 允许用户交互浏览精彩纷呈的个性化内容，可以极大地提升网页和 Web 应用程序的吸引力。现在，各 Web 站点都广泛使用 JavaScript 来实现炫目的下拉菜单、滚动的文字和各式图像切换效果。各种主流的浏览器都支持 JavaScript，其已经成为客户端 Web 开发的首选脚本语言。

5. 动态网页制作工具

目前，最常用的 3 种动态网页语言主要有 ASP.NET、JSP（Java Server Pages）和 PHP。ASP.NET 是微软公司的一项技术，是一种使嵌入网页中的脚本可由 Internet 服务器执行的服务器端脚本技术。ASP.NET 一般分为两种开发语言，VB.NET 和 C#，C#相对比较常用，可以用微软公司的产品 Visual Studio.net 开发环境进行开发。JSP 是由 Sun Microsystems 公司倡导、许多公司参与一起建立的一种动态网页技术标准，是在传统的网页 HTML 文件（*.htm、*.html）中插入 Java 程序段（Scriptlet）和 JSP 标记（Tag），从而形成 JSP 文件（*.jsp）。使用 JSP 开发的 Web 应用是跨平台的，既能在 Linux 下运行，也能在其他操作系统上运行。PHP 是英文超级文本预处理语言 Hypertext Preprocessor 的缩写，它是一种 HTML 内嵌式的语言，是一种在服务器端执行的嵌入 HTML 文档的脚本语言，语言的风格类似于 C 语言，被广泛运用。

在 ASP.NET、JSP、PHP 环境下，HTML 代码主要负责描述信息的显示样式，而程序代码则用来描述处理逻辑。普通的 HTML 页面只依赖于 Web 服务器，而 ASP.NET、JSP、PHP 页面则需要附加语言引擎分析和执行程序代码。程序代码的执行结果被重新嵌入 HTML 代码中，然后一起发送给浏览器。ASP.NET、JSP、PHP 三者都是面向 Web 服务器的技术，客户端浏览器不需要任何附加的软件支持。

6.6.3 技术提升

在 Dreamweaver CC 2018 中除可以创建 HTML 页面外，还可以使用 JavaScript 行为创建动态效果。

行为是某个事件和由该事件触发的动作的组合。在 Dreamweaver CC 2018 中，主要通过"行为"面板来将行为添加到页面的标签上，并可以对以前添加的行为参数进行修改，当然，还可以直接在 HTML 源代码中进行修改。选择"窗口"→"行为"选项，即可打开"行为"面板，如图 6-85 所示。在"行为"面板中，可以先指定一个动作，然后指定触发该动作的事件，以此将行为添加到页面中。

行为可以附加到整个文档，还可以附加到超链接、图像、表单元素和其他 HTML 元素。首先在页面上选择一个元素，单击"添加行为"按钮，在弹出的"添加行为"下拉列表中选择一个动作，如图 6-86 所示。

该下拉列表中，包含了可以附加到当前选定元素的动作。从该下拉列表中选择一个动作时，将会打开一个对话框，可以在此对话框中指定该动作的相关参数。为该动作输入参数，然后单击"确定"按钮即可添加行为。如果该下拉列表中的某个动作处于灰色显示状态，则说明该动作不能使用。

添加行为后，单击这个行为左侧的事件，则在该事件的旁边出现一个下拉按钮。单击下拉按钮，可以在弹出的下拉列表中为该行为选择不同的事件，如图 6-87 所示。

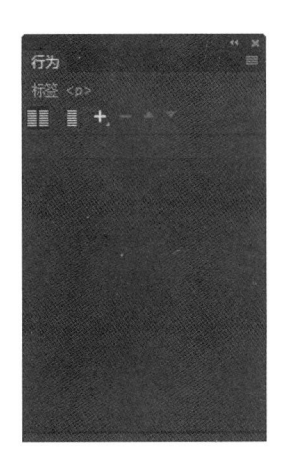

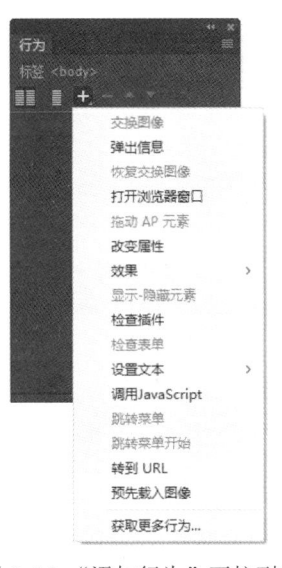

图 6-85 "行为"面板　　图 6-86 "添加行为"下拉列表　　图 6-87 选择事件

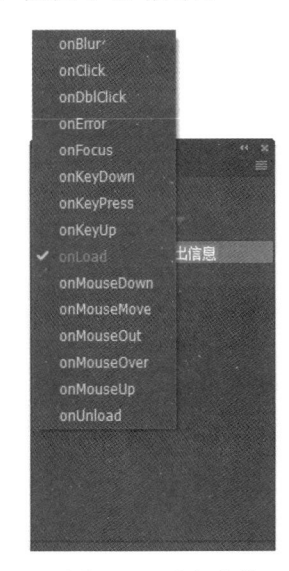

如果需要修改行为的参数，只需双击行为名称，或者先选择它然后按 Enter 键，就可以在打开的窗口中修改这个行为的参数。如果要删除某个行为，选中后单击"删除事件"按钮 ━ 即可从行为列表中删除所选定的事件和动作。

6.7 拓展训练

1. 改进训练

1）训练内容

运用 Dreamweaver CC 2018 网页制作技术为"科顺建筑防水公司"网站制作其他的二级页面和三级页面，即当浏览者单击首页中的"业务范围"、"客户服务"和"关于我们"等链接时，打开的网页。

2）训练要求

（1）相关的二级页面包括"工程案例"、"业务范围"、"客户服务"和"关于我们"4 个模块。在首页导航栏中单击相应的链接，即可链接至二级页面。

（2）在二级页面中，单击左侧的链接列表则可跳转到三级页面，显示对应的内容。

3）重点提示

合理设计"科顺建筑防水公司"网站的其他模块，内容与页面风格可以借鉴前面模块，也可以自行创新，但整体风格必须和谐统一。

2. 创新训练

1）训练内容

运用 Dreamweaver CC 2018 网页制作技术制作旅游网站。

2）训练要求

（1）主题选择要求。选择一个旅游景点，收集图像、声音、动画、视频等媒体素材，制作旅游主题网站。

（2）内容要求。要求主题明确、内容健康、具体，各页面的文字、图像、动画能够清晰地表达主题。

（3）版面与色彩要求。版面结构合理，每一页面都能方便地实现链接；色彩搭配协调、美观；页面设计规范；无乱码、空链接和错误链接。

3）重点提示

合理设计主题旅游网站的色彩与风格，使各模块风格统一，能衬托主题。

项目小结

本项目以策划、设计并制作"科顺建筑防水公司"网站的学习任务为中心，学习使用 DIV+CSS 布局技术，并以 Dreamweaver CC 2018 为主要制作工具。本项目旨在训练学生网站总体设计、界面设计的能力及制作各页面并将各页面进行有效整合的能力；运用网站制作软件设计、制作、测试、发布网站的能力；撰写网站说明文档的能力；与人良好沟通、合作完成学习任务的能力。本项目围绕项目完成，在项目分析的基础上提供了完成该项目需要的相关知识、详细的项目设计与制作过程、项目评价指标与方法、说明文档等，最后从问题探究、知识拓展、技术提升 3 个方面对项目进行了总结。在完成此项目示范训练的基础上，增加了改进型训练、创新型训练，以逐步提高学习者完成网站的综合职业能力。

练习题 6

1. 理论知识题

（1）下列属于静态网页的是（　　）。

A．Index.htm B．Index.jsp C．Index.asp D．index.php

（2）在 Dreamweaver CC 2018 中，下列关于使用列表的说法中，错误的是（　　）。

A．列表是指把具有相似特征或是具有先后顺序的几行文字进行对齐排列

B．列表分为有序列表和无序列表两种

C．所谓有序列表，是指有明显的轻重或先后顺序的项目

D．不可以创建嵌套列表

（3）使用链接时，若想在一个新窗口打开被链接的文档，应在"属性"面板的目标下拉列表中选择（　　）。

A．_blank B．_parent C．_self D．_top

(4) 下列有关超链接的描述中，正确的是（　　）。

A．可以建立一个空链接，只需在链接中输入"＃"即可

B．如果不设置目标属性，则默认为_blank

C．目标属性中值的个数是不会发生变化的

D．如果要链接到"新浪网"，那么只需在链接中输入"sina.com.cn"即可

(5) 如图 6-88 所示为一个 border（边框）为 1 像素的 DIV 块，总宽度为 215 像素（包括 border），阴影区为 padding-left（左填充）为 25 像素，那么此 DIV 的宽度应设置为（　　）像素。

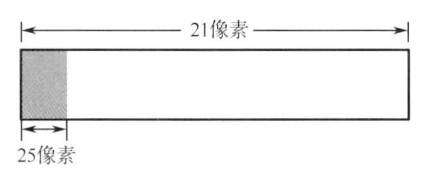

图 6-88　DIV 块

A．188　　　　　　B．190　　　　　　C．215　　　　　　D．186

(6) 创建自定义 CSS 样式时，类选择器名称的前面必须加一个（　　）。

A．$　　　　　　B．#　　　　　　C．?　　　　　　D．.（句点）

(7) 样式定义类型中的（　　）主要用于进行背景色或背景图片的各项设置。

A．背景　　　　　B．区块　　　　　C．列表　　　　　D．扩展

(8) 在 HTML 文档中，引用外部样式表的正确位置是（　　）。

A．文档的末尾　　B．文档的顶部　　C．<body>部分　　D．<head>部分

(9) a:hover 表示超链接文字在（　　）时的状态。

A．鼠标按下　　　　　　　　　　　B．初始

C．鼠标指针移到该位置　　　　　　D．访问过后

(10) 外部 CSS 样式文件的引用是通过（　　）来实现的。

A．新建 CSS 样式　B．编辑样式　　C．附加样式　　D．自动应用

2．技能操作题

(1) 使用 DIV+CSS 进行左、中、右三栏布局，要求宽为 300 像素、高为 300 像素，适当设置背景。

(2) 新建网页，使用 DIV+CSS 实现头部+2 列左侧固定、右侧自适应宽度+底部布局，其中页面大小为 1 000 像素，头部高度为 100 像素，中间部分高度为 500 像素，左侧宽度为 200 像素，底部高度为 60 像素，要求页面居中。网页效果图如图 6-89 所示。

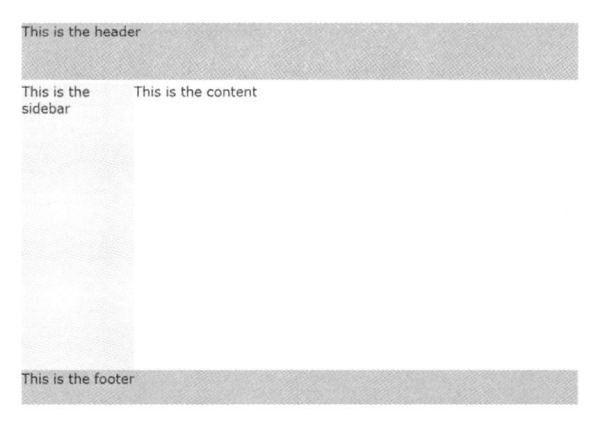

图 6-89　网页效果图

(3) 将下面的列表改成横向展开的导航栏，并且当鼠标指针移到相应的位置时更改背景图片。

```
<ul>
    <li><a href="#">栏目一</a></li>
    <li><a href="#">栏目二</a></li>
    <li><a href="#">栏目三</a></li>
    <li><a href="#">栏目四</a></li>
    <li><a href="#">栏目五</a></li>
    <li><a href="#">栏目六</a></li>
</ul>
```

3. 资源建设题

（1）每位同学下载 3 个自己认为值得推荐的网站，附一份推荐说明，包括下载网址、网站简介、网站特色与亮点，不超过 300 字，上传至资源网站互动平台上交流。

（2）上网搜索自己喜欢的网页制作教程，保存到自己的文件夹中，并注明下载的网址。教师注意提醒学生掌握下载各种文件的方法。

4. 综合训练题

运用所学的网页制作技术设计和制作一个网站，技术及内容要求如下。

（1）建立一个独立站点，站点名称自行命名。

（2）搭建站点目录结构：要求文件夹名、文件名命名规范，注意绝对不要在制作中使用中文。

（3）首页要求使用 DIV+CSS 技术建立自己的网页布局，结构清晰（素材内容由读者自行决定，但必须有重点，可以制作自己感兴趣的相关内容的网站，如关于音乐、游戏、个人介绍等）。

（4）设置 CSS 样式（如文本样式、背景样式、区块样式、方框样式设置等），并应用 CSS 样式来美化页面。

（5）制作的网页中必须插入图像、文字、动画、音效等多媒体素材，素材可以原创也可以引用。

（6）制作一个会员申请页面：要求用到单行文本域、多行文本域、密码域、表单按钮、复选框、单选按钮、滚动列表、文件上传域。

（7）在首页中添加任意行为（根据网页内容来决定）。

项目 7

多媒体综合应用二
——"众志成城·抗击疫情"移动场景设计与制作

知识目标

扫一扫下载多媒体综合应用移动场景设计与制作教学课件

扫一扫下载"众志成城·抗击疫情移"动场景设计素材

(1) 了解移动场景作品的特点。
(2) 熟悉多媒体素材处理的方法。
(3) 熟悉易企秀在线平台的基本功能。

技能目标

(1) 能从网上搜索、在线阅读和下载移动场景作品。
(2) 能对图像、音频等多媒体素材进行处理并集成到易企秀工作台中。
(3) 掌握易企秀平台制作移动场景作品的操作步骤与技巧。
(4) 掌握主题移动场景作品的设计、制作和发布的流程。

7.1 项目提出

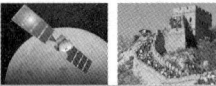

移动场景应用作品融入图形、图像、文本、音频、视频等媒体动态呈现给读者，提供交互式表单、涂抹、超链接等人机交互方式，是一种赏心悦目的阅读方式，可以通过微信二维码、QQ 二维码、微博等方式发布到 PC、手机等终端，为企业或团队提供多媒体场景展示与宣传。易企秀是一款基于智能内容创意设计的 H5 移动场景页面制作软件，支持多种媒体和交互式组件的集成使用。易企秀内置 H5、轻设计、长页、易表单、互动、视频等多类编辑器和数十款实用小工具，可以让有一定技术和设计功底的用户通过简单操作生成酷炫的 H5、海报图片、营销长页、问卷表单、互动抽奖小游戏和特效视频等形式丰富的创意作品，并支持快速分享到手机端社交媒体。

本项目以易企秀平台为制作工具，介绍"众志成城·抗击疫情"移动场景应用作品的设计、制作与发布过程，旨在训练学习者掌握移动场景作品的特点，运用易企秀平台设计和制作主题移动场景作品的方法和技巧；同时通过对疫情和防疫常识的了解，提高防疫意识。

本项目的学习任务书如表 7-1 所示。

表 7-1 学习任务书

"众志成城·抗击疫情"移动场景设计与制作任务书
1．学习的主要内容及目标 本项目的学习任务是完成"众志成城·抗击疫情"移动场景主题作品的设计与制作。能根据主题内容将文本、图像、声音等素材合理地嵌入作品中，并适当设计交互式特效与文本操作。掌握运用易企秀平台进行设计、制作、发布作品的基本方法与技巧。 **2．设计开发基本要求** 1）总体要求 界面编排合理，内容丰富饱满，能达到图文声并茂、交互方式友好的展示效果。 2）内容要求 内容包含模板应用与编辑、封面页设计与修改、目录页设计与修改、防疫主题各子版块页面的设计与实现、作品发布。其中，各子版块页面中包括文本内容设计、图文模板使用与修改、外部图像和矢量插图的插入与编辑、装饰添加与动画设置、页面与图层等面板的使用、在线发布等。 3）技术要求 能运用其他相关软件处理多媒体素材，使格式符合要求，作品运行显示正常、播放顺畅、交互式操作运行顺畅。 **3．上交要求** 作品在一周内上交到指定课程平台，并存放到以学号和姓名命名的一个文件中，如"01 张三"。文件夹中包含以下内容。 （1）制作完成的移动场景作品提供网址、微信或 QQ 可访问的二维码。 （2）原始素材文件夹：存放制作过程中用到的素材文件。 （3）设计说明文档：用简练的文字说明设计开发的构思、创意和制作技术，400 字以内；撰写作品制作的详细步骤，命名为"说明文档.doc"。 **4．推荐的主要资源** （1）易企秀官方网站。 （2）易企秀百度贴吧。 （3）码卡设计网站。

7.2 项目分析

"众志成城·抗击疫情"移动场景应用作品的制作,是从整体布局设计开始,分别完成封面、目录、各子版块内容的编排与美化,最终完成一个适合在 PC 端和手机端在线浏览的主题移动场景应用作品。本作品的设计与编排,可以由单人来完成,但如果该移动场景作品的内容和页数较多,也可以通过小组分工来完成。移动场景作品创作的工作流程如图 7-1 所示。

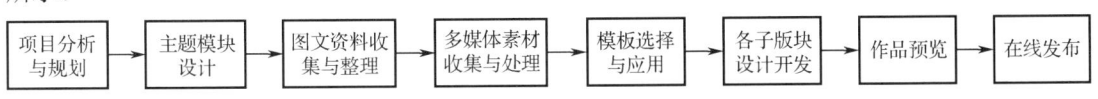

项目分析与规划 → 主题模块设计 → 图文资料收集与整理 → 多媒体素材收集与处理 → 模板选择与应用 → 各子版块设计开发 → 作品预览 → 在线发布

图 7-1 移动场景作品创作的工作流程

上述工作流程,对于具体版块的设计,务必保持格式、色调、背景等元素的统一,其中某些环节如图像、文本、音视频的使用,不是以其使用的数量多少为衡量标准,而是以其内容选择是否符合该版块的特点,是否为阅读者认可,是否有助于表达栏目的内容等为评价参考标准。因此,对于主题移动场景作品的设计,要十分注意各种素材的使用合理性。

1. 关于项目主题

本项目选择防疫和抗疫作为设计主题,与当前时势的需要紧密衔接,不仅可以让更多的人及时了解防疫、抗疫的相关知识,还能通过图文和相关链接直观、及时地看到更新信息,提高防疫意识。在"众志成城·抗击疫情"移动场景作品中,主要展示了国内外的疫情概况、防疫常识、共同防疫、加入我们等内容。其中,防疫常识包括出行和居家注意事项,共同防疫包括组织打疫苗、入口测体温、设置"隔离区"、防疫行程卡、防疫健康码、医院定点治疗、定点核酸检测、积极制定政策、加入我们、感谢支持等模块,通过浏览该作品,读者可以更好地了解防疫的重要性和注意事项。

2. 用户需求分析

多媒体移动应用——"众志成城·抗击疫情"移动场景,适合当前疫情下的防疫工作人员和群众。通过本作品可以了解当前疫情的基本情况、基本政策和防疫的注意事项与方法,对提高大家的防疫意识起到引导作用。

7.3 相关知识

7.3.1 易企秀的工作台界面

易企秀平台提供免费 H5 微场景、海报、长图、表单、视频、互动游戏、建站、小程序等类别应用的制作工具,可以满足企事业团体或个人的活动邀约、品牌宣传、商品促销、人才招聘等多媒体多场景的营销需求。进入易企秀官网后,选择网页左侧的"工作台"选项 工作台,通过与手机绑定或微信扫码等方式即可进入易企秀工作台界面。在网页左侧的"创建设计"下拉列表中,可以选择 H5、海报、长页、表单、互动、视频等类别进行创作。以 H5 作品创作为例，进入"模板中心"，选择一个免费的 H5 模板进入"免费制作"页面，则出现如图 7-2 所示的 H5 工作台界面。H5 移动场景作品工作台界面主要由左、中、右 3 个部分组成。

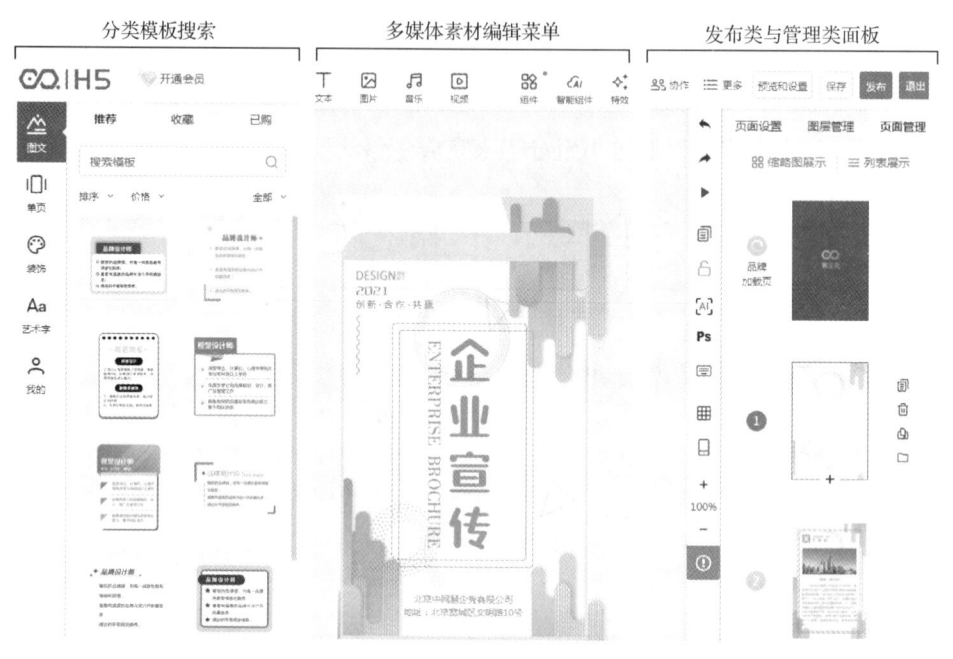

图 7-2　H5 移动场景工作台界面

左侧部分主要包括分类模板名称图标、模板搜索栏和模板展示区。模板类别主要包括图文、单页、装饰、艺术字。

中间部分从上到下是多媒体素材编辑菜单和 H5 页面内容编辑区。其中，多媒体素材编辑菜单包括文本、图片、音乐、视频、组件、智能组件、特效等，通过菜单及下拉列表中的相应选项，可以插入和编辑各类多媒体特效与组件。

右侧部分主要包括上方的预览和设置按钮、保存按钮、发布按钮、退出按钮、页面设置面板、图层管理面板、页面管理面板，以及左边的快捷工具图标。其中，页面设置面板用于页面背景色、音乐、滤镜效果的设置，图层管理面板管理当前页面的各图层，页面管理面板显示各 H5 的页面序列和缩略图。

了解了易企秀的 H5 工作台界面组成及功能布局之后，就可以新建空白页或使用模板进行文本、图像、音频和视频等素材的编辑与操作，完成作品的设计、制作与发布。

7.3.2　易企秀平台专业术语

1. 工作台

工作台是指易企秀平台进行设计与制作主题作品的个人工作界面。进入工作台后，可以使用个人账号选择不同类别的移动场景进行设计、制作与发布。

2. 模板中心

易企秀平台为用户提供了 H5、海报、表单等类别的免费和收费的创意模板。模板是指已进行了整体色彩设计、风格设计、图文等媒体格式和内容设计的主题模板,用户利用模板页的内容与格式,通过编辑与替换可以快速地进行作品的整体性设计与创作。

3. 页面

页面是指移动场景作品中的其中一页,如 H5 移动场景是由页面线性组织而成的,通过设计和制作页面从而组合成一个完整的作品,各页面之间既有联系又相互独立。

4. H5

H5 在易企秀平台中是一种移动场景作品类别。这种类别的作品内嵌了 HTML 5 技术,生成的作品可以方便地在 PC 端、安卓等系统的移动端发布与展示。

5. 长页

长页是相对于翻页形式的页面而言的,将所要展示的内容浓缩在一个长页面显示。

7.3.3 易企秀常用快捷键

使用快捷键可以有效地提高工作效率,易企秀常用快捷键如表 7-2 所示。

表 7-2 易企秀常用快捷键

快捷命令	功能	快捷命令	功能
Ctrl+Z	撤销	Ctrl+C	复制
Ctrl+Y	恢复	Ctrl+X	剪切
Ctrl+S	保存	Ctrl+V	粘贴
平移	→↓↑	Ctrl+L	上移
Ctrl+W	关闭当前文件	Ctrl+K	下移
Ctrl+Shift+L	置顶	Ctrl+Shift+K	置底

7.4 项目实现

在了解了设计和美化所需的软件基本功能后,下面将介绍本项目从设计到具体实现的详细过程。

7.4.1 总体设计

"众志成城·抗击疫情"移动场景的设计与制作,主要包括移动场景的整体结构设计、风格设计、内容设计等主要内容。

1. 整体结构设计

"众志成城·抗击疫情"移动场景主要由封面、目录、疫情简介、防疫常识、共同防疫、加入我们、封底等组成。每个版块都可以灵活地利用文本、图像、动画、音视频等媒体,从而使内容生动灵活、图文声并茂,最大程度地引起阅读者的兴趣,基本结构如图 7-3 所示。

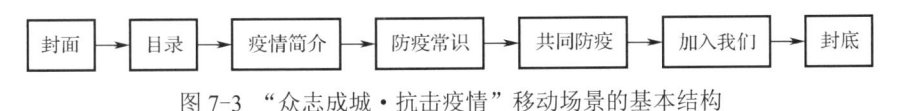

封面 → 目录 → 疫情简介 → 防疫常识 → 共同防疫 → 加入我们 → 封底

图 7-3 "众志成城·抗击疫情"移动场景的基本结构

其中,封面先设计了交互进入的触摸特效,然后呈现标题;目录以提纲的形式呈现本作品的主要版块,便于阅读者能快速、清晰地了解主要内容;各子版块包括疫情简介、防

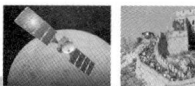

疫常识、共同防疫、加入我们等，从各方面介绍防疫知识与政策；封底主要表示对本作品的支持并附上了进入本作品首页的微信二维码。

2. 风格设计

鉴于"众志成城·抗击疫情"移动场景作品是科普性质的内容展示和介绍性的作品，因此在设计上考虑简洁大方的风格，既体现内容丰富的一面，又不能太过花哨，所以背景图片采用以蓝色为主色。标题等文字选用线条比较粗、显得较庄重的字体，而正文选用默认接近黑体的字体。为了避免作品不过于死板，在各子版块中配以文字和图像的动态效果，使页面活泼而不失大方。同时，也添加了表单、二维码、砸玻璃等交互操作方式，使用户更有参与感。

3. 内容设计

"众志成城·抗击疫情"移动场景作品的设计与开发，其内容主要是展示疫情简介、防疫常识、共同防疫、加入我们等内容。其中，疫情简介包括病毒特点、疫情概况等内容；防疫常识包括出行注意事项、居家注意事项等内容；共同防疫包括组织打疫苗、入口测体温、设置"隔离区"、防疫行程卡、防疫健康码、医院定点治疗、定点核酸检测、积极制定政策等内容；加入我们是通过提交姓名、微信号、留言等方式参与集体志愿活动。

作品的整体设计与成品制作是在不断地修改和完善的过程中完成的，最终完成一个布局编排合理、色彩搭配协调、能够体现内容特点的移动场景应用作品。在该移动场景作品的制作过程中，为了使作品的页面更富有特色，考虑采用图像、声音、动态特效、表单、交互式特效媒体等。这些素材资源可以自行制作，也可以从易企秀平台提供的免费模板中选取。

7.4.2 易企秀登录与模板应用

易企秀是一款在线编辑软件，因此，在运用易企秀制作移动场景作品之前，先要登录易企秀官网，进入软件相应工作界面。同时，通过运用模板，可以快速地进行移动场景的总体设计与编辑。

1. 登录易企秀

打开浏览器，通过百度等搜索引擎，输入关键字"易企秀"，单击相应链接登录"易企秀"官网，或者在浏览器中输入 https://store.eqxiu.com/，进入易企秀官网界面。选择左侧的"工作台"选项 工作台，出现如图 7-4 所示的登录界面。

通过微信扫码登录易企秀工作台界面，如图 7-5 所示，网页页面右上角出现登录的本微信号小图标。

图 7-4 易企秀登录界面

项目 7　多媒体综合应用二

图 7-5　通过微信号登录的工作台界面

注意：登录时建议与手机号绑定，绑定后在发布作品时能快速进行作品的发布与审核。

2. 应用模板

本项目通过应用易企秀提供的设计模板进行创作。选择页面左侧的"免费模板"选项，在模板页面的搜索栏中输入关键字"宣传"，选中"免费"复选框，如图 7-6 所示，选择"简约商务免费品牌公司文化企业宣传"H5 模板。

图 7-6　选择企业宣传免费模板

在如图 7-7 所示的新页面"简约商务免费品牌公司文化企业宣传"中，单击"免费制作"按钮，则应用了模板，可以基于模板页进行页面编辑了。

209

图 7-7 免费制作企业宣传模板

7.4.3 运用易企秀设计与制作移动场景的封面

1. 修改文本内容

双击封面页中的"企业宣传"文本,修改其文字内容为"抗击疫情",双击右侧"图层管理"面板中显示为蓝色的图层名称"新文本 14",将图层重命名为"抗击疫情",如图 7-8 所示。

图 7-8 修改模板文本并重命名图层

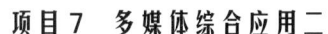

使用同样的方法将页面中竖排的英文文本修改为"众志成城",并将图层重命名为"众志成城"。选择"众志成城"文本,打开"组件设置"面板,在"样式"选项卡中选择"更多字体"选项,在打开的"字体库"对话框中选择"站酷庆科黄油体"选项,逆时针旋转文本框 90°,调整文本框的宽度使文字竖排,效果如图 7-9 所示。

2. 删除模板封面页多余的图层

在"图层管理"面板中,选择"图片 7""新文本 6""新文本 7""新文本 13""新文本 15"图层,按 Delete 键将其删除即可。

3. 添加页面"砸玻璃"特效

图 7-9　封面文本效果

选择页面上方的"特效"菜单,在"特效场景"模块中选择"砸玻璃"选项,在打开的对话框中将提示文字修改为"众志成城·抗击疫情",设置背景颜色为 rgba (79,163,162,1),如图 7-10 所示,然后单击"确定"按钮。在"页面管理"面板中即可看到本页面左侧添加了"砸玻璃"特效标志,如图 7-11 所示。

图 7-10　特效场景编辑对话框　　　　图 7-11　"砸玻璃"特效标志

4. 添加音乐

选择页面上方的"音乐"菜单,在弹出的下拉列表中选择"更换音乐"选项,在打开的"音乐库"对话框中单击"上传音乐"按钮,在本项目素材文件中选择"我在春天等你.mp3",如图 7-12 所示,然后单击窗口右下方的"立即使用"按钮即可。音乐上传后在工作台页面不会显示,只有在预览和发布页面时才会听到音乐。

5. 添加动画

在"图层管理"面板中选择"抗击疫情"文本图层,打开"组件设置"面板,在"动画"选项卡中把动画 1 的"中心放大"动画修改为"翻转进入"动画,设置延时 1 秒,如

图 7-13 所示。使用同样的方法设置"众志成城"文本动画为"翻转进入",延时 1 秒;"圆角矩形 1"图层动画为"向右移入",延时 0.5 秒;"圆角矩形 1 拷贝"图层动画为"向左移入",延时 0.5 秒。

图 7-12 音乐库

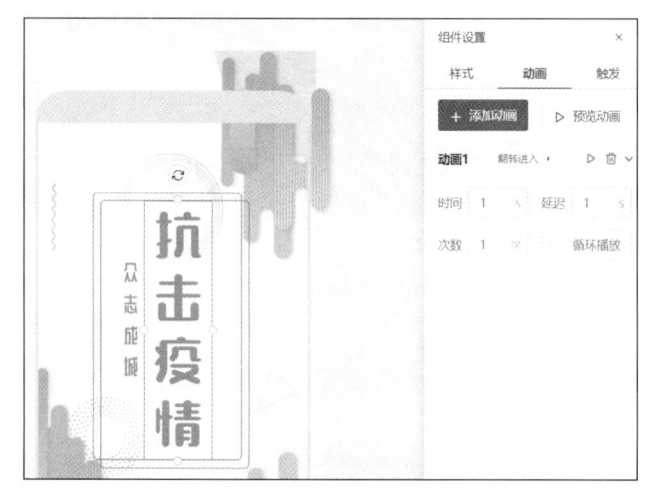

图 7-13 设置动画

7.4.4 运用易企秀设计与制作移动场景的目录

扫一扫看设计与制作移动场景的目录微课视频

1. 删除模板第 2 页的多余内容

在"页面管理"面板中选择第 2 页,在"图层管理"面板中删除"新文本 1""新文本 4""新文本 5""图片 13"图层。

2. 修改目录标题和背景图形

在"图层管理"面板中选择"形状 2",通过拉伸调整正方形的宽度和高度,大致在页面上方水平居中,如图 7-14 所示,将图层重命名为"目录底色"。选择"新文本 6"图层,将其文本框长度拉至和"目录底色"大小一致,修改其文本内容为"目录"。选择"新文本 3"

图层，按 Ctrl+L 组合键，将其上移到"目录"文字图层之上，修改文本内容为"Content"，然后在"组件设置"面板的"样式"选项组中，设置字体为"Aclonica_Reglar"，字号为 14，颜色为纯白色，对齐方式为"居中对齐"，将文字移动到合适位置，如图 7-15 所示。

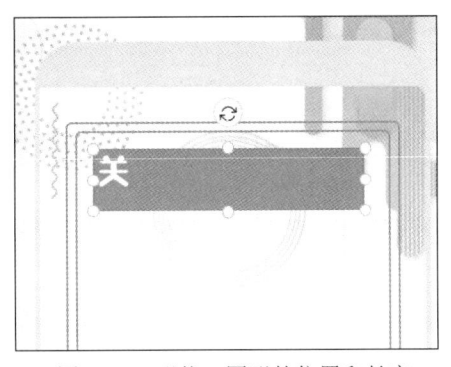

图 7-14　形状 2 图形的位置和长宽　　　　图 7-15　目录标题效果

3. 设置目录二级标题内容

选择"目录底色"图层，单击"图层管理"面板上方的"复制"按钮复制一个图层，将其移动到合适位置，通过页面上方的文本菜单插入文本"疫情简介"，将文本的颜色设置为纯白色，字号大小为 18，字体默认，将文本移动到底色上方。按照上述方法创建其余 3 个二级目录标题文本，效果如图 7-16 所示。

4. 动画设置

将"目录""目录底色""Content"对应图层的动画设置延迟 0.7 秒；设置"疫情简介""防疫常识""共同防疫""加入我们"文本图层的动画为"翻转进入"，延时 1.3 秒；设置"形状 4""形状 6"图层的动画为"向右移入"，延时 1 秒；设置"形状 5""形状 7"图层的动画为"向左移入"，延时 1 秒；设置"形状 1"延时 0.3 秒；设置"形状 3"延时 0.5 秒。

图 7-16　二级目录页面

7.4.5　运用易企秀设计与制作移动场景的各子版块

完成"目录"页制作后，接下来可以根据目录中设计的 4 个子版块分别制作相应的内容。每个版块可以根据内容的特点，应用模板页进行修改。下面介绍 4 个内容版块页面的具体制作步骤。

1. 制作疫情简介的病毒特点页面

具体的操作步骤如下。

扫一扫看制作疫情简介的病毒特点页面微课视频

（1）删除模板多余内容。选择"页面管理"面板中的第 3 页，在"图层管理"面板中删除"新文本 10"、"新文本 9"、"新文本 7"、"新文本 5"、"新文本 1"、"新文本 8"、"新文本 6"、"新文本 13"、"形状 1"、"形状 2"、"形状 3"和"形状 4"图层。

（2）修改标题文本。选择"新文本 15"图层，将文字内容"发"和图层名称修改为"疫"。选择"新文本 14"图层，将文字内容"展历程"和图层名称修改为"情简介"。选择"新文本 4"图层，将文字内容"1987"和图层名称修改为"病毒特点"。

（3）插入图文模板。单击页面左上方的"图文"按钮，在打开的页面中的模板搜索栏中选择"实时关注新型冠状病毒肺炎疫情"模板，如图 7-17 所示。

单击"立即使用"按钮，则在"图层管理"面板中将出现新的"长页-文本-标题"图层，将此图层移到最上面。在场景页中将此图文内容移动至合适位置，在"图层管理"面板选择"长页-文本-标题"图层，在左侧打开的"模板设置"面板中设置"形状 1-形状颜色 1"为 rgba（79,163,162,1），总体效果如图 7-18 所示。

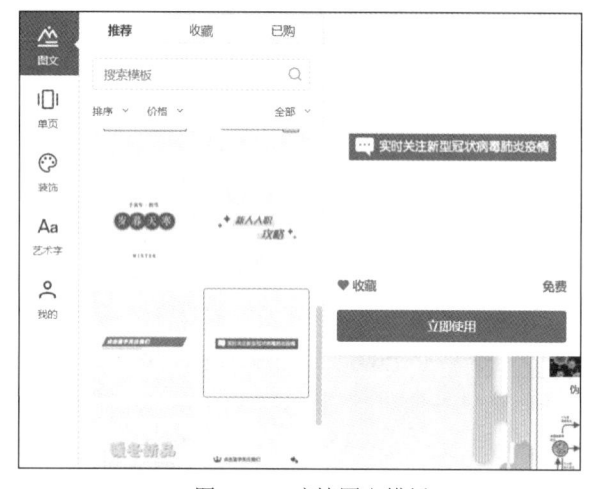

图 7-17 疫情图文模板

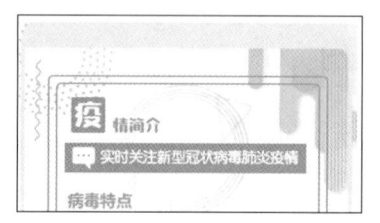

图 7-18 疫情图文模板应用效果

（4）添加文本段落。单击页面上方的"文本"菜单，插入新文本图层，设置其图层名称为"新冠病毒"，将对应关于病毒特点介绍的文本段落输入其中，字体和字的颜色默认，设置文本对齐方式为"左对齐"，效果如图 7-19 所示。设置"新冠病毒"图层的动画为"向上翻滚"。

（5）插入图片。在页面上方单击"图片"按钮，打开如图 7-20 所示的"图片库"对话框，单击"本地上传"按钮，上传本项目素材文件夹中的"伪装性.jpg"文件。

图 7-19 病毒特点文本段落

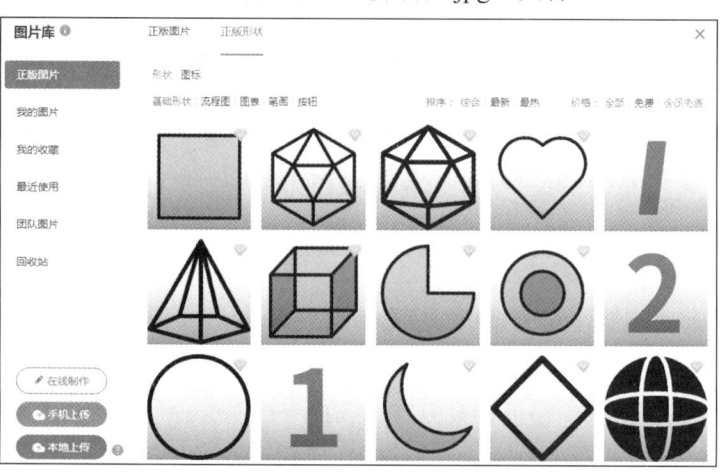

图 7-20 "图片库"对话框

项目 7　多媒体综合应用二

在图片库中单击选择此图片，则图片进入场景页面中，按住此图片等比例缩小后放在合适位置。为了在使用手机端浏览时能看清原图细节，这里在"组件设置"面板的"样式"选项卡中，打开"功能设置"下拉列表中的"查看原图"功能，如图 7-21 所示。

使用同样的方法插入、编辑和设置"潜伏期 1-14 天.jpg"、"传播途径多样.jpg"和"变异性强.jpg"图片。在 4 张图片的下方插入相应的图注文字，字体和颜色默认。至此，本页的最终效果如图 7-22 所示。

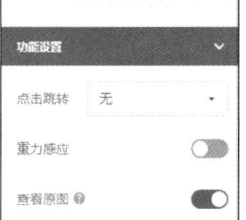

图 7-21　打开"查看原图"功能

扫一扫看制作疫情简介的疫情概况页面微课视频

2. 制作疫情简介的疫情概况页面

具体的操作步骤如下。

（1）删除模板多余内容。在"页面管理"面板中将"疫情简介——病毒特点"页面复制一页。对新生成的页面，通过"图层管理"面板删除"长页-文本-标题"、"变异性强"、"传播途径多样"、"潜伏期 1-14 天"、"伪装性强"、"变异性"、"传播途径"、"潜伏期"和"伪装性"图层及相关内容。

（2）修改文本内容。选择"病毒特点"图层，修改其内容和图层名称为"疫情概况"，并将文本移动至合适位置。选择"新冠病毒"图层，修改其图层名称为"疫情内容"，输入疫情相关的文本内容，字体、字号与颜色默认，效果如图 7-23 所示。

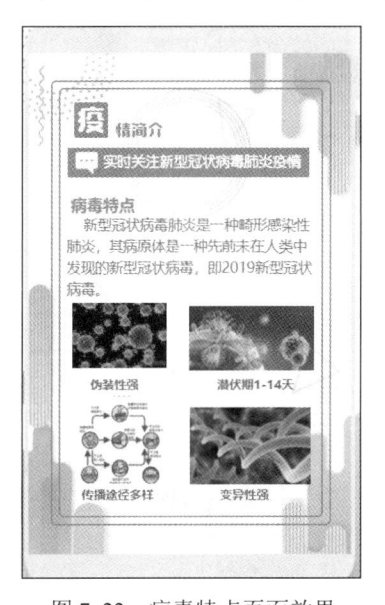

图 7-22　病毒特点页面效果　　　　图 7-23　疫情概况页面效果

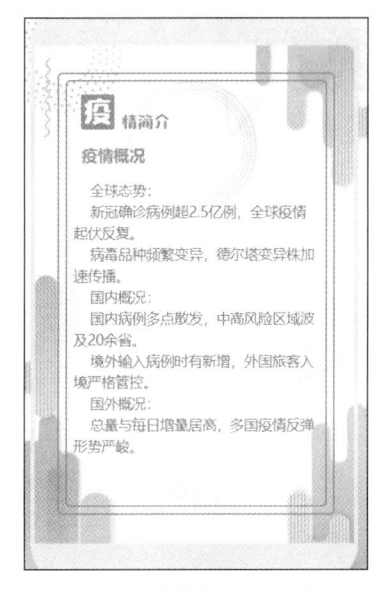

（3）添加箭头装饰。单击页面左侧的"装饰"按钮，在打开的页面中选择"线和箭头"类中的"线和箭头"装饰，然后选择合适的小装饰，如图 7-24 所示，单击"立即使用"按钮。旋转小装饰图 180°并等比例缩小，在"组件设置"面板的"样式"选项卡中修改"形状颜色 1"为 rgba（69,163,162,1）。将此箭头小装饰图层复制两次，将新图层内容放在合适位置，最终效果如图 7-25 所示。

215

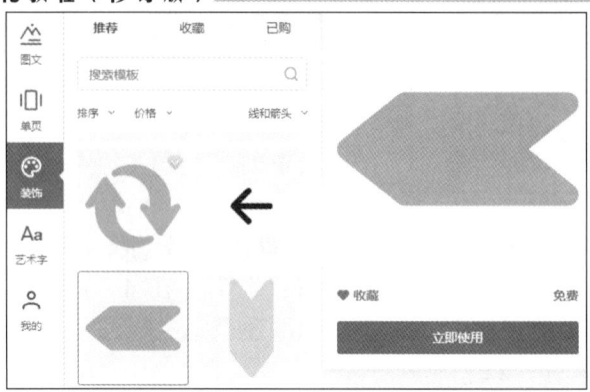

图 7-24　线和箭头类小装饰

（4）设置动画。分别设置"形状 8"、"形状 9"、"形状 10"和"疫情内容"图层的动画为"向左移入"，时间 1 秒，延时 0.2 秒；设置"形状 5"图层的动画为"魔幻向左"；设置"形状 6"图层的动画为"魔幻向右"。

3. 制作防疫常识的出行注意事项页面

具体的操作步骤如下。

（1）删除模板多余内容。在"页面管理"面板中复制疫情概况所在页面，在新生成的页面中删除"形状 8"、"形状 9"、"形状 10"和"疫情内容"图层。

（2）修改文本内容。与前一节页面的操作步骤类似，将此页面中的"疫情概况"、"疫"和"情简介"图层与内容，分别修改图层名称和内容为"出行注意事项"、"防"和"疫常识"。

（3）插入图片和图注。与前一节页面的操作步骤类似，将本项目素材文件夹中对应的"公共场所佩戴口罩.jpg"、"少去高风险地区.jpg"、"少去人流密集场所.jpg"和"保持一米以上距离.jpg"图片文件插入并进行编辑，在图片下方输入对应的图注，字号为 12，文字颜色和字体为默认。至此，本页面的最终效果如图 7-26 所示。

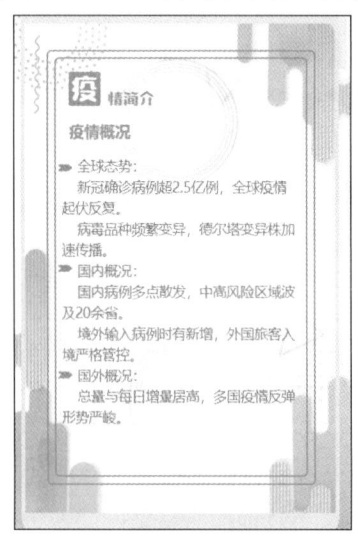

图 7-25　疫情概况页面效果　　　　图 7-26　出行注意事项页面效果

(4）设置动画。设置"形状 5"和"形状 6"图层的动画为"中心放大"；设置"公众场所佩戴口罩"和"少去高风险地区"图层的动画为"向右移入"，延时 0.5 秒；设置"少去人流密集场所"和"保持一米以上距离"图层的动画为"向左移入"，延时 0.5 秒；设置左侧两幅图片的动画为"向右移入"，延时 0.5 秒；设置右侧两幅图片的动画为"向左移入"，延时 0.5 秒。

4. 制作防疫常识的居家注意事项页面

在"页面管理"面板中复制前一页"防疫常识——出行注意事项"页面，在新生成的页面中把"出行注意事项"文本及图层名称修改为"居家注意事项"，将 4 张图片和图注的内容、图层名进行替换和修改，页面的最终效果如图 7-27 所示。

5. 制作共同防疫的组织打疫苗页面

具体的操作步骤如下。

（1）删除模板多余内容。在"页面管理"面板中复制前一页"防疫常识——居家注意事项"页面，在图层管理界面删除"疫常识"、"多通风"、"常消毒"、"勤洗手"和"常锻炼"文本图层，以及"洗手"、"通风"、"消毒"和"锻炼"图片图层。

（2）修改标题文本。把"形状 7"图层的名称修改为"标题底色"，拉长形状大小至上部居中对齐，如图 7-28 所示。选择"防"图层，修改其内容和图层名称为"共同防疫"，拉伸文本框至目录底色中央。选择"居家注意事项"图层，修改其内容和图层名称为"组织打疫苗"。

图 7-27　居家注意事项页面效果　　　　图 7-28　标题底色的位置

（3）插入图片与文本内容。插入"打疫苗.jpg"图片和对应的文本内容，3 段文本的图层名称为"打疫苗文本 1"、"打疫苗文本 2"和"打疫苗文本 3"，将图文移动到合适位置，其中文本设置左对齐，字体、字号及颜色默认，最终效果如图 7-29 所示。

（4）设置动画。先设置"打疫苗文本 1"、"打疫苗文本 2"和"打疫苗文本 3"图层的动画为"向右移入"，延时 0.5 秒；再设置"打疫苗图片"图层的动画为"向左移入"，延时 0.5 秒。

6. 制作共同防疫的入口测体温页面

具体的操作步骤如下。

（1）删除模板的多余内容。复制上一页面，删除"打疫苗文本 1"、"打疫苗文本 2"和"打疫苗文本 3"图层。

（2）修改文本和图片。选择"组织打疫苗"图层，修改其内容和图层名称为"入口测体温"。单击打疫苗图片，在"组件设置"面板的"样式"选项卡中，单击"换图"按钮，把图片换为"测体温.jpg"。添加 4 行新文本，字体、字号、颜色为默认。修改后的效果如图 7-30 所示。

扫一扫看制作共同防疫的入口测体温与设置"隔离区"页面微课视频

图 7-29 组织打疫苗页面效果

图 7-30 入口测体温页面效果

（3）加入箭头小装饰。单击页面左侧的"装饰"按钮后，在打开的页面中选择"线和箭头"类中的"线和箭头"装饰，然后选择合适的小箭头，然后单击"立即使用"按钮，如图 7-31 所示。修改其"形状颜色 1"为 rgba（69,163,162,1）。将箭头再复制 3 次，将小图放置在文本左侧，最终效果如图 7-32 所示。

（4）添加动画。设置"测体温"图片的动画为"向右移动"。

7. 制作共同防疫的设置"隔离区"页面

具体的操作步骤如下。

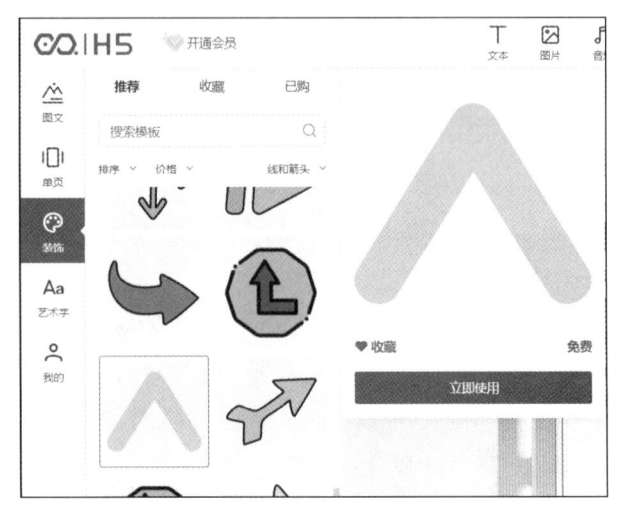

图 7-31 小箭头装饰图

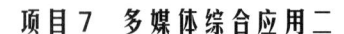

（1）删除模板的多余内容。复制上一页面，删除"形状 7"、"形状 8"、"形状 9"、"形状 10"、"水银测温计"、"电子测温计"、"红外测温计"、"红外线测温仪"和"打疫苗图片"图层。

（2）修改标题。将"入口测体温"修改为"设置'隔离区'"。

（3）添加图片与图注。参考"居家注意事项"所在页面的操作方法与图文显示效果，插入对应的图片和图注，图注文本字号、字体、颜色默认。图片图层分别命名为"配置社区守门员"、"划分责任网络"、"建立防疫小组"和"发放防疫手册"，文本图层分别命名为"社区守门员"、"划分责任网格"、"建立防疫小组"、"发放防疫手册"。最终效果如图 7-33 所示。

图 7-32　入口测体温页面效果　　　图 7-33　设置"隔离区"页面效果

（4）设置图片效果。单击选择"配置社区守门员"图片，在"组件设置"面板中打开"功能设置"下拉列表中的"查看原图"功能，在"边框"下拉列表中设置 4 个圆角均为 5°。

（5）设置图片动画。设置 4 幅图片图层的动画为"翻转进入"，延时 0.5 秒；设置"配置社区守门员"和"建立防疫小组"图层的动画为"向右移入"，延时 0.5 秒；设置"划分责任网络"和"发放防疫手册"图层的动画为"向左移入"，延时 0.5 秒。

8．制作共同防疫的防疫行程卡页面

扫一扫看制作共同防疫的防疫行程卡与防疫健康码页面微课视频

具体的操作步骤如下。

（1）删除模板的多余内容。复制上一页面，删除"划分责任网格"、"建立防疫小组"和"发放防疫手册"图片图层，以及"划分责任网格"、"建立防疫小组"和"发放防疫手册"文本图层，使页面中原有 4 幅图只留下社区守门员相关的图和图注。

（2）修改文本内容、更换图片。修改"设置'隔离区'"文本和图层内容为"防疫行程卡"。选择"配置社区守门员"文本，修改其内容为疫情防控行程卡相关的段落文本，图层命名为"行程卡内容"。选择"配置社区守门员"图片，更换图片为本项目素材文件夹中的"防疫行程卡.jpg"，并将图片移动至合适位置。最终效果如图 7-34 所示。

多媒体技术应用项目化教程（修订版）

9. 制作共同防疫的防疫健康码页面

具体的操作步骤如下。

（1）复制上一页面并修改图文。复制上一页面，将"防疫行程卡"文本及图层名修改为"防疫健康码"。将原"疫情防控行程卡"段落文本内容改为"绿码"相关文本，图层名修改为"健康码文本 1"。增加两个文本图层，分别添加黄码、红码相关文字内容，图层命名为"健康码文本 2"和"健康码文本 3"。

（2）设置新文本动画。设置新加入的黄码、红码文本图层的动画为"向右移入"，延时 0.5 秒。最终效果如图 7-35 所示。

图 7-34　防疫行程卡页面效果　　　图 7-35　防疫健康码页面效果

10. 制作共同防疫的医院定点治疗与定点核酸检测页面

扫一扫看制作共同防疫的医院定点治疗与定点核酸检测及积极制定政策页面微课视频

具体的操作步骤如下。

（1）删除模板的多余内容。复制上一页面，删除"健康码文本 1"、"健康码文本 2"和"健康码文本 3"图层。

（2）修改标题、更换和添加图片。选择"防疫健康码"文本图层，修改文本内容和图层名为"医院定点治疗"，复制此文本图层，在复制出来的文本中输入"定点核酸检测"并命名为同名的图层。更换健康码图片为"医院定点治疗.jpg"图片，添加新图片"核酸检测.jpg"，调整其大小与位置并将图片放置核酸检测文本下方。最终效果如图 7-36 所示。

11. 制作共同防疫的积极制定政策页面

具体的操作步骤如下。

（1）删除模板的多余内容。复制上一页面，删除"定点核酸检测"文本图层、"医院定点治疗"和"核酸检测"图片图层。

（2）修改与插入文本。修改"医院定点治疗"文本和图层名称为"制定积极政策"，添加 4 个新文本图层，输入 4 段与政策相关的文本内容，并将图层分别命名为"政策 1"、"政策 2"、"政策 3"和"政策 4"，页面效果如图 7-37 所示。

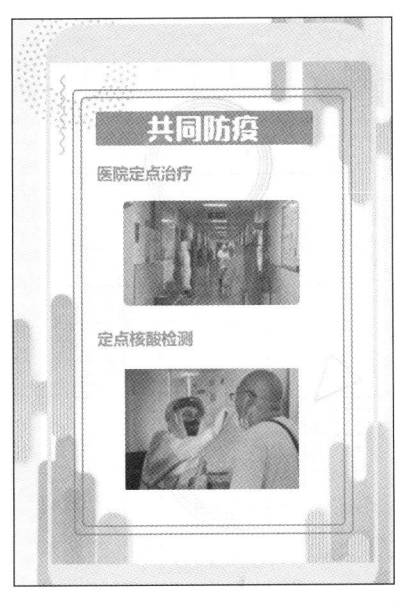

图 7-36　医院定点治疗与定点核酸检测页面效果　　图 7-37　积极制定政策文本内容

（3）添加小旗帜图标。单击浏览器上方的"图片"菜单，在打开的"图片库"对话框中选择"正版图片"→"正版形状"→"图标"→"免费"选项，单击选择小旗帜图标，如图 7-38 所示，并在编辑页面调整旗帜并将其移到文本左侧。使用同样的方法再复制生成 3 个小旗帜图标，分别放置在政策文本左侧。最终效果如图 7-39 所示。

（4）设置文本触发外链网址。选择"政策 1"文本图层内容，在"组件设置"面板的"触发"选项卡中选择"点击触发"下拉列表中的"跳转外链"样式，如图 7-40 所示，在下方"跳转外链"文本框中输入相应政策的外链网址。使用同样的方法将其他 3 个文本政策也添加跳转外链效果。

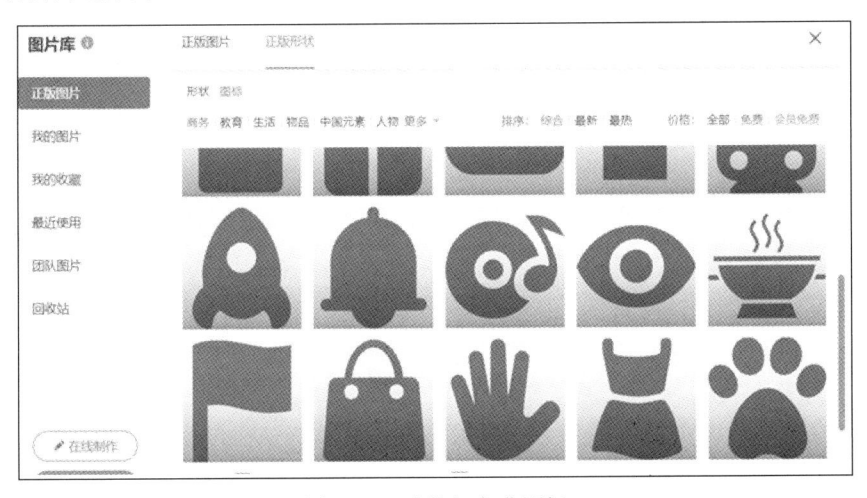

图 7-38　小旗帜免费图标

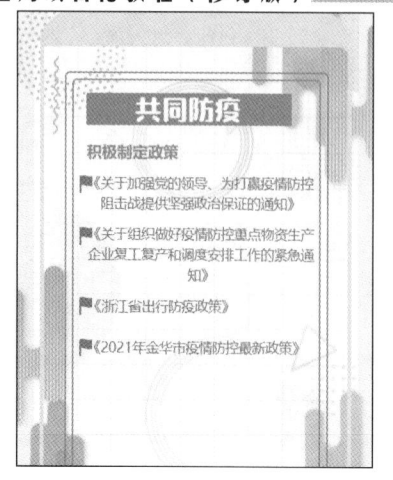

图 7-39　积极制定政策页面效果　　　　图 7-40　设置文本触发外链

12. 制作加入我们页面

（1）删除模板的多余内容。在"页面管理"面板中，找到"项目合作"内容所在的原模板页，删除"地图 1"、"新文本 7"和"新文本 6"图层。

（2）修改文本内容。选择"新文本 9"图层，将文本内容修改为"为抗疫贡献你的一份力量"，字号为 14，居中对齐。选择"形状 3"图层，拉长形状与下方的文本框同宽；选择"新文本 8"图层，修改文本内容为"加入我们"。选择"输入框 1"、"输入框 2"和"输入框 3"图层，在文本右侧添加"："。最终效果如图 7-41 所示。

13. 制作感谢支持页面

（1）删除模板的多余内容。复制上一页面，删除"输入框 1"、"输入框 2"、"输入框 3"、"提交按钮 1"和"新文本 9"图层。

（2）修改文本。选择"加入我们"文本图层，修改文本内容为"感谢支持"。

（3）插入二维码图片。在"感谢支持"文字下方，插入本项目素材文件夹中的"众志成城·抗击疫情"二维码图片，调整图片大小并放置在合适位置。最终效果如图 7-42 所示。

扫一扫看制作加入我们、感谢支持及目录文本跳转页面微课视频

图 7-41　加入我们页面效果　　　　图 7-42　感谢支持页面效果

14. 设置目录文本跳转页面

回到目录所在页面，单击"疫情简介"文本，在"组件设置"面板的"触发"选项卡中，设置"跳转页面"到页面 3。使用同样的方式设置"防疫常识"、"共同防疫"、"加入我们"文本分别跳转到页面 5、页面 7、页面 14。

至此，移动场景作品完成设计与制作，单击浏览器页面右上角的"保存"按钮保存此作品。

7.4.6 发布移动场景

扫一扫看移动场景发布微课视频

1. 设置移动场景发布页面

（1）发布与预览窗口设置。保存作品后，单击浏览器页面右上角的"发布"按钮，在打开的"预览"对话框中设置标题和说明分别为"众志成城·抗击疫情"和"抗击疫情"，如图 7-43 所示。

（2）二维码下载与置入。将鼠标指针移至二维码处，单击"下载"按钮，在如图 7-44 所示的页面中选择"小 150 px，适合植入文档"选项，将微信二维码图片文件保存至本地。单击图 7-43 中的"编辑作品"按钮，回到感谢支持页面，将页面中的二维码图片替换为刚下载保存的二维码图片。

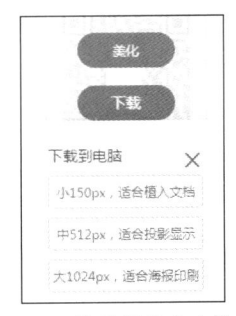

图 7-43 "预览"对话框   图 7-44 二维码图片大小选择页面

注意：上述步骤 2 中的二维码用于成品发布后，浏览此作品的用户，可以分享此页中的二维码图片给其他用户扫码，让更多用户能浏览本作品。

2. 发布与审核移动场景

再次发布本作品，在"预览"对话框中单击"立即审核"按钮，审核通过后即发布成功。在"预览"对话框中，也可以通过小程序二维码、QQ 二维码进行分享，还可以分享到新浪微博、QQ 空间等线上媒介中。

7.4.7 制作说明文档

扫一扫看说明文档模板

说明文档用于对制作的作品进行主要内容等方面的简要说明，以便于用户了解作品概

223

要及团队间的学习交流。说明文档的要点参考模板请扫描上方的二维码进行阅览。

7.5　项目评价

1．评价指标

从作品的创造性、艺术性、科学性、技术性等方面进行评价，同时考虑总体效果，采用百分制计分，评价指标与权值请扫描上方的二维码进行阅览。

扫一扫看移动场景作品评价指标表

2．评价方法

在组内自评的基础上，小组互评、教师总评在由各组指定代表演示作品完成过程时进行。小组将完成后的个人任务评价表交给教师，由教师填写任务的总体评价。个人任务评价表参考模板请扫上方二维码。

扫一扫看移动场景作品个人任务评价表

7.6　项目总结

7.6.1　问题探究

1．打开某 H5 移动场景模板进行免费制作页面时，发现编辑页面的手机模拟器外框未显示，如何修改？

答：可以单击场景编辑页面右侧的手机边框图标，进行手机模拟器外框显示样式的切换。

2．浏览器上方的组件菜单和智能组件菜单，在功能上有何区别？

答：组件和智能组件都是采用了 HTML 5 等技术，封装完整、具有特定功能的表现层组件。"组件"菜单中有视觉类、功能类、表单类、微信类、活动类五大类组件。智能组件采用了人工智能技术，集中了自说自话、立体魔方、年龄改变、人脸识别、人脸融合、红包、打赏等典型应用。

3．外部的各类图像、音频、动画、视频素材文件，易企秀是否都支持直接导入？

答：易企秀平台支持常用的各类图像、音频、动画、视频文件格式，如 PNG 格式、PSD 格式、MP3 格式、MP4 格式等。此外，平台内部提供了一些免费的多媒体素材、特效及组件等可供直接使用。

4．相同主题的模板，有的模板提供了免费版、标准版、炫酷版不同版本，有何区别？

答：同一主题的不同版本，主要体现在不同内容或页数对应的费用上，免费版本可以免费使用，相对而言，页数和内容比后面两个版本的少。标准版和炫酷版是收费版本，要支付的费用后者比前者高，页数或内容也比前者多。

5．在移动场景页面中添加音乐有哪些途径？

答：可以选择上方"音乐"菜单中的"更换音乐"选项，也可以从"页面设置"面板中选择"添加页面音乐"选项，在打开的在线音乐库对话框中选择在线音乐、手机上传音

乐、PC 端上传音乐或字转成音乐。

6. 是否可以将自行制作的 H5 翻页移动场景存成模板？

答：可以。在工作台界面通过自行创建各类空白页，再进行编辑生成移动场景页面后，以单页模板为例，进入"页面管理"面板，选择某一页，在当前页右侧的图标中选择最下面的 📁 图标，单击即可保存为单页模板。需要使用时，可以单击浏览器左侧的单页模板，从"我的"选项卡中找到保存的单页模板。

7.6.2 知识拓展

易企秀所具有的内容创建与获取功能、存储和设计管理功能、在线发布功能、强大的模板中心、便捷的模板复制功能，大大扩展了创意需求，可以快速地打造出专业的移动场景应用作品，因此在各行各业获得了广泛应用，如宣传介绍、邀请函、人才招聘、培训招生、通知公告、祝福贺卡、人物介绍等。

1. 宣传介绍相册

电子相册在易企秀平台中属于海报类作品，主要是以图文形式进行展示。易企秀提供了毕业纪念、恋爱日记、旅游相册、宝宝相册、宠物相册、全家福、聚会相册、美食相册、军训相册等各类相册的模板。如图 7-45 所示为军训风采电子相册模板首页。

2. 电子邀请函

随着网络技术的不断发展和普及，各行各业会议和培训也越来越多地利用网络进行协助办公，加强与用户之间的联系和沟通，如名师讲座邀请函、消防安全演练邀请函、圣诞节活动邀请函、排球赛邀请函等。如图 7-46 所示为家长会邀请函。

图 7-45　军训风采电子相册模板首页　　　图 7-46　家长会邀请函

3. 人才招聘

互联网时代通过网络发布招聘通知已经成为一种常用的方式。易企秀提供了社会招聘、校园招聘、兼职招聘、实习招聘、互联网招聘、销售招聘、家政招聘、司机招聘、教师招聘等类别的招聘广告模板。如图7-47所示为家政服务招聘广告。

4. 祝福贺卡

祝福电子贺卡可以方便地通过手机微信、QQ、邮箱等平台进行分享和发布。易企秀提供了年终答谢、企业祝福、个人祝福、节日问候、新婚祝福、生日祝福、各月你好等类别的祝福贺卡模板。如图7-48所示为冬日问候贺卡。

图 7-47　家政服务招聘广告　　　　图 7-48　冬日问候贺卡

7.6.3　技术提升

易企秀提供了丰富的各类模板供用户开发使用，不仅可以制作 H5 页面，也提供了海报、长页、表单、互动、视频等类别的制作向导，以下介绍具体的操作方法。

1. 海报制作

海报是指以系列图文页面为主的移动场景应用作品类型。使用个人账号登录易企秀官网，在浏览器窗口左侧"创建设计"下方，可以看到海报类别的图标 海报。通过选择"海报"下方的"模板中心"选项，单击进入后，可在"搜索"文本框下方分别选择电子画册、微信配图、智能抠图、易拉宝、教育行业、九宫格等类别的海报进行设计与编辑。

2. 长页制作

长页是指相对于翻页形式的页面而言的，将所展示的内容浓缩在一个长页面显示的移动场景作品类型。使用与制作海报相同的方法，在工作台下方选择长页图标 长页，进入后可在"搜索"文本框下方分别选择长图生成器、邀请函、商家促销、培训招生等类别的长页海报进行设计与编辑。

3. 表单制作

表单具有数据采集功能，通过表单能将数据传到服务器，在易企秀中是属于能提供用户人机交互操作的移动场景应用类型。使用与制作海报相同的方法，在浏览器窗口左侧"创建设计"下方，可以看到表单图标 表单。通过选择"海报"下方的"模板中心"选项，单击进入后，可在"搜索"文本框下方分别选择萌娃 PK、员工评选、报名预约、作品

投票等类别的表单进行设计与编辑。此外，在首页"模板中心"下方，易企秀专门提供了"投票评选"类别的制作向导，可以通过创建空白页或应用投票类模板进行设计与编辑。

4．互动制作

互动是易企秀中能提供用户人机交互操作的移动场景应用类型。使用与制作海报相同的方法，在工作台下方可以看到互动图标 互动，通过选择"海报"下方的"模板中心"选项，单击进入后，可在"搜索"文本框下方分别选择红包打赏、营销工具、品牌推广、互动游戏等类别进行设计与编辑。此外，在首页"模板中心"下方，易企秀专门提供了大转盘、小游戏类别的制作向导。

5．视频制作

使用与制作海报相同的方法，在工作台下方选择视频图标 视频，单击进入后，可在"搜索"文本框下方分别选择企业宣传、产品展示、片头片尾、视频工具等类别进行设计与编辑。

注意：不同的移动场景类别，进入编辑后的界面布局和操作方法不同，在进行不同类别的作品创作时，应根据对应的向导及界面中相应的工具进行使用。此外，在具体的案例中，也可以根据需要将模板页与空白页创建结合起来使用。

7.7 拓展训练

1．改进训练

1）训练内容

运用易企秀在线平台，制作一个防疫主题的视频，作为本项目移动场景应用作品的片头。

2）训练要求

（1）熟悉和掌握易企秀在线平台制作视频的方法和技巧。

（2）自行拍摄片头需要的视频，掌握在易企秀平台导入视频的方法。

3）重点提示

（1）合理设计片头视频，使之与本项目抗疫主题移动场景作品的色彩与风格匹配。

（2）注意片头视频最终的尺寸大小与抗疫主题移动场景作品的尺寸相匹配。

2．创新训练

1）训练内容

运用易企秀在线平台制作一个可在 PC 端、手机端发布的学院招生宣传或家乡风土人情的 H5 移动场景作品。

2）训练要求

（1）基本结构要求：包括封面、目录、各子版块、封底等页面内容。

（2）内容要求：作品必须添加音频、图像、视频、动画、文本等各种媒体元素。

(3) 发布要求：生成二维码，将作品分享到班级微信群。

3）重点提示

(1) 掌握图像、音频、视频等素材插入易企秀工作台中的方法和技巧。

(2) 注意移动场景中各类多媒体素材的尺寸，以便能够在终端正确显示和阅读。

项目小结

本项目运用易企秀在线平台设计和制作了一个防疫主题的移动场景应用项目，介绍了项目完成过程中用到的基本常识和技巧。本项目旨在训练学生运用易企秀在线平台制作一个交互式多媒体移动场景应用作品的综合能力。围绕项目完成，本项目在项目分析的基础上提供了完成该项目需要的一些相关知识、项目设计与制作过程、项目评价指标与方法、说明文档等，最后从问题探究、知识拓展、技术提升 3 个方面对项目进行了总结。在完成本项目示范训练的基础上，增加了改进型训练、创新型训练，以逐步提高学习者运用易企秀在线平台制作常见移动场景应用作品的综合职业能力。

练习题 7

扫一扫看练习题参考答案与解析

1. 理论知识题

（1）易企秀工作台的快捷键中，上移的快捷键是（   ），下移的快捷键是（   ）。

A．Ctrl+L　　　　　B．Ctrl+K　　　　　C．Ctrl+N　　　　　D．Ctrl+D

（2）在易企秀工作台中，置顶的快捷键是（   ）。

A．Ctrl+ Shift+ L　　B．Ctrl+ Shift+ K　　C．F2　　　　　　　D．Ctrl+D

（3）下列不属于视频文件格式的是（   ）。

A．FLV　　　　　　B．WMV　　　　　　C．JPEG　　　　　　D．AVI

（4）目前常用的移动智能终端操作系统不包括（   ）。

A．Android　　　　B．iOS　　　　　　　C．鸿蒙　　　　　　D．Oracle

（5）下列不是移动场景制作软件的是（   ）。

A．格式工厂　　　　B．Epub 360　　　　　C．MAKA　　　　　D．易企秀

（6）下列关于易企秀平台的说法中，不正确的是（   ）。

A．易企秀平台既能制作 H5 翻页场景，也能制作 H5 长页场景

B．易企秀平台中既可以使用平台提供的免费素材，也可以导入外部素材

C．易企秀平台中的模板都可以免费使用

D．易企秀平台制作的移动场景作品可以发布到手机端浏览

（7）下列不属于易企秀工作台页面右侧工作面板的是（   ）。

A．页面设置　　　　B．图层管理　　　　　C．页面管理　　　　D．特效管理

2. 技能操作题

（1）对"众志成城·抗击疫情"移动场景中的图片进行相应的边框或滤镜修饰。

（2）拍摄一段身边防疫的小视频，将视频插入"众志成城·抗击疫情"移动场景中，

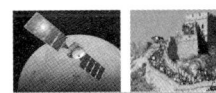

添加一页,将该页放置在"共同防疫——积极制定政策"页面后面。

(3)搜集当地群众积极防疫的有效方法,制作一页长页移动场景。

3. 资源建设题

(1)通过网络搜索,每位同学下载 5 个或 5 个以上优秀移动场景应用作品案例,并附上对这些作品鉴赏的心得,上传至网络资源共享库。

(2)搜集整理易企秀平台中优秀的移动场景模板,并进行分类管理和收藏,以备今后制作使用。

4. 综合训练题

(1)运用易企秀在线平台,制作一个关于学校介绍的 H5 移动场景作品,至少 10 页,同时将页面存为模板。将作品通过 PC 端 QQ 二维码分享给同学。

(2)运用易企秀在线平台,制作一个关于某电子产品新款宣传的 H5 移动场景作品,至少 10 页并包含提交留言信息的页面。将作品通过微信二维码分享给同学。

参考文献

[1] 林福宗．多媒体技术基础（第4版）[M]．北京：清华大学出版社，2020．

[2] 曾广雄．多媒体技术基础与应用[M]．西安：西安电子科技大学出版社，2018．

[3] 健逗．电脑音乐制作实战指南：伴奏、录歌、MTV 全攻略[M]．北京：人民邮电出版社，2014．

[4] 张冰．GoldWave 音频视频信息处理技术应用指南[M]．郑州：黄河水利出版社，2009．

[5] Ken C. Pohlmann．夏田译．数字音频技术[M]．北京：人民邮电出版社，2013．

[6] 宣翠仙，傅益苹．Photoshop +Illustrator+Indesign 平面设计项目教程[M]．杭州：浙江大学出版社，2019．

[7] Andrew Faulkner, Conrad Chavez．Adobe Photoshop CC 2018 经典教程[M]．北京：人民邮电出版社，2018．

[8] 数字艺术教育研究室．中文版 Photoshop CC 2018 基础培训教程[M]．北京：人民邮电出版社，2020．

[9] 职场无忧工作室．Animate CC 2018 中文版入门与提高[M]．北京：清华大学出版社，2019．

[10] 孟强．Animate CC 2018 动画制作案例教程[M]．北京：清华大学出版社，2019．

[11] 李娟，傅晓文，马慧芳，杨雪静，胡仁喜等．Animate CC 2018 中文版入门与提高实例教程[M]．北京：机械工业出版社，2019．

[12] Maxim Jago．Adobe Premiere Pro CC 2018 经典教程[M]．北京：人民邮电出版社，2020．

[13] 周建国，王慧．Premiere Pro CC 影视编辑标准教程[M]．北京：人民邮电出版社，2021．

[14] 宋晓明，张冰．Dreamweaver CC 2018 网页制作案例教程[M]．北京：清华大学出版社，2018．

[15] 职场无忧工作室．Dreamweaver CC2018 中文版入门与提高[M]．北京：清华大学出版社，2019．

[16] 数字艺术教育研究室．中文版 Dreamweaver CC 2018 基础培训教程[M]．北京：人民邮电出版社，2020．

[17] 余兰亭，万润泽．H5 设计与运营（视频指导版）[M]．北京：人民邮电出版社，2020．